SUPER
중학 수학

3

Level **3** 중학교 수학 3 과정

문제 해결력 강화 교재

SUPER
중학 수학

특목고에 진학하거나, 수학 경시 대회에 나가는 학생들은 수학 천재일까요?

꼭, 그렇지만은 않습니다.

그 학생들도 처음에는 평범한 학생으로 출발하였습니다.

그러나 그 학생들에게 물어보면 오랜 시간 특목고와 경시 대회를 목표로 공부해왔다는 것을 알 수 있었습니다.

그렇습니다!

그들도 특화된 문제를 풀기 위해서 그들만의 수많은 시행착오를 걸친 결과였습니다.

수학은 과목의 특성상 수천 또는 수만 개의 유형의 문제일지라도, 그 속에 들어 있는 수학의 개념은 몇 개로 정해져 있습니다.

따라서 다양한 유형의 문제들 속에서, 그 문제들이 묻고자하는 수학 개념이 무엇인지를 파악하는 능력을 기르는 것이 매우 중요합니다.

이렇듯, 특목고나 경시대회의 문제일지라도 기출 문제나 유사한 문제들을 많이 접하고 풀어 보다 보면, 그러한 문제를 푸는 능력이 향상 될 수 있을 것입니다.

아무쪼록, SUPER 수학과 함께 여러분의 문제 해결력 능력이 향상되길 기원합니다.

– 지은이 씀 –

Seeing much, suffering much, and studying much, are the three pillars of learning.
(많이 보고, 많이 겪고, 많이 공부하는 것은 배움의 세 기둥이다.)

Constitution

교과서 뛰어넘기 ◀━
_고등학교 과정이 필요한 개념 및
정리를 다루어 문제를 해결하는 데
용이하도록 하였습니다.

01 개념 정리

특목고 및 경시 대비를 할 수 있도록 교과서의
주요 핵심 내용을 철저히 분석하여 학생들이 이
해하기 쉽게 정리하였을 뿐만 아니라 상위 개념
도 필요한 경우 교과서 뛰어넘기로 해결할 수 있
도록 하였습니다.

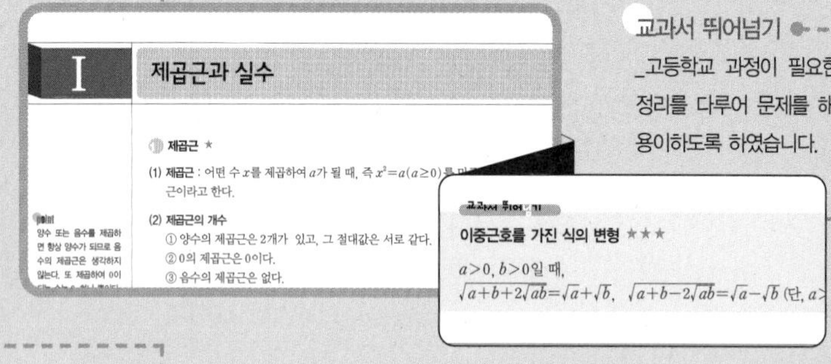

I	제곱근과 실수

① 제곱근 ★
(1) 제곱근 : 어떤 수 x를 제곱하여 a가 될 때, 즉 $x^2=a(a \geq 0)$를 만
근이라고 한다.
(2) 제곱근의 개수
  ① 양수의 제곱근은 2개가 있고, 그 절대값은 서로 같다.
  ② 0의 제곱근은 0이다.
  ③ 음수의 제곱근은 없다.

양수 또는 음수를 제곱하
면 항상 양수가 되므로 음
수의 제곱근은 생각하지
않는다. 또 제곱하여 0이

교과서 뛰어넘기
이중근호를 가진 식의 변형 ★ ★ ★
$a>0, b>0$일 때,
$\sqrt{a+b+2\sqrt{ab}}=\sqrt{a}+\sqrt{b}, \sqrt{a+b-2\sqrt{ab}}=\sqrt{a}-\sqrt{b}$ (단, $a>$

---

02 특목고 대비 문제

그 동안 출제되었던 과학고, 외고, 영재고, 자립형
사립고, 민사고 등의 문제를 분석하여 실제 기출
문제와 동일한 유형 및 출제가 예상되는 문제를
다양하게 다루어 특목고에 대비할 수 있게 하
였습니다.

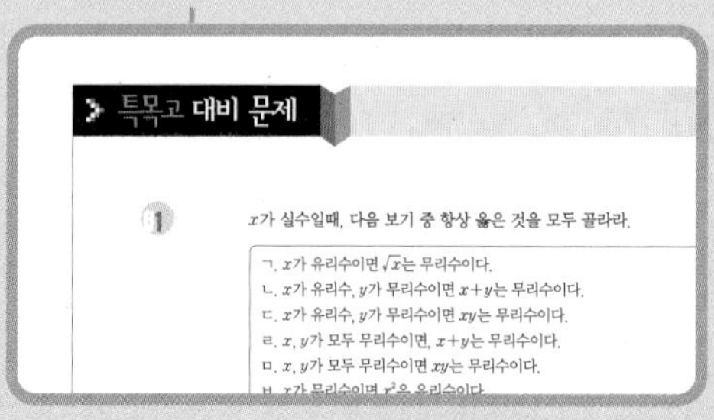

➤ 특목고 대비 문제

① x가 실수일때, 다음 보기 중 항상 옳은 것을 모두 골라라.

  ㄱ. x가 유리수이면 $\sqrt{x}$는 무리수이다.
  ㄴ. x가 유리수, y가 무리수이면 $x+y$는 무리수이다.
  ㄷ. x가 유리수, y가 무리수이면 xy는 무리수이다.
  ㄹ. x, y가 모두 무리수이면, $x+y$는 무리수이다.
  ㅁ. x, y가 모두 무리수이면 xy는 무리수이다.
  ㅂ. x가 무리수이면 x^2은 유리수이다.

---

03 특목고 구술·면접 대비 문제

그 단원에서 가장 중요한 내용을 가지고 실제 특
목고에서 출제된 구술·면접 문제와 동일한 유형
으로 출제하여 특목고 시험에서 자신감을 가질
수 있도록 하였습니다.

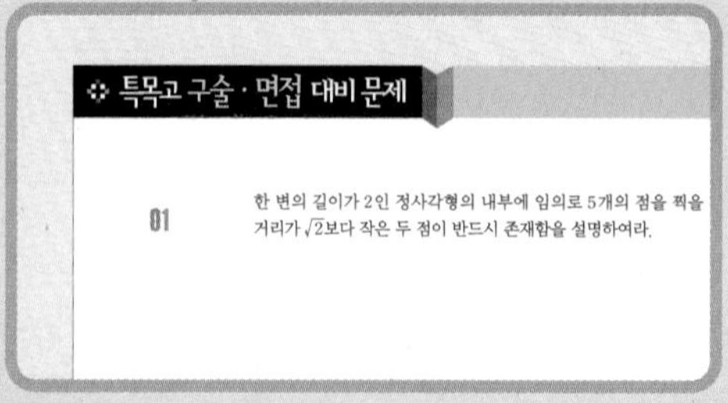

❖ 특목고 구술·면접 대비 문제

01 한 변의 길이가 2인 정사각형의 내부에 임의로 5개의 점을 찍을
거리가 $\sqrt{2}$보다 작은 두 점이 반드시 존재함을 설명하여라.

과고, 외고, 영재고, 자립형 사립고, 민사고 경시에서 출제
되었던 문제를 종합적으로 분석하여 출제 가능성이 높은
유형만을 수록하였기 때문에 어떤 특목고 및 경시 시험도
절대로 SUPER 수학을 벗어날 수 없게 만들었습니다.

04 시·도 경시 대비 문제

각 시·도에서 출제된 경시 문제를 종합적으로
분석하여 출제가 예상되는 문제를 통해 시·도
경시 대회에 대비할 수 있게 하였습니다.

⊞ 시·도 경시 대비 문제

01 $[a]$는 a보다 크지 않은 최대의 정수이다. 예를 들면 $[2.1]=2$, $[\sqrt{2}]$
$a=2+\sqrt{3}$일 때, $\left[\dfrac{a-[a]}{[a]}+\dfrac{[a]}{a-[a]+1}-\sqrt{3}\right]$의 값을 구하여라.

05 올림피아드 대비 문제

시·도 경시 및 올림피아드에 출전하고 싶은 학
생들을 위해 중학교 교육 과정 및 중학교 교육
과정을 뛰어 넘는 문제를 다루어 올림피아드의
시험 문제 유형을 파악하여 올림피아드에 대비할
수 있도록 하였습니다.

⊳ 올림피아드 대비 문제

1 두 수 $\sqrt{2006}-\sqrt{2005}$와 $\sqrt{2004}-\sqrt{2003}$의 대소를 비교하여라.

06 정답 및 해설

정답 및 해설을 학생들의 입장에서 가능한 이해
하기 쉽게 자세한 풀이를 수록하였습니다.

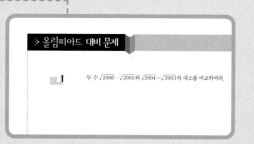

I 제곱근과 실수

특목고 대비 문제   P. 8~17

1 ㄴ, ㅅ 2 ⑤   3 ㄱ, ㄴ 4 400   5 $-2xy$
6 10, 40, 90   7 108   8 $x=5, y=1$ 9 66
10 (1) $6.25 \le \dfrac{p}{x} < 12.25$ (2) $(7, 57), (9, 59)$
11 4개   12 217   13 $\dfrac{3}{2}$ 14 $\dfrac{1}{16}$ 15 74

① $|a| \ge a$에서
(i) $a \ge 0$일 때, $|a| = a$
(ii) $a < 0$일 때, $|a| = -a (> 0)$이므로
(i), (ii)에서 $|a| \ge a$
② $|a|^2 = a^2$에서
(i) $a \ge 0$일 때, $|a| = a$이므로
(ii) $a < 0$일 때, $|a| = -a$이므로
$|a|^2 = a^2$
(i), (ii)에서 $|a|^2 = a^2$
③ $|-a| = $ ...
따라서 ...

다른 풀이

학생들의 이해의 폭을 넓힐 수 있
도록 다른 풀이 및 참고를 수록하
였습니다.

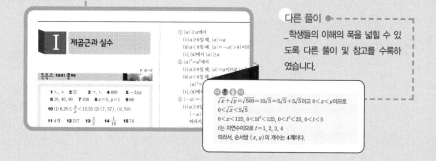

$\sqrt{x} + \sqrt{y} = \sqrt{500} = 10\sqrt{5} = 5\sqrt{5} + 5\sqrt{5}$이고 $0 < x < y$이므로
$0 < \sqrt{x} < 5\sqrt{5}$
$0 < x < 125$, $0 \le 5t^2 < 125$, $0 < t^2 < 25$, $0 < t < 5$
t는 자연수이므로 $t = 1, 2, 3, 4$
따라서, 순서쌍 (x, y)의 개수는 4개이다.

>Contents

Chapter I

제곱근과 실수

① 제곱근 ★

(1) **제곱근** : 어떤 수 x를 제곱하여 a가 될 때, 즉 $x^2 = a(a \geq 0)$를 만족하는 수 x를 a의 제곱근이라고 한다.

(2) **제곱근의 개수**

① 양수의 제곱근은 2개가 있고, 그 절댓값은 서로 같다.

② 0의 제곱근은 0이다.

③ 음수의 제곱근은 없다.

② 제곱근의 성질 ★★★

① $a > 0$일 때, $(\sqrt{a})^2 = a$, $(-\sqrt{a})^2 = a$, $\sqrt{a^2} = a$, $\sqrt{(-a)^2} = a$

② $\sqrt{a^2} = |a| = \begin{cases} a & (a \geq 0) \\ -a & (a < 0) \end{cases}$

③ 제곱근의 대소 관계 ★★

$a > 0$, $b > 0$일 때,

① $a < b$이면 $\sqrt{a} < \sqrt{b}$

② $\sqrt{a} < \sqrt{b}$이면 $a < b$

④ 수의 분류 ★

(1) 소수 $\begin{cases} \text{유한소수} \\ \text{무한소수} \begin{cases} \text{순환소수} \\ \text{순환하지 않는 무한소수 — 무리수} \end{cases} \end{cases}$ 유리수

(2) 실수 $\begin{cases} \text{유리수} \begin{cases} \text{정수} \begin{cases} \text{자연수} \\ 0 \\ \text{음의 정수} \end{cases} \\ \text{정수가 아닌 유리수(유한소수, 순환소수)} \end{cases} \\ \text{무리수(순환하지 않는 무한소수)} \end{cases}$

⑤ 수직선과 실수 ★

(1) **유리수와 수직선** : 서로 다른 두 유리수 사이에는 무수히 많은 유리수가 있고, 이 수들은 모두 수직선 위에 나타낼 수 있다. 이를 유리수의 조밀성이라 한다.

(2) **무리수와 수직선** : 서로 다른 두 무리수 사이에는 무수히 많은 무리수가 있고, 이 수들은 모두 수직선 위에 나타낼 수 있다.

(3) **실수의 연속성**

① 수직선은 실수에 대응하는 점들 전체로 완전히 메워져 있다.

② 실수와 수직선 위의 점 사이에는 일대일 대응이 이루어진다.

point

$a>0$, $b>0$일 때,

① $a^2-b^2>0$이면 $a>b$

② $\dfrac{a}{b}>1 \Longleftrightarrow a>b$

$\dfrac{a}{b}=1 \Longleftrightarrow a=b$

$\dfrac{a}{b}<1 \Longleftrightarrow a<b$

③ $a>b \Longleftrightarrow a^n>b^n$

$ \Longleftrightarrow \sqrt[n]{a}>\sqrt[n]{b}$

(단, n은 양의 정수)

a, b의 양, 음에 관계없이

$a>b \Longleftrightarrow a^3>b^3$

point

근호가 있는 복잡한 식의 계산 방법

① 근호 안의 제곱인 인수는 근호 밖으로 꺼낸다.

② 분배법칙을 이용하여 괄호를 푼다.

③ 분모가 무리수일 때는 분모를 유리화하여 계산한다.

④ 근호 안의 수가 같은 것끼리 계산하여 간단히 한다.

⑤ 덧셈, 뺄셈, 곱셈, 나눗셈이 섞여 있는 경우 곱셈과 나눗셈을 먼저 계산한 후 덧셈과 뺄셈을 한다.

point

$0 \le$ (양의 소수) < 1

이므로

(양의 소수)

= (전체 수) − (정수)

point

$\sqrt[m]{a^n}=a^{\frac{n}{m}}$

$\sqrt[m]{\sqrt[n]{a}}=\sqrt[mn]{a}$

$\sqrt[m]{\sqrt[n]{\sqrt[p]{a}}}=\sqrt[mnp]{a}$

6 실수의 대소 관계 ★★

a, b가 실수일 때,

① $a-b>0$이면 $a>b$

② $a-b=0$이면 $a=b$

③ $a-b<0$이면 $a<b$

7 근호를 포함한 식의 계산 ★★

(1) $a>0$, $b>0$일 때,

$$\sqrt{a}\sqrt{b}=\sqrt{ab}, \quad \sqrt{a^2 b}=a\sqrt{b}, \quad \frac{\sqrt{a}}{\sqrt{b}}=\sqrt{\frac{a}{b}}, \quad \sqrt{\frac{a}{b^2}}=\frac{\sqrt{a}}{b}$$

(2) 분모의 유리화

분모에 근호가 있을 때, 분모, 분자에 적당한 무리수를 곱하여 분모를 유리수로 고치는 것

① $\dfrac{\sqrt{a}}{\sqrt{b}}=\dfrac{\sqrt{a}\sqrt{b}}{\sqrt{b}\sqrt{b}}=\dfrac{\sqrt{ab}}{b}$

② $\dfrac{a}{\sqrt{b}}=\dfrac{a\sqrt{b}}{\sqrt{b}\sqrt{b}}=\dfrac{a\sqrt{b}}{b}$

③ $\dfrac{a}{\sqrt{b}+\sqrt{c}}=\dfrac{a(\sqrt{b}-\sqrt{c})}{(\sqrt{b}+\sqrt{c})(\sqrt{b}-\sqrt{c})}=\dfrac{a(\sqrt{b}-\sqrt{c})}{b-c}$

(3) 제곱근의 덧셈과 뺄셈

① 근호를 포함하고 있는 식의 덧셈과 뺄셈은 다항식에서 동류항끼리 계산한 것과 같은 방법으로 계산한다. 즉, $a>0$, m, n이 유리수일 때,

$$m\sqrt{a}+n\sqrt{a}=(m+n)\sqrt{a}, \quad m\sqrt{a}-n\sqrt{a}=(m-n)\sqrt{a}$$

② 무리수에 대한 분배법칙

$a>0$, $b>0$, $c>0$일 때,

$$\sqrt{a}(\sqrt{b}+\sqrt{c})=\sqrt{ab}+\sqrt{ac}, \quad \sqrt{a}(\sqrt{b}-\sqrt{c})=\sqrt{ab}-\sqrt{ac}$$

$$(\sqrt{a}+\sqrt{b})\sqrt{c}=\sqrt{ac}+\sqrt{bc}, \quad (\sqrt{a}-\sqrt{b})\sqrt{c}=\sqrt{ac}-\sqrt{bc}$$

8 제곱근의 정수 부분과 소수 부분 ★★★

무리수는 순환하지 않는 무한소수이므로 정수 부분과 소수 부분으로 나눌 수 있다.

즉, 정수 m에 대하여 $m<\sqrt{a}<m+1$이면 $\sqrt{a}$의 정수 부분은 m, 소수 부분은 $\sqrt{a}-m$이다.

교과서 뛰어넘기

이중근호를 가진 식의 변형 ★★★

$a>0$, $b>0$일 때,

$$\sqrt{a+b+2\sqrt{ab}}=\sqrt{a}+\sqrt{b}, \quad \sqrt{a+b-2\sqrt{ab}}=\sqrt{a}-\sqrt{b} \text{ (단, } a>b\text{)}$$

1 x가 실수일때, 다음 보기 중 항상 옳은 것을 모두 골라라.

ㄱ. x가 유리수이면 $\sqrt{x}$는 무리수이다.
ㄴ. x가 유리수, y가 무리수이면 $x+y$는 무리수이다.
ㄷ. x가 유리수, y가 무리수이면 xy는 무리수이다.
ㄹ. x, y가 모두 무리수이면, $x+y$는 무리수이다.
ㅁ. x, y가 모두 무리수이면 xy는 무리수이다.
ㅂ. x가 무리수이면 x^2은 유리수이다.
ㅅ. x가 무리수이면 $xy=1$을 만족하는 y는 무리수이다.

2 임의의 두 실수 a, b에 대하여 다음 중 옳지 <u>않은</u> 것은?

① $\sqrt{a^2} \geq a$
② $(\sqrt{a^2})^2 = a^2$
③ $\sqrt{(-a)^2} = \sqrt{a^2}$
④ $\sqrt{(ab)^2} = \sqrt{a^2}\sqrt{b^2}$
⑤ $\sqrt{(a+b)^2} \geq \sqrt{a^2} + \sqrt{b^2}$

3 양의 유리수 x, y에 대하여 $\sqrt{xy}$가 무리수일 때, 다음 보기 중 항상 무리수인 것을 모두 골라라.

ㄱ. $\sqrt{x} + \sqrt{y}$　　　　ㄴ. $\sqrt{\dfrac{y}{x}}$　　　　ㄷ. $\sqrt{x^2 y}$

Super Math

신유형

4 $A=\sqrt{\dfrac{8^{10}+4^{10}}{8^4+4^{11}}}$ 일 때, $(A+4)^2$의 값을 구하여라.

5 $xy<0$, $\dfrac{y}{z}>0$일 때, 다음 식을 간단히 하여라.

$$|xy-yz|-\sqrt{(yz-xz)^2}+|xy|+\sqrt{(xz)^2}$$

6 $\sqrt{360x}$가 정수가 되게 하는 두 자리 자연수 x의 값을 모두 구하여라.

7 $\sqrt{3x}$를 자연수가 되게 하는 정수 x 중에서 100에 가장 가까운 정수를 구하여라.

⑧ $\sqrt{980xy}$ 가 자연수가 되게 하는 최소의 자연수 $x,\ y$ 를 각각 구하여라. (단, $x \geq y$)

⑨ x 가 두 자리 자연수일 때, $\sqrt{\dfrac{2x}{0.\dot{0}\dot{3}}}$ 가 가장 작은 자연수가 되게 하는 x 의 값을 구하여라.

신유형 new

⑩ $x,\ y$ 가 자연수일 때, $\sqrt{\dfrac{y}{x}}$ 의 값을 소수점 아래 첫째 자리에서 반올림하였더니 3이 되었다. 다음 물음에 답하여라.

(1) $\dfrac{y}{x}$ 의 값의 범위를 구하여라.

(2) $x,\ y$ 는 서로소이고, $|x-y| = 50$ 일 때, 순서쌍 $(x,\ y)$ 를 구하여라.

Super Math

11 신유형 new

$0 < x < y$일 때, $\sqrt{500} = \sqrt{x} + \sqrt{y}$를 만족하는 정수 x, y의 순서쌍 (x, y)의 개수를 구하여라.

12

자연수 x에 대하여 $\sqrt{x}$ 이하의 자연수의 개수를 $f(x)$라 할 때, $f(1) + f(2) + f(3) + \cdots + f(50)$의 값을 구하여라.

13

$5x(5 + 2\sqrt{5}) - 5\sqrt{5}y(3 - 2\sqrt{5})$가 유리수가 되게 하는 x, y에 대하여 $\dfrac{x}{y}$의 값을 구하여라. (단, x, y는 유리수이고, $x \neq 0$, $y \neq 0$)

14

$\dfrac{1}{x} + \dfrac{1}{y} = \dfrac{2}{\sqrt{xy}}$, $x + y = \sqrt{2}xy$일 때, $\dfrac{\sqrt{xy}}{(x+y)^3}$의 값을 구하여라. (단, $x > 0$, $y > 0$)

15 두 자연수 a, b에 대하여 $\sqrt{1.\dot{2} \times \dfrac{b}{a}} = 0.\dot{3} + 0.2\dot{2}$일 때, $a-b$의 값을 구하여라.
(단, a, b는 서로소이다.)

16 $x = \dfrac{1}{\sqrt{3}}$일 때, $\sqrt{\dfrac{1+x}{1-x}} - \sqrt{\dfrac{1-x}{1+x}}$의 값을 구하여라.

신유형 new

17 $A = \dfrac{\sqrt{\sqrt{10}+3} - \sqrt{\sqrt{10}-3}}{\sqrt{\sqrt{10}-1}}$, $B = \sqrt{3+2\sqrt{2}}$일 때, $A-B$의 값을 구하여라.

18

신유형 _{new}

$(2-\sqrt{3})^{2006}$의 소수 부분을 x라 하고, $y=(2+\sqrt{3})^{2006}$이라고 할 때, xy의 값을 구하여라.

19 부등식 $2<\sqrt{3(x-4)}\leq5$를 만족하는 실수 x에 대하여 $A=6x-37$이라 할 때, 정수 A의 최댓값과 최솟값의 합을 구하여라.

20 $2<\sqrt{|x-2|}<4$를 만족하는 정수 x의 값 중 가장 큰 것을 a, 가장 작은 것은 b라 할 때, $a-b$의 값을 구하여라.

21 $\dfrac{\sqrt{\sqrt{10}+3}+\sqrt{\sqrt{10}-3}}{\sqrt{\sqrt{10}+1}}-\sqrt{7-2\sqrt{10}}$을 간단히 하여라.

신유형 new

22 A, B 두 주사위의 눈의 수를 각각 x, y라 하고 $\sqrt{x^2+4y}$의 정수 부분이 5라 할 때, 순서쌍 (x, y)의 개수를 구하여라.

23 자연수 x에 대하여 $\sqrt{3x-2}$의 정수 부분이 9이고, x의 값 중 가장 큰 수를 M, 가장 작은 수를 m이라 할 때, $\sqrt{M-m}$의 정수 부분을 구하여라.

24 $\dfrac{1}{\sqrt{2}-1}$의 소수 부분을 a라 할 때, a^2+2a+4의 값을 구하여라.

25 수직선 위에 두 점 A(1), B(3)이 있다. 다음 그림과 같이 $\overline{\text{AB}}$를 가로로 하고 세로의 길이가 1인 직사각형 ABCD의 대각선 $\overline{\text{BD}}$와 $\overline{\text{BE}}$의 길이가 같도록 점 E를 수직선 위에 잡을 때, 점 E의 좌표를 x라 하자. x의 정수 부분을 a, 소수 부분을 b라 할 때, $\dfrac{a-b}{a+b}$의 값을 구하여라.

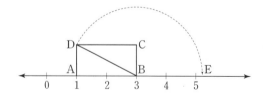

Super Math

26 x, y가 유리수일 때, $x+y\sqrt{3}=0$이면 $x=y=0$임을 설명하여라.

27 $\sqrt{57}$의 소수 부분을 x라 할 때, $x(x+14)$의 값을 구하여라.

신유형 new

28 $\sqrt{2005^2+1}$의 소수 부분을 x라 할 때, $(x+2005)^2$의 일의 자릿수를 구하여라.

29

신유형 new

$x=\sqrt{2+\sqrt{2+\sqrt{2+\cdots}}}$, $y=\sqrt{3-\sqrt{3-\sqrt{3-\cdots}}}$ 이고, $x^2-x=a$, $y^2+y=b$라 할 때, $a+b$의 값을 구하여라.

30

$\dfrac{4x-y}{3x-2y}=2$일 때, $\sqrt{\dfrac{x+y}{x-y}}$ 의 정수 부분을 a, 소수 부분을 b라고 한다. 이때, a^2+b^2의 값을 구하여라.

31

$\sqrt{5}$의 소수 부분을 a라고 할 때, $\sqrt{45}$의 소수 부분을 a를 사용하여 나타내어라.

신유형 NEW

32 복사 용지로 많이 사용되고 있는 A4 용지는 A3 용지를 반으로 잘라서 만든 것이고, A5 용지는 A4 용지를 반으로 잘라서 만든 것이다. 따라서, A3 용지와 A4 용지, A5 용지는 서로 닮음이다. 오른쪽 그림에서 □ABCD가 A3 용지라 하고, A3 용지의 가로의 길이를 1이라고 할 때, A3 용지의 가로, 세로의 길이와 A5 용지의 가로, 세로의 길이의 합을 구하여라.

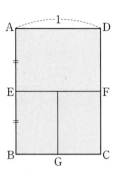

33 $\dfrac{1}{\sqrt{2}+\dfrac{1}{\sqrt{2}+\dfrac{1}{\sqrt{2}+\cdots}}}=a$, $\dfrac{1}{\sqrt{3}-\dfrac{1}{\sqrt{3}-\dfrac{1}{\sqrt{3}-\cdots}}}=b$라 할 때,

$a^2+\sqrt{2}a+b^2-\sqrt{3}b$의 값을 구하여라.

34 $\sqrt{11+\sqrt{72}}$의 정수 부분을 a, $\sqrt{11-\sqrt{72}}$의 소수 부분을 b라 할 때,

$\dfrac{1}{a-2+\sqrt{2}}-\dfrac{1}{b}$의 값을 구하여라.

01 한 변의 길이가 2인 정사각형의 내부에 임의로 5개의 점을 찍을 때, 두 점 사이의 거리가 $\sqrt{2}$보다 작은 두 점이 반드시 존재함을 설명하여라.

02 오늘은 수요일이다. $\langle\sqrt{2020}\rangle^{\langle\sqrt{2020}\rangle}$일이 지나면 무슨 요일인지 구하여라.
(단, $\langle x \rangle$는 x에 가장 가까운 정수이다. 예를 들어 $\langle 1.3 \rangle = 1$, $\langle 2.7 \rangle = 3$이다.)

Super Math

03 $\sqrt{3}$이 유리수가 아닌 것을 알고 있을 때, $\sqrt{5}-\sqrt{3}$이 유리수가 아님을 설명하여라.

04 임의의 양의 정수 n에 대하여 $\sqrt{3}$은 n과 $\dfrac{n+3}{n+1}$ 사이에 있음을 설명하고, $\sqrt{3}$은 n과 $\dfrac{n+3}{n+1}$ 중 어느 수에 더 가까운지 말하여라.

01 $[a]$는 a보다 크지 않은 최대의 정수이다. 예를 들면 $[2.1]=2, [\sqrt{2}]=1$이다. $a=2+\sqrt{3}$일 때, $\left[\dfrac{a-[a]}{[a]}+\dfrac{[a]}{a-[a]+1}-\sqrt{3}\right]$의 값을 구하여라.

02 $\sqrt{x}$의 정수 부분을 $\{x\}$로 나타내고 소수 부분을 $\ulcorner x \lrcorner$로 나타낼 때, $\{x\}=2$, $0.3<\ulcorner x \lrcorner<0.5$를 만족하는 자연수 x의 값을 구하여라.

03 0이 아닌 세 실수 a, b, c가 $\sqrt{a+b}+\sqrt{b+c}=\sqrt{c+a}$를 만족할 때, $\dfrac{1}{a}+\dfrac{1}{b}+\dfrac{1}{c}$의 값을 구하여라.

04
기호 $\{x\}$를 x에 가장 가까운 정수라 정의한다. 예를 들면 $\{2.7\}=3$, $\{-3.4\}=-3$ 이다. 이때, 분모의 유리화를 이용하여 $\left\{\dfrac{\sqrt{3}}{\sqrt{3}+2}\right\}-\left\{\dfrac{\sqrt{3}}{\sqrt{3}-2}\right\}$의 값을 구하여라.

(단, $\sqrt{3}=1.7$로 계산한다.)

05
x, y는 $0<x-\sqrt{3}y<1$을 만족하는 자연수이다. $(x+\sqrt{3}y)^3$의 소수 부분을 b라 할 때, $(x-\sqrt{3}y)^3$의 값을 b를 사용하여 나타내어라.

06
$x=\sqrt{3}+\sqrt{2}$, $y=\sqrt{2}-1$일 때, $y^{x^2} \div y^{2\sqrt{3}x-5}$의 값을 구하여라.

07 n이 자연수일 때, $\sqrt{n+1}-\sqrt{n}<\dfrac{1}{2\sqrt{n}}<\sqrt{n}-\sqrt{n-1}$이 성립한다. 이것을 이용하여 $A=1+\dfrac{1}{\sqrt{2}}+\dfrac{1}{\sqrt{3}}+\cdots+\dfrac{1}{\sqrt{9999}}+\dfrac{1}{\sqrt{10000}}$의 정수 부분을 구하여라.

08 부등식 $\sqrt{(x-1)^2}+\sqrt{(x+2)^2}<5$를 만족하는 최대의 정수를 a, 최소의 정수를 b라 할 때, a^2+b^2의 값을 구하여라.

09 정수 a에 대하여 $\dfrac{a}{a^2+9}$의 최댓값과 그 때의 a의 값을 구하여라.

10 $f(a)=\sqrt{a}+\sqrt{a+1}$일 때, $\dfrac{1}{f(1)}+\dfrac{1}{f(2)}+\dfrac{1}{f(3)}+\cdots+\dfrac{1}{f(50)}$ 의 값에 가장 가까운 정수를 구하여라.

11 $\sqrt{\overline{111\cdots111}-\overline{222\cdots222}}$의 값을 구하여라.
(단, 1의 개수는 $2n$개이고, 2의 개수는 n개이다.)

12 오른쪽 그림과 같은 □ABCD의 대각선 AC, BD의 교점을 E라 한다. △ABE, △CDE의 넓이를 각각 36, 25라 할 때, □ABCD의 넓이의 최솟값을 구하여라.

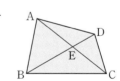

01 두 수 $\sqrt{2006}-\sqrt{2005}$와 $\sqrt{2004}-\sqrt{2003}$의 대소를 비교하여라.

02 x, a, b, c, d는 유리수이다. $\dfrac{1}{x+\sqrt{2}+x\sqrt{3}+\sqrt{6}}=a+b\sqrt{2}+c\sqrt{3}+d\sqrt{6}$일 때, 다음 중 a의 값으로 옳은 것은?

① 0 ② $-\dfrac{x}{2}$ ③ $\dfrac{x}{2}$

④ $-\dfrac{x}{2(x^2-2)}$ ⑤ $\dfrac{x}{2(x^2-2)}$

3 $a=2+\sqrt{3}$, $b=2-\sqrt{3}$ 이고 $R_n=\frac{1}{2}(a^n+b^n)$ 이라 하면 모든 정수 n에 대하여 R_n은 정수가 된다. 이때, R_{2006}의 일의 자릿수를 구하여라.

4 길이가 15cm인 철사를 잘라서 두 개의 정삼각형을 만들려고 한다. 두 정삼각형의 넓이의 비가 2 : 3이 되게 하려면 작은 정삼각형의 한 변의 길이는 몇 cm이어야 하는지 구하여라.

한국 수학 올림피아드 (KMO : Korean Mathematical Olympiad) *

* 주관 : 대한수학회(www.kms.or.kr)

한국 수학 올림피아드는 대한수학회가 주최하는 전국 규모의 수학 경시대회로서 우리나라 수학 영재들의 발굴을 목적으로 하며, 시험은 1차 시험과 2차 시험이 있다. 1차, 2차 시험에 합격한 학생에게 국제 수학 올림피아드 한국 대표로 참가하게 된다.

* 한국 수학 올림피아드 1차 시험(중등부)

1. 지원 대상

① 중학교 재학생 또는 이에 준하는 자

② 탁월한 수학적 재능이 있는 초등학생 또는 이에 준하는 자

• 현재 재학생이 아닌 경우 초등·중학교 교육과정에 해당하는 나이이면 중등부 시험에 지원 가능함.

2. 시험 유형 : 주관식 단답형 20문항, 100점 만점

• 각 문항의 배점은 난이도에 따라 4점, 5점, 6점으로 구성

• 답안은 OMR 카드에 작성하게 되어 있으므로 컴퓨터용 수성 사인펜을 지참하여야 함.

3. 출제 범위 : 기하, 정수, 함수, 부등식, 경우의 수 등

4. 시상

(1) 시상 원칙

• 전국 성적순으로 전국 금상, 은상, 동상, 장려상을 시상하며 지역별 성적순으로 지역 금상, 은상, 동상, 장려상을 시상함.

• 지역 구분은 서울특별시, 부산광역시, 대구광역시, 인천광역시, 광주광역시, 대전광역시, 울산광역시, 경기도, 강원도, 충청북도, 충청남도, 경상북도, 경상남도, 전라북도, 전라남도,

제주도의 16개 시·도·광역시로 나눔.

(2) 시상 범위

• 전국상은 총 응시자의 10% 내외가 되도록 금상, 은상, 동상, 장려상을 시상함을 원칙으로 함.

지역상은 지역별 응시자수와 득점 상황을 고려하여 금상, 은상, 동상, 장려상을 시상함. 한 학생이 전국상과 지역상을 둘 다 받을 수 있음.

* 한국 수학 올림피아드 2차 시험(고등부 및 중등부)

1. 응시 자격

고등부 – ① 한국 수학 올림피아드 고등부 1차 교육 및 수행평가에서 우수한 성적을 거두어 KMO 고등부 시험 응시 자격을 부여받은 자

② 한국 수학 올림피아드 위원회에서 추천한 자

중등부 – ① 한국 수학 올림피아드 중등부 1차 시험에서 우수한 성적을 거두어 KMO 중등부 2차 시험 응시 자격을 부여받은 자(전국상 동상 이상 수상자와 지역상 동상 이상 수상자)

② 한국 수학 올림피아드 위원회에서 추천한 자

2. 시험 유형

주관식 서술형 8문항(오전, 오후 각 4문항씩 총 5시간)

3. 출제 범위

출제 범위는 국제 수학 올림피아드(IMO)의 출제 범위와 동일함. 기하, 정수, 대수(함수 및 부등식), 조합 등 4분야의 문제가 출제되며, 미적분은 제외됨. 중등부에서는 고등부보다 다소 적은 수학적 지식을 갖고도 풀 수 있는 문제가 출제됨.

Chapter II

식의 계산

① 인수분해 ★★★

(1) 인수분해의 뜻

① **인수분해** : 하나의 다항식을 2개 이상의 단항식이나 다항식의 곱의 꼴로 나타내는 것
② **인수** : 주어진 식을 인수분해하였을 때 곱해진 각각의 식
③ **공통인수** : 다항식의 각 항에 공통으로 들어 있는 인수

$$x^2+3x+2 \underset{\text{전개}}{\overset{\text{인수분해}}{\rightleftharpoons}} \underbrace{(x+1)}_{\text{인수}}\underbrace{(x+2)}_{\text{인수}}$$

(2) 인수분해 공식

① $ma+mb=m(a+b)$
② $a^2+2ab+b^2=(a+b)^2$, $a^2-2ab+b^2=(a-b)^2$
③ $a^2-b^2=(a+b)(a-b)$
④ $x^2+(a+b)x+ab=(x+a)(x+b)$
⑤ $acx^2+(ad+bc)x+bd=(ax+b)(cx+d)$

교과서 뛰어넘기

복잡한 인수분해 공식
① $a^3+3a^2b+3ab^2+b^3=(a+b)^3$, $a^3-3a^2b+3ab^2-b^3=(a-b)^3$
② $a^3+b^3=(a+b)(a^2-ab+b^2)$, $a^3-b^3=(a-b)(a^2+ab+b^2)$
③ $x^3+(a+b+c)x^2+(ab+bc+ca)x+abc=(x+a)(x+b)(x+c)$
④ $a^2+b^2+c^2+2ab+2bc+2ca=(a+b+c)^2$
⑤ $a^4+a^2b^2+b^4=(a^2+ab+b^2)(a^2-ab+b^2)$
⑥ $a^3+b^3+c^3-3abc=(a+b+c)(a^2+b^2+c^2-ab-bc-ca)$
$$=\frac{1}{2}(a+b+c)\{(a-b)^2+(b-c)^2+(c-a)^2\}$$

(3) 복잡한 식의 인수분해

① 공통인수가 있으면 공통인수로 묶은 후 인수분해한다.
② 항이 여러 개 있는 경우 적당한 항끼리 묶어서 공통인수를 찾는다.
③ 문자가 여러 종류 있는 경우 차수가 가장 낮은 한 문자에 대하여 내림차순으로 정리한다.
④ **복이차식의 인수분해** : $x^2=t$로 치환하여 인수분해하거나 치환하여 인수분해가 되지 않을 때는 적당한 식을 더하거나 빼서 A^2-B^2의 꼴로 변형하여 인수분해한다.

---

point
$x^2-1=(x-1)(x+1)$
x^3-1
$=(x-1)(x^2+x+1)$
x^4-1
$=(x-1)\cdot$
(x^3+x^2+x+1)
$=(x-1)(x+1)$
(x^2+1)
x^5-1
$=(x-1)\cdot$
$(x^4+x^3+x^2+x+1)$
$\vdots$
x^n-1
$=(x-1)\cdot(x^{n-1}+x^{n-2}$
$+\cdots+x^2+x+1)$
(단, n은 자연수)

point
x^3+1
$=(x+1)(x^2-x+1)$
x^5+1
$=(x+1)\cdot$
$(x^4-x^3+x^2-x+1)$
$\vdots$
x^n+1
$=(x+1)\cdot(x^{n-1}-x^{n-2}$
$+x^{n-3}-\cdots-x+1)$
(단, n은 홀수)

point
$a^2+b^2+c^2$
$-ab-bc-ca$
$=\frac{1}{2}(2a^2+2b^2+2c^2$
$-2ab-2bc-2ca)$
$=\frac{1}{2}\{(a^2-2ab+b^2)$
$+(b^2-2bc+c^2)$
$+(c^2-2ca+a^2)\}$
$=\frac{1}{2}\{(a-b)^2$
$+(b-c)^2+c-a)^2\}$

point
내림차순 정리 : 특정 문자에 대하여 차수가 높은 항부터 낮은 항의 순서로 정리하는 것

1 x^2+4x-n $(n=1, 2, 3, \cdots, 100)$ 중에서 $(x+a)(x+b)$의 꼴로 인수분해되는 것은 모두 몇 개인가? (단, a, b는 정수)

2 다항식 x^4+x^2-n $(n=1, 2, 3, \cdots, 10)$ 중에서 $(x^2+A)(x^2-B)$의 꼴로 인수분해되는 것은 모두 몇 개인가? (단, A, B는 자연수)

3 $\dfrac{1}{a}-\dfrac{1}{b}=2$, $\dfrac{1}{a^2}+\dfrac{1}{b^2}=3$일 때, a^3-b^3의 값을 구하여라.

신유형 new

4 세 변의 길이가 a, b, c인 삼각형에 대하여 $a(b^3-c^3)+b(c^3-a^3)+c(a^3-b^3)=0$일 때, 이 삼각형은 어떤 삼각형인가?

5

$a^3+b^3+c^3-3abc=(a+b+c)(a^2+b^2+c^2-ab-bc-ca)$를 이용하여 다음 식을 인수분해하여라.

$$a^3(b-c)^3+b^3(c-a)^3+c^3(a-b)^3$$

신유형 **NEW**

6

$a=b+c=d+e+f$일 때,
$$a(ad+be+df)+be(c+f)+(d+e)f^2+ce(c+f)+f^3$$
을 간단히 하여라.

신유형 **NEW**

7

$A=\dfrac{2xy}{y^2+1}$ 일 때, 다음 식을 간단히 하여라. (단, $y\geq1$, $x\neq0$)

$$\frac{\sqrt{x+A}+\sqrt{x-A}}{\sqrt{x+A}-\sqrt{x-A}}$$

8 어떤 이차식을 인수분해하는 데 철이는 x의 계수를 잘못 보고 $(x+2)(x-10)$ 으로 인수분해하였고, 미애는 상수항을 잘못 보고 $(x+6)(x-7)$로 인수분해하였다. 이때, 주어진 이차식을 바르게 인수분해하여라.

9 $a+b=ab=3$, $x+y=xy=4$일 때, $(ax+by)(bx+ay)$의 값을 구하여라.

10 삼각형의 세 변의 길이가 x, y, z일 때, $x^4+y^4+2x^2y^2-x^2z^2-y^2z^2=0$이 성립하면 이 삼각형은 어떤 삼각형인지 구하여라.

11 $x+y=3$, $xy=2$일 때, x^5+y^5의 값을 구하여라. (단, x, y는 실수)

12 $a-b=-1$, $b-c=\sqrt{2}$일 때, $a^2+b^2+c^2-ab-bc-ca$의 값을 구하여라.

신유형 new

13 세 실수 x, y, z에 대하여 $x+y+z \neq 0$이고, $3xyz=x^3+y^3+z^3$일 때, $\dfrac{xy+yz+zx}{x^2+y^2+z^2}$의 값을 구하여라.

14 다음 각 식을 인수분해하여라.

(1) x^4+4
(2) $x^4-3x^2y^2+y^4$
(3) $(x+1)(x+2)(x+3)(x+6)-3x^2$
(4) $(a+b)(b+c)(c+a)+abc$

Super Math

15 다음 식을 간단히 하여라.

$$32\left(1-\frac{1}{2^2}\right)\left(1-\frac{1}{3^2}\right)\left(1-\frac{1}{4^2}\right)\left(1-\frac{1}{5^2}\right)\left(1-\frac{1}{6^2}\right)\left(1-\frac{1}{7^2}\right)\left(1-\frac{1}{8^2}\right)$$

16 $a+b+c=3$, $a^2+b^2+c^2=13$, $a^3+b^3+c^3=27$일 때, $\frac{1}{a}+\frac{1}{b}+\frac{1}{c}$의 값을 구하여라.

[국제 수학 올림피아드]

신유형   NEW

17 연속한 네 자연수의 곱에 1을 더한 수는 어떤 자연수의 제곱이 됨을 설명하고, 다음 □ 안에 알맞은 수를 써넣어라.

$$6\times7\times8\times9+1=\boxed{}^2$$

Ⅱ. 식의 계산

33

01 x에 관한 이차식 x^2+8x+k가 $(x+a)(x+b)$로 인수분해될 때, k의 최솟값을 구하여라. (단, a, b는 자연수)

02 $X=\left\{\dfrac{(\sqrt{3}+\sqrt{2})^n+(\sqrt{3}-\sqrt{2})^n}{2}\right\}^2$일 때, $\dfrac{1}{(\sqrt{X}-\sqrt{X-1})^{\frac{1}{n}}}$ 의 값을 구하여라.

Super Math

03 a, b, c가 정수이고, $a+b+c=0$일 때, $2(a^4+b^4+c^4)$은 제곱수임을 설명하여라.

04   삼각형의 세 변의 길이 a, b, c 사이에 다음 관계식이 성립할 때, 이 삼각형은 어떤 삼각형인지 구하여라.

$$a^3+b^3-a^2b-ab^2-ac^2-2b^2c+bc^2+2abc=0$$

01 다음 식을 인수분해하여라.

$$x^3 - y^3 - 1 - 3xy$$

02 두 다항식 $(7x^3 + 5x^2 + 3x + 1)^3$과 $(9x^4 + 7x^3 + 5x^2 + 3x + 1)^3$의 x^4의 계수를 각각 a, b라 할 때, $b - a$의 값을 구하여라.

03 다음 조건을 모두 만족하는 두 자연수 $x, y\,(x \leq y)$의 순서쌍 (x, y)를 모두 구하여라.

> Ⅰ. 각 자연수의 제곱의 합은 A이다.
> Ⅱ. 각 자연수의 세제곱의 합은 각 자연수의 합의 B배이다.
> Ⅲ. $A - B = 36$

04 $\dfrac{(x-1)(y+3)}{4(x-1)^2 + (y+3)^2} = -\dfrac{1}{4}$ 일 때, $2x+y$의 값을 구하여라.

05 x^2+4x+9가 어떤 정수의 제곱이 되도록 하는 정수 x를 모두 구하여라.

06 $abc+2ab+2bc+2ca+4a+4b+4c=447$일 때, $a+b+c$의 값을 구하여라.
(단, a, b, c는 자연수)

07 $\dfrac{(2x-3)(2y-3)}{(2x-3)^2+4(2y-3)^2}=-\dfrac{1}{4}$일 때, $x+2y$의 값을 구하여라.

08 $\dfrac{x}{y}=\dfrac{2y}{x-z}=\dfrac{2x+y}{z}$ 를 만족하는 서로 다른 세 양수 $x,\ y,\ z$에 대하여 $\dfrac{y}{x}$의 값을 구하여라.

세 실수 x, y, z가 다음 두 조건을 모두 만족시킬 때, $x^2+y^2+z^2$의 값을 구하여라. (단, $xyz \neq 0$)

> Ⅰ. $x+y+z=3$
> Ⅱ. $x^2\left(\dfrac{1}{y}+\dfrac{1}{z}\right)+y^2\left(\dfrac{1}{z}+\dfrac{1}{x}\right)+z^2\left(\dfrac{1}{x}+\dfrac{1}{y}\right)=-3$

2 $[(2+\sqrt{3})^6]$의 값을 구하여라. (단, $[x]$는 x를 넘지 않는 최대의 정수이다.)

Super Math

3 $a=123456781$, $b=123456785$, $c=123456789$ 일 때,
$a^3+b^3+c^3-3abc$는 $a+b+c$의 k배가 된다. 이때, 정수 k의 값을 구하여라.

4 $(3^n-9)^3+(9^n-3)^3=(3^n+9^n-12)^3$을 만족하는 모든 자연수 n의 값의 합을 구하여라.

국제 수학 올림피아드(IMO : International Mathematical Olympiad)

* 개최 목적

1959년에 창설된 국제 수학 올림피아드는 한 나라의 기초과학 또는 과학교육 수준을 가늠하는 국제 청소년 수학 경시대회로서 대회를 통하여 수학영재의 조기 발굴 및 육성, 세계 수학자 및 수학영재들의 국제 친선 및 문화교류, 수학교육의 정보교환 등을 도모한다.

* 개최 방법

• 문제 출제(어떠한 문제를 어떠한 방법으로 출제하는가)

문제 출제는 각 나라에서 문제를 제출하고(총 약 150~200 문제) 이를 주최국의 출제위원회에서 검토·수정한 후 최종 후보 문제 30문제를 선정한다. 이를 Shortlist라 부르며 이 문제들을 대회 기간 중 각국 단장들의 모임인 Jury Meeting에서 3~4일간 논의를 거쳐 다수결 원칙으로 최종 6문제를 결정하게 된다. 기하, 정수론, 함수, 조합, 부등식 등이 출제 분야이며 미적분은 제외된다. 각국은 최대 6명의 학생으로 이루어진 선수단을 참가시킬 수 있다. 시험은 이틀 동안 치러지며, 시험 시간은 오전 9시부터 오후 1시 30분까지 4시간 30분간이다. 문제 수는 첫날 3문제, 둘째 날 3문제로 총 6문제이며 각 문제는 7점 만점으로 총 42점 만점이다. 채점은 각국의 단장 및 부단장이 자기 나라 학생들의 답을 1차 채점하고 난 후 주최국 수학자들로 이루어진 조정(Coordination)팀과 만나서 최종 점수를 결정한다.

* 수상자 선정방법(금, 은, 동 수상자 결정방법)

각 참가자의 점수가 결정되면 Jury Meeting에서 금, 은, 동메달 수상자를 결정하게 되어 있다. 수상자 수는 참가자의 약 $\frac{1}{12}$에게 금메달, $\frac{2}{12}$에게 은메달, $\frac{3}{12}$에게 동메달을 수여하는 것을 원칙으로 하고 있다. 각국의 순위는 비공식이지만 각국이 얻은 총점을 기준으로 정해지는 것이 전통이다.

* 국제대회 참가 경위

1986년 2월, 호주는 호주에서 열리는 제 29회(1988년) IMO에 우리나라 선수단의 파견을 요청하였고 이를 받아들여 한국 수학 올림피아드(Korean Mathematical Olympiad, 약칭 KMO)위원회가 결성되었다. 1987년 11월 29일에 제1회 KMO가 개최되었고 여기서 34명을 선발하여 겨울학교, 통신강좌를 통하여 교육하였다. 1988년 4월에 거행된 최종 선발시험에서 선발된 6명이 IMO 한국 대표 선수로 처음 참가하게 되었다.

* 대표 학생 선발 경위

한국 수학 올림피아드(KMO, 11월), 겨울학교 모의고사(1월), 아시아태평양 수학 올림피아드(APMO, 3월), 한국 수학 올림피아드 2차 시험(4월), 이 4가지 시험의 성적을 한국 수학 올림피아드 위원회에서 정한 가중치를 곱하여 합산한 성적을 기준으로 최종 후보 학생 12명을 선발한다. 최종 후보 12명은 5월부터 7~8주간 주말교육을 받게 되며 이 기간 중 모의고사를 2회 실시하여 이 모의고사 성적과 이전 시험의 성적을 합산한 성적을 기준으로 한국 수학 올림피아드 위원회에서 최종 대표 6명을 선발하게 된다.

Chapter III

이차방정식

Ⅲ 이차방정식

point
이차방정식
우변의 모든 항을 좌변으로 이항하여 정리하였을 때, (x에 관한 이차식)$=0$의 꼴로 변형되는 방정식

① 이차방정식의 풀이 ★★

(1) 인수분해를 이용한 이차방정식의 풀이 : 이차방정식의 좌변이 간단히 인수분해될 때, 즉 $AB=0 \Longleftrightarrow A=0$ 또는 $B=0$의 원리를 이용

(2) 제곱근을 이용한 이차방정식의 풀이 : $ax^2=b(a \neq 0, ab \geq 0)$일 때, $x=\pm\sqrt{\dfrac{b}{a}}$

(3) 완전제곱식을 이용한 이차방정식의 풀이
　① x^2의 계수로 양변을 나눈다. 　　　② 상수항을 우변으로 이항한다.
　③ x의 계수의 $\dfrac{1}{2}$의 제곱을 양변에 더한다. ④ 좌변을 완전제곱식으로 고친다.
　⑤ 제곱근의 성질을 이용하여 해를 구한다.

(4) 근의 공식을 이용한 이차방정식의 풀이(인수분해가 되지 않으면 근의 공식을 이용)
　이차방정식 $ax^2+bx+c=0(a \neq 0)$의 근은 $x=\dfrac{-b\pm\sqrt{b^2-4ac}}{2a}$ $(b^2-4ac \geq 0)$

point
이차방정식
$ax^2+bx+c=0(a \neq 0)$의 x의 계수 b가 짝수일 때, 즉 $b=2b'$일 때, 이차방정식
$ax^2+2b'x+c=0$의 근은
$x=\dfrac{-b'\pm\sqrt{b'^2-ac}}{a}$
$(b'^2-ac \geq 0)$

② 이차방정식의 판별식 ★★★

이차방정식 $ax^2+bx+c=0(a \neq 0)$의 근의 공식 $x=\dfrac{-b\pm\sqrt{b^2-4ac}}{2a}$에서 근호 안에 있는 b^2-4ac를 판별식 D라고 한다. 이때, $D=b^2-4ac$의 값의 부호에 따라 이차방정식의 근이 실근인지 허근인지를 판별할 수 있다.

(1) $D=b^2-4ac>0 \Longleftrightarrow$ 서로 다른 두 실근을 갖는다.
(2) $D=b^2-4ac=0 \Longleftrightarrow$ 중근을 갖는다.
(3) $D=b^2-4ac<0 \Longleftrightarrow$ 서로 다른 두 허근을 갖는다. (실근은 없다.)

point
실근 : 실수인 근
허근 : 허수인 근

③ 근과 계수의 관계 ★★★

이차방정식 $ax^2+bx+c=0(a \neq 0)$의 두 근을 α, β라 하면
$$\alpha+\beta=-\frac{b}{a}, \quad \alpha\beta=\frac{c}{a}, \quad |\alpha-\beta|=\frac{\sqrt{b^2-4ac}}{|a|}$$

교과서 뛰어넘기

(1) 삼차방정식 $ax^3+bx^2+cx+d=0(a \neq 0)$의 세 근을 α, β, γ라 하면
$$\alpha+\beta+\gamma=-\frac{b}{a}, \quad \alpha\beta+\beta\gamma+\gamma\alpha=\frac{c}{a}, \quad \alpha\beta\gamma=-\frac{d}{a}$$
(2) n차방정식 $ax^n+bx^{n-1}+cx^{n-2}+\cdots=0(a \neq 0, n \geq 2)$의 근을 α, β, γ, $\cdots$라 하면
$$(모든 근의 합)=\alpha+\beta+\gamma+\cdots=-\frac{b}{a}$$

④ 이차방정식 만들기 ★★

(1) 중근이 α이고, x^2의 계수가 a인 이차방정식은 $a(x-\alpha)^2=0$
(2) 두 근이 α, β이고, x^2의 계수가 a인 이차방정식은
$$a(x-\alpha)(x-\beta)=0, \text{ 즉 } a\{x^2-(\alpha+\beta)x+\alpha\beta\}=0$$

point

계수가 실수인 이차방정
식 $ax^2+bx+c=0$의 두
근을 α, β라 하면
① 양근이 음근의 절댓값
　보다 크다.
　$\Longleftrightarrow \alpha+\beta>0, \alpha\beta<0$
② 양근이 음근의 절댓값
　보다 작다.
　$\Longleftrightarrow \alpha+\beta<0, \alpha\beta<0$
③ 두 근의 절댓값이 같고
　부호가 반대이다.
　$\Longleftrightarrow \alpha+\beta=0, \alpha\beta<0$

point

인수정리
x에 관한 다항식 $f(x)$가
$x-\alpha$로 나누어 떨어지기
위한 조건은 $f(\alpha)=0$, 즉
$f(\alpha)=0$
$\Longleftrightarrow f(x)$
　$=(x-\alpha)Q(x)$
$\Longleftrightarrow x-\alpha$는 $f(x)$의 인
수이다.

point

조립제법
x에 관한 다항식 $f(x)$를
x의 일차식으로 나누어
몫과 나머지를 구하는 나
눗셈 방법
[예] $2x^3-3x^2+x-1$을
$x-2$로 나누면
몫 : $2x^2+x+3$,
나머지 : 5

$$
\begin{array}{r|rrrr}
2 & 2 & -3 & 1 & -1 \\
  &   & 4 & 2 & 6 \\
\hline
  & 2 & 1 & 3 & 5
\end{array}
$$

point

상반방정식의 풀이
짝수차의 상반방정식은
양변을 x^2으로 나눈 다음
$x+\dfrac{1}{x}=t$로 치환하여 풀
고, 홀수차의 상반방정식
은 인수 $(x+1)$로 나누
고, 그 때의 몫을 짝수차
의 경우와 같은 방법으로
푼다.

교과서 뛰어넘기

이차방정식의 실근의 부호 ★★★

계수가 실수인 이차방정식 $ax^2+bx+c=0$의 두 근을 α, β라 하면

(1) 두 근이 모두 양수 $\Longleftrightarrow D\geq0$, $\alpha+\beta>0$, $\alpha\beta>0$

(2) 두 근이 모두 음수 $\Longleftrightarrow D\geq0$, $\alpha+\beta<0$, $\alpha\beta>0$

(3) 두 근이 서로 다른 부호 $\Longleftrightarrow \alpha\beta<0$

교과서 뛰어넘기

삼 · 사차방정식의 풀이 ★★★

(1) **인수분해를 이용한 풀이** : 삼 · 사차방정식은 인수분해 공식, 인수정리, 조립제법 등을 이
　용하여 푼다.

(2) **복이차방정식의 풀이($ax^4+bx^2+c=0$의 꼴)**
　① $x^2=t$로 치환한 후 인수분해 공식을 이용하여 푼다.
　② $x^2=t$로 치환하여도 인수분해가 되지 않을 때는 $A^2-B^2=0$의 꼴로 변형한 뒤 인수
　　분해한다.

교과서 뛰어넘기

근의 성질 ★★★

이차방정식 $ax^2+bx+c=0$에서

(1) 계수가 유리수인 경우 한 근이 $a+\sqrt{b}$이면 $a-\sqrt{b}$도 근이다.

(2) 계수가 실수인 경우 한 근이 $a+bi$이면 $a-bi$도 근이다.

교과서 뛰어넘기

부정방정식 ★★★

(1) 정수 조건이 있을 때, (일차식)×(일차식)=(정수)의 꼴로 변형한다.

(2) 실수 조건이 있을 때,
　① $A^2+B^2=0$의 꼴로 고쳐서 $A=B=0$을 이용한다.
　② 이차식의 경우 문자가 2개일 때는 한 문자에 대하여 정리한 후 판별식 $D\geq0$임을 이
　　용한다.

교과서 뛰어넘기

공통근 ★★★

(1) **공통근** : 두 개 이상의 방정식을 동시에 만족시키는 공통된 해

(2) **공통근을 구하는 방법**
　① 인수분해 또는 근의 공식을 이용하여 직접 근을 구하고, 두 방정식을 동시에 만족시
　　키는 공통근을 찾는다.
　② 최고차항 또는 상수항을 소거시켜서 공통근을 구한다.

특목고 대비 문제

01 이차방정식 $x^2-4x+1=0$의 두 근을 α, β라 할 때, $\sqrt{\alpha}+\sqrt{\beta}$의 값은?

① $2\sqrt{2}$ ② $\pm2\sqrt{2}$ ③ $\sqrt{6}$
④ $\pm\sqrt{6}$ ⑤ ±8

02 이차방정식 $2x^2+3x-2=0$의 두 근을 α, β라 할 때, $\alpha+1$, $\beta+1$을 두 근으로 하는 이차방정식은 $x^2+bx+c=0$이다. 이때, $b+c$의 값은?

① -2 ② $-\frac{3}{2}$ ③ -1
④ 1 ⑤ 2

신유형 new

03 이차방정식 $ax^2+bx+c=0$의 한 근은 $x=2$이고, 두 함수 $y=ax^2$, $y=-bx-c$의 그래프의 한 교점의 좌표가 $(-1, 2)$일 때, $a+b+c$의 값을 구하여라.

4 이차방정식 $x^2+(1+m)x+20=0$의 두 근의 차가 1일 때, 상수 m의 값을 구하여라.

5 $(x+y)(x+y-4)-5=0$일 때, $x+y$의 값을 구하여라. (단, $x<0$, $y<0$)

신유형

6 이차방정식 $x^2-(k+2)x+4k=0$이 두 개의 서로 다른 정수해를 가질 때, k의 값을 구하여라.

7 x에 관한 이차방정식 $(a-4)x^2-a^2x+32=0$의 한 근이 2일 때, a의 값을 구하여라.

08 x에 관한 이차방정식 $(a^2+1)x^2-4ax+2=0$이 두 양근을 가지며, 한 근이 다른 근의 3배일 때, 실수 a의 값을 구하여라.

09 보아와 혜성이가 이차방정식 $x^2+ax+b=0$을 푸는데 보아는 x의 계수 a를 잘못 보아 $x=2$, $x=-3$의 근을 얻었고, 혜성이는 상수항 b를 잘못 보아 $x=1$, $x=-8$의 근을 얻었다. 원래의 이차방정식과 옳은 근을 구하여라.

10 방정식 $(x-1)(x+1)(x+3)(x+5)+15=0$의 근을 구하여라.

신유형 new

11 $x=a+6\sqrt{3}$, $y=1+2\sqrt{3}$일 때, $x^2-6xy+9y^2+x-3y=6$이 성립하도록 a의 값을 정하여라.

12 x에 관한 방정식 $(x-a)^2=(x-b)^2$을 풀어라.

13 원 모양의 수영장이 2m 너비의 콘크리트 벽으로 둘러싸여 있다. 벽의 넓이가 수영장의 넓이의 21%일 때, 수영장의 넓이를 구하여라. [국제 수학 올림피아드]

14 이차방정식 $x^2+px+q=0$의 두 근이 연속하는 양의 정수이고, 두 근의 제곱의 차가 25일 때, 상수 p, q의 값을 각각 구하여라.

15 $a>b$, $a+b=8$이고 $(a-b)^2-3(a-b)-18=0$일 때, $2a+b$의 값을 구하여라.

16 x에 관한 두 이차방정식 $x^2+a^2x+b^2-2a=0$, $x^2-2ax+a^2+b^2=0$이 오직 하나의 공통근을 가질 때, 그 공통근을 구하여라. (단, a, b는 실수)

17 다음 방정식을 풀어라.

(1) $2x^3-x^2-5x-2=0$

(2) $6x^4-25x^3+12x^2+25x+6=0$

18 $x^2-3x+1=0$일 때, $x^2+x+\dfrac{1}{x^2}+\dfrac{1}{x}$의 값을 구하여라.

19 이차방정식 $x^2+2ax+b=0$에서 a, b는 차례로 한 개의 주사위를 두 번 던져서 나온 눈의 수로 정한다. 이때, 이 이차방정식이 중근을 가질 확률은?

① 0   ② $\dfrac{1}{11}$ ③ $\dfrac{1}{13}$

④ $\dfrac{1}{16}$ ⑤ $\dfrac{1}{18}$

20 이차방정식 $x^2+ax+b=0$의 두 근에 각각 1을 더한 것을 두 근으로 하는 새로운 이차방정식은 $x^2-a^2x+ab=0(a\neq 1)$이다. 이때, 원래의 이차방정식을 구하여라.

21 $\sqrt{5}$의 정수 부분과 소수 부분을 두 근으로 하는 이차방정식 $2x^2+px+q=0$에서 $p+q$의 값을 구하여라.

22 두 수 x, y가 모두 양의 정수일 때, $(x+y)^2+3x+y=1996$을 만족하는 y의 값과 x의 값의 차를 구하여라.

[국제 수학 올림피아드]

23 방정식 $\dfrac{1}{(x-5)(x-4)}+\dfrac{1}{(x-4)(x-3)}+\cdots+\dfrac{1}{(x+4)(x+5)}=\dfrac{5}{12}$ 를 풀어라.

24 이차방정식 $x^2+px+q=0$의 두 근이 연속하는 정수이고, q가 소수일 때, p, q의 값을 구하여라.

25 모양과 크기가 똑같은 카드 9장을 오른쪽 그림과 같이 늘어 놓았다. 사각형 ABCD의 넓이가 720일 때, 사각형 ABCD의 둘레의 길이를 구하여라.

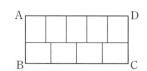

Super Math

26

항상 x단의 계단이 보이고 일정한 속력으로 내려오는 에스컬레이터가 있다. 두 소년 A와 B가 각각 에스컬레이터를 타고 내려오면서 서로 일정한 속력으로 1걸음에 1단씩 걸어서 내려온다. A의 걸음걸이의 속력은 B의 걸음걸이의 속력보다 3배가 빠르고, A는 24걸음만에 내려왔고, B는 16걸음만에 내려왔다고 할 때, 이 에스컬레이터의 높이를 나타내는 계단의 수 x를 구하여라.

27

하얀색과 파란색 두 종류의 정사각형 모양의 색종이 390개를 직사각형 모양의 바닥에 붙이려고 한다. A의 부분에는 하얀색 색종이를, B의 부분에는 파란색 색종이를, C의 부분에는 하얀색 색종이를 붙인다. 이때, C의 부분의 세로의 길이는 x이고 가로의 길이는 $x+11$일 때, 다음 물음에 답하여라. (단, 색종이의 한 변의 길이는 1이다.)

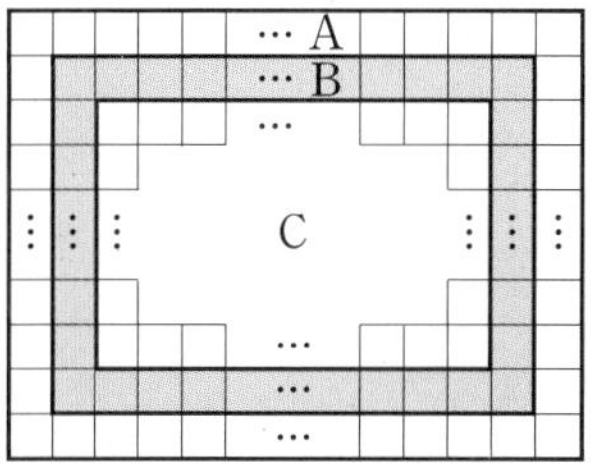

(1) 파란색 색종이의 개수를 x를 써서 나타내어라.

(2) x의 값을 구하여라.

(3) 하얀색 색종이의 개수를 구하여라.

28 두 함수 $y=x^2+ax+4$와 $y=3x+b$의 그래프가 두 점에서 만나고, 두 교점 사이의 거리가 $4\sqrt{10}$이 되도록 하는 a, b 중에서 b의 최댓값은?

① 5　　　　　　　② 6　　　　　　　③ 7

④ 8　　　　　　　⑤ 9

29 $2(x+y)^2=8xy-3x+3y+2$일 때, $x-y$의 값을 구하여라. (단, $x<y$)

30 세 개의 이차방정식

$$x^2-(1+p)x+p=0,\ x^2-(q-1)x-q=0,\ x^2-2(p+2q)x+8pq=0$$

은 각각 서로 다른 두 실근을 갖는다. 세 개의 이차방정식의 공통근이 음수일 때, $p-4q$의 값은?

① 0　　　　　　　② 2　　　　　　　③ 4

④ 6　　　　　　　⑤ 8

Super Math

31

세 실수 a, b, c가 삼각형의 세 변의 길이일 때, 다음 등식이 성립하는 삼각형은 어떤 삼각형인지 구하여라.

$$(a+b-c)(ab-bc+ca)+abc=2bc^2$$

신유형 **new**

32

$4x^2-36[x]+45=0$을 만족하는 실수 x의 개수를 구하여라. (단, $[x]$는 x보다 크지 않은 최대의 정수이다.)

33

이차방정식 $x^2+ax+2-a=0$이 두 양의 정수해를 가질 때, a의 값과 두 근을 구하여라.

34 세 양수 a, b, c에 대하여 $\dfrac{a}{2b-c} = \dfrac{2b}{3a+c} = \dfrac{a}{b}$가 성립할 때, $\dfrac{a}{b}$의 값을 구하여라.

[국제 수학 올림피아드]

신유형 ᴺᵉʷ

35 어느 댐에 하루에 일정한 양의 물이 유입됨과 동시에 일정한 양이 배수되며, 지금의 배수량을 유지하면 댐의 물을 40일 동안 쓸 수 있다고 한다. 그런데 최근에 비가 많이 내리는 바람에 댐에 유입되는 물의 양이 20% 증가하였다. 만일, 배수량을 10% 늘린다면 댐의 물은 여전히 40일 동안 쓸 수 있다고 할 때, 원래의 배수량대로 물을 배수한다면 댐의 물은 며칠 동안 쓸 수 있는지 구하여라.

36 x에 관한 이차방정식 $2mx^2 + 2(m^2+2)x - 4 = 0$의 한 근이 2일 때, 다른 한 근을 구하여라.

37 $a \odot b = a^2 - ab + b^2$ 이라고 정의할 때, $(2x-1) \odot x = 2 - x$ 를 만족시키는 x의 값 중 음수인 것을 구하여라.

38 1보다 큰 세 자연수 a, b, c 중 어느 두 수가 홀수이면 $3^a + (b-1)^2(c-1)^3$은?

[국제 수학 올림피아드]

① 항상 짝수이다.
② 항상 홀수이다.
③ a가 짝수이면 짝수이고, a가 홀수이면 홀수이다.
④ b가 짝수이면 홀수이고, b가 홀수이면 짝수이다.
⑤ c가 짝수이면 홀수이고, c가 홀수이면 짝수이다.

39 다음 연립방정식을 풀 때, 모든 x의 값의 곱을 a, 모든 y의 값의 곱을 b라고 한다. 이때, $a+b$의 값을 구하여라.

$$\begin{cases} 2x^2 - 3xy + y^2 = 0 & \cdots\cdots \ ㉠ \\ 5x^2 - y^2 = 16 & \cdots\cdots \ ㉡ \end{cases}$$

40

a, b, c가 복소수일 때, x에 관한 이차방정식 $ax^2+bx+c=0$의 두 근을 α, β라 한다. 다음 보기 중 옳은 것을 모두 고른 것은?

ㄱ. $\alpha=\beta$이면 $b^2-4ac=0$이다.

ㄴ. α, β가 서로 다른 실수이면 $b^2-4ac>0$이다.

ㄷ. $\alpha+\beta=-\dfrac{b}{a}$

ㄹ. $\alpha\beta=\dfrac{c}{a}$

① ㄱ, ㄴ 　　　　　② ㄴ, ㄷ 　　　　　③ ㄷ, ㄹ
④ ㄱ, ㄷ, ㄹ 　　　　⑤ ㄱ, ㄴ, ㄷ, ㄹ

41

이차방정식 $x^2+x-1=0$의 두 근을 α, β라 할 때,
$(1+\alpha+\alpha^2+\alpha^3)(1+\beta+\beta^2+\beta^3)$의 값을 구하여라.

Super Math

42

신유형 new

이차방정식 $x^2 - ax + b + 1 = 0$이 실근을 가질 때, b의 최댓값을 M이라 한다.
M의 값의 범위가 $p \le M \le q$일 때, $p + q$의 값을 구하여라. (단, $-1 \le a \le 2$)

43

신유형 new

어떤 직사각형에서 가로의 길이와 세로의 길이의 비가 가로의 길이에 세로의 길이
를 더한 것과 가로의 길이의 비가 같을 때, 이 직사각형을 '황금사각형' 이라고 한
다. 황금사각형의 가로의 길이와 세로의 길이의 비를 구하여라.

44

어떤 삼각형의 세 변의 길이 a, b, c가 $a^3c - a^2bc + ab^2c + ac^3 - b^3c - bc^3 = 0$을 만
족할 때, 이 삼각형의 모양은?

① 직각삼각형   ② 이등변삼각형
③ 정삼각형   ④ 직각이등변삼각형
⑤ 알 수 없다.

01

x에 관한 이차방정식 $(a-3)x^2+(a-1)x+(a+1)=0$에 대하여 다음 물음에 답하여라. (단, 계수는 모두 정수이다.)

(1) a가 짝수이면 주어진 이차방정식은 유리수를 근으로 가질 수 없음을 보여라.

(2) a가 변함에 따라 주어진 이차방정식이 가질 수 있는 유리근을 모두 구하여라.

02

주사위 한 개를 두 번 던져서 첫 번째 나온 눈의 수를 a, 두 번째 나온 눈의 수를 b라 할 때, 이차방정식 $x^2-ax+b=0$의 두 근이 모두 정수일 확률을 구하여라.
(단, 중근은 두 근으로 본다.)

03
1쪽에서부터 빠짐없이 번호가 매겨진 책의 어느 한 장이 찢겨 없어졌다. 남은 쪽수의 합이 1256이라면 찢겨 없어진 쪽은 몇 쪽인지 구하여라.

04
다음 두 이차방정식이 $0 < \alpha < 1$을 만족하는 공통근 α를 가질 때, 다음 물음에 답하여라.

$$\begin{cases} x^2 + ax + b = 0 & \cdots\cdots\ \text{㉠} \\ x^2 + bx + 1 = 0 & \cdots\cdots\ \text{㉡} \end{cases}$$

(1) $a \geq 1$, $b \leq -2$임을 보여라.

(2) ㉠, ㉡의 근을 α로 나타내고, 크기 순으로 나열하여라.

(3) $b \geq -4$일 때, ㉠, ㉡의 근 가운데 최대인 것이 최댓값을 가질 때의 a, b의 값을 각각 구하여라.

01 계수가 정수인 방정식 $ax^2+bx+c=0$에서 a, b, c가 모두 홀수이면 이 방정식은 정수해를 갖지 않음을 설명하여라.

02 p, q, k가 실수이고 $k \neq 0$이며 이차방정식 $x^2+px+q=0$ ······㉠이 서로 다른 두 실근을 가진다. 이때, 이차방정식 $x^2+px+q+k(2x+p)=0$ ······㉡도 서로 다른 두 실근을 가지며 방정식 ㉡의 한 근이 방정식 ㉠의 두 근 사이에 있음을 설명하여라.

03 이차다항식 $f(k)$가 모든 실수 k에 대하여 $f(k^2)+f(k)f(k+1)=0$을 만족시키며 이차방정식 $f(x)=0$이 적어도 하나의 실수인 근을 가진다고 할 때, 이차방정식 $f(x)=0$의 근이 될 수 있는 실수를 모두 구하여라.

Super Math

04 이차방정식 $a(x+1)(x+2)+b(x+2)(x+3)+c(x+3)(x+1)=0$의 근이 0과 1일 때, $a:b:c$의 비를 구하여라.

05 x, y, z가 실수일 때, 다음 연립방정식의 해를 구하여라.

$$\begin{cases} x^2+y^2+z^2=xy+yz+zx \\ x+y^2+z^3=3 \end{cases}$$

06 이차방정식 $x^2-x+1=0$의 두 근을 a, b라 하고 $f(n)=a^n+b^n(n$은 양의 정수$)$라 할 때, $f(n)$의 값으로 가능한 것을 모두 구하여라.

07 두 개의 이차방정식 $(2006x)^2-2005\times2007x-1=0$과 $x^2+2005x-2006=0$의 작은 근을 각각 a, b라 할 때, $\dfrac{1}{ab}$의 값을 구하여라.

1 이차방정식 $x^2 - 1154x + 1 = 0$의 두 근을 α, β라고 할 때, $\sqrt[4]{\alpha} + \sqrt[4]{\beta}$의 값을 구하여라.

2 방정식 $x^3 + 2y^3 + 4z^3 + 8xyz = 0$의 정수해를 모두 구하여라.

3 n을 어떤 쌍둥이 소수의 곱이라고 하자. n의 양의 약수의 합을 $s(n)$이라 하고, n 보다 작은 자연수 중에서 n과 서로소인 것들의 개수를 $p(n)$이라 할 때, $s(n)p(n)$ 을 n의 식으로 나타내어라. (단, 쌍둥이 소수는 차가 2인 두 소수를 뜻한다.)

4   세 실수 x, y, z가 다음의 두 조건을 모두 만족시킬 때, $x^2+y^2+z^2$의 값을 구하여라. (단, $xyz \neq 0$)

> Ⅰ. $x+y+z=3$
>
> Ⅱ. $x^2\left(\dfrac{1}{y}+\dfrac{1}{z}\right)+y^2\left(\dfrac{1}{z}+\dfrac{1}{x}\right)+z^2\left(\dfrac{1}{x}+\dfrac{1}{y}\right)=-3$

오드리햅번이 아들에게 들려준 글 *

아름다운 입술을 가지고 싶으면
친절한 말을 하라.

사랑스런 눈을 갖고 싶으면
사람들에게서 좋은 점을 봐라.

날씬한 몸매를 갖고 싶으면
너의 음식을 배고픈 사람과 나누어라.

아름다운 머리카락을 갖고 싶으면 하루에 한 번
어린이가 손가락으로 너의 머리를 쓰다듬게 하라.

아름다운 자세를 갖고 싶으면
결코 너 혼자 걷고 있지 않음을 명심하라.

사람들은 상처로부터 복구되어야 하며,

낡은 것으로부터 새로워져야 하고,

병으로부터 회복되어져야 하고,

무지함으로부터 교화되어야 하며,

고통으로부터 구원받고 또 구원받아야 한다.

결코 누구도 버려서는 안 된다.

기억하라... 만약 도움의 손이 필요하다면
너의 팔 끝에 있는 손을 이용하면 된다.

네가 더 나이가 들면 손이 두 개라는 걸 발견하게 된다.

한 손은 너 자신을 돕는 손이고
다른 한 손은 다른 사람을 돕는 손이다.

위의 내용은 오드리햅번이 숨을 거두기 일년 전
크리스마스 이브에 아들에게 들려주었다고 합니다.

Chapter IV

이차함수

point

이차함수의 식 구하기

① 꼭짓점 (p, q)와 다른 한 점을 알 때
$y=a(x-p)^2+q$를 이용

② x축과의 두 교점 $(\alpha, 0)$, $(\beta, 0)$과 다른 한 점을 알 때 $y=a(x-\alpha)(x-\beta)$ 를 이용

③ 세 점이 주어질 때 $y=ax^2+bx+c$를 이용

④ $x=m$에서 x축과 접할 때 $y=a(x-m)^2$ 을 이용

point

x축, y축으로 각각 α, β 만큼 평행이동

① 점 (x, y)의 평행이동
$(x, y) \Rightarrow$
$(x+\alpha, x+\beta)$

② 도형 $f(x, y)=0$의 평행이동
$f(x, y)=0 \Rightarrow$
$f(x-\alpha, x-\beta)=0$

point

이차함수에서 x의 값의 범위가 주어지지 않으면

① $a>0$일 때 $x=p$에서 최솟값 q를 갖는다.

② $a<0$일 때 $x=p$에서 최댓값 q를 갖는다.

① 이차함수의 그래프 ★★

(1) 이차함수 $y=ax^2 \, (a \neq 0)$의 그래프

① 원점을 꼭짓점으로 하고 대칭축이 y축인 포물선이다.

② $a>0$이면 아래로 볼록, $a<0$이면 위로 볼록하다.

(2) 이차함수 $y=ax^2+q \, (a \neq 0)$의 그래프

① 이차함수 $y=ax^2$의 그래프를 y축의 방향으로 q만큼 평행이동한 것이다.

② 점 $(0, q)$를 꼭짓점으로 하고, y축을 축으로 하는 포물선이다.

(3) 이차함수 $y=a(x-p)^2 \, (a \neq 0)$의 그래프

① 이차함수 $y=ax^2$의 그래프를 x축의 방향으로 p만큼 평행이동한 것이다.

② 점 $(p, 0)$을 꼭짓점으로 하고, 직선 $x=p$를 축으로 하는 포물선이다.

(4) $y=a(x-p)^2+q \, (a \neq 0)$의 그래프

① $y=ax^2$의 그래프를 x축의 방향으로 p, y축의 방향으로 q만큼 평행이동한 것이다.

② 점 (p, q)를 꼭짓점으로 하고, 직선 $x=p$를 축으로 하는 포물선이다.

(5) 이차함수 $y=ax^2+bx+c \, (a \neq 0)$의 그래프

이차함수 $y=ax^2+bx+c$의 그래프는 $y=a(x-p)^2+q$의 꼴로 고쳐서 그린다.

교과서 뛰어넘기

이차함수 $y=ax^2+bx+c$의 최대, 최소 ★★★

이차함수 $y=ax^2+bx+c$에서 $y=ax^2+bx+c=a(x-p)^2+q \, (\alpha \leq x \leq \beta)$이면

(1) $\alpha \leq p \leq \beta$일 때

① $a>0$이면 $x=p$에서 최소이고, $f(\alpha)$, $f(\beta)$ 중 큰 값이 최대이다.

② $a<0$이면 $x=p$에서 최대이고, $f(\alpha)$, $f(\beta)$ 중 작은 값이 최소이다.

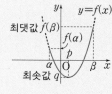

(2) $p<\alpha$ 또는 $p>\beta$일 때

$f(\alpha)$, $f(\beta)$ 중 큰 값이 최대이고, 작은 값이 최소이다.

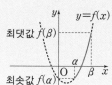

이차함수의 그래프와 직선 사이의 관계 ★★★

(1) 이차방정식 $ax^2+bx+c=0$의 판별식이 $D=b^2-4ac$일 때, $y=ax^2+bx+c$의 그래프는

판별식 D	$D>0$	$D=0$	$D<0$
$a>0$일 때 이차함수 $y=ax^2+bx+c$의 그래프와 x축과의 교점	서로 다른 두 점에서 만난다.	접한다.	만나지 않는다.

(2) 이차함수 $y=ax^2+bx+c$의 그래프와 직선 $y=mx+n$의 위치 관계는 이차방정식 $ax^2+(b-m)x+c-n=0$의 판별식 $D=(b-m)^2-4a(c-n)$의 부호에 따라 다음과 같이 결정한다.

판별식 D	$D>0$	$D=0$	$D<0$
이차함수 $y=ax^2+bx+c$의 그래프와 직선 $y=mx+n$의 위치 관계	서로 다른 두 점에서 만난다.	접한다.	만나지 않는다.

판별식을 이용한 최대, 최소 ★★★

(1) $f(x, y)=0$에서 x의 최대, 최소

주어진 식을 y에 관한 이차방정식으로 정리한 후 실근 조건 $D\geq0$을 이용

(2) $f(x, y)=0$에서 y의 최대, 최소

주어진 식을 x에 관한 이차방정식으로 정리한 후 실근 조건 $D\geq0$을 이용

(3) 조건은 이차식이고 결과는 일차식일 때

(일차식)$=k$ (상수)로 놓고 조건식에 대입하여 x 또는 y에 관한 이차방정식으로 만든 후 판별식 $D\geq0$을 이용하여 k의 최대, 최소를 구한다.

삼차함수 ★★

(1) $y=ax^3\ (a\neq0)$의 그래프

① $a>0$이면 x가 증가할 때 y도 증가한다. (단조증가)

  $a<0$이면 x가 증가할 때 y는 감소한다. (단조감소)

② $|a|$가 클수록 y축에 가깝다.

③ 그래프는 원점을 지나고 원점에 대하여 대칭이다.

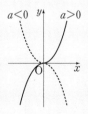

(2) 함수 $y=f(x)$에 대하여

① 우함수 : $f(x)=f(-x)\Longleftrightarrow y$축 대칭 $\Longleftrightarrow$ 짝수차 함수

② 기함수 : $f(x)=-f(-x)\Longleftrightarrow$ 원점 대칭 $\Longleftrightarrow$ 홀수차 함수

1. 오른쪽 그림에서 □ABCD는 정사각형이고, 각 꼭짓점의 좌표는 각각 A(1, 1), B(4, 1), C(4, 4), D(1, 4)이다. 이차함수 $y=ax^2\,(a>0)$의 그래프가 정사각형 ABCD 둘레 위의 서로 다른 두 개의 점에서 만날 때, a의 값의 범위를 구하여라.

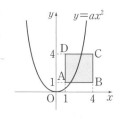

2. 이차함수 $y=ax^2+bx+c$의 그래프를 x축의 방향으로 5만큼, y축의 방향으로 7만큼 평행이동한 그래프가 $y=x^2$의 그래프와 일치할 때, $a+b+c$의 값을 구하여라.

3. 자연수 n에 대하여 $f(n)=2n^2-7n+8$을 최소로 하는 n의 값과 그때의 최솟값을 구하여라.

Super Math

4 지면으로부터 20m되는 높이에서 초속 25m로 위로 던져 올린 물체의 t초 후의 높이를 hm라고 하면 t와 h 사이에는 관계식 $h = -5t^2 + 25t + 20$이 성립한다. 이 물체가 최고 높이에 도달하는 시간이 a초 후이고, 그때의 높이가 bm라고 할 때, $a+b$의 값은?

① $\dfrac{205}{4}$ ② $\dfrac{215}{4}$ ③ $\dfrac{225}{4}$

④ $\dfrac{235}{4}$ ⑤ $\dfrac{245}{4}$

5 x에 관한 이차함수 $y = (a+x)^2 + 2(a+1)x + 6$의 그래프에서 꼭짓점의 좌표가 $(3, 1)$일 때, 상수 a의 값을 구하여라.

6 $y = kx^2 - (k+a)x - b(k-1)$의 그래프가 k의 값에 관계없이 서로 다른 두 점 $(2, 0)$, (m, n)을 지날 때, $m-n$의 값을 구하여라.

17 이차함수 $y = ax^2 + bx + c \ (a \neq 0)$의 그래프가 오른쪽 그림과 같을 때, a, b, c의 부호를 각각 판별하여라.

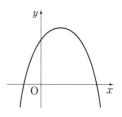

18 이차함수 $y = ax^2 + bx + c$의 그래프가 오른쪽 그림과 같을 때, 다음 중 옳지 <u>않은</u> 것을 모두 고르면? (정답 2개)

① $a > 0, b > 0, c < 0$ ② $ab + c < 0$

③ $a + b + c < 0$ ④ $a - b + c < 0$

⑤ $b^2 - 4ac > 0$

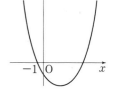

19 이차함수 $y = ax^2 + bx + c$의 그래프가 오른쪽 그림과 같을 때, 이차함수 $y = bcx^2 + cax + ab$의 그래프의 모양은 다음 중 어느 것인가?

①

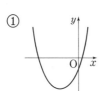

②

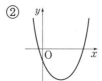

③

④

⑤

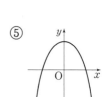

10 오른쪽 그림은 $y=-2x^2$의 그래프이고 선분 AB는 x축에 평행하다. 선분 AB의 길이가 8일 때, $\triangle$OAB의 넓이를 구하여라.

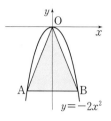

11 오른쪽 그림과 같이 y축에 평행한 직선 l이 두 이차함수 $y=x^2$, $y=ax^2$ $(a<0)$의 그래프와 만나는 점을 각각 P, R라 하고, 직선 l과 x축과 만나는 점을 Q라 하자.
$\overline{\text{PQ}}:\overline{\text{QR}}=2:1$일 때, a의 값을 구하여라.

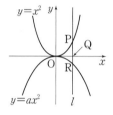

12 오른쪽 그림과 같이 이차함수 $y=\dfrac{1}{2}x^2$의 그래프 위에 점 P, 원점 O, 점 A$(6, 0)$을 꼭짓점으로 하는 $\triangle$POA의 넓이가 24일 때, 점 P의 좌표를 구하여라. (단, 점 P는 제 1사분면 위의 점이다.)

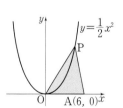

13

x에 관한 함수 $f(x) = -2x^2 - 4mx + 3m^2 + 10m$의 최댓값을 $g(m)$이라 하자. 이때, $g(m)$의 최솟값은?

① -1 ② -2 ③ -3

④ -4 ⑤ -5

14

신유형 new

오른쪽 그림과 같이 이차함수 $y = x^2$의 그래프와 직선 $y = -2x + 3$의 교점을 A, B라 하고, 직선 AB와 y축과의 교점을 C라 하자. 또, $y = x^2$ 위의 점을 P라 하고, $\overline{AP}$와 y축과의 교점을 D라 하자. △DOP의 넓이가 △ADC의 넓이의 $\dfrac{1}{2}$일 때, 점 P의 좌표를 구하여라.

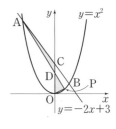

15

오른쪽 그림은 두 이차함수 $y = x^2 + 4x + 3$과 $y = x^2 + 4x$의 그래프를 나타낸 것이다. □ABCD의 넓이를 구하여라.

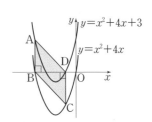

16 이차함수 $y=ax^2+bx+c$의 그래프는 두 점 $(-1, 2)$와 $(1, 6)$을 지나고, 최댓값이 $-3a$일 때, c의 값을 구하여라.

17 신유형 new

x에 관한 함수 $y=2a^2(t+1)x^2+(t^2+t-3a)x+(t^2-at+1)$의 그래프가 어떤 실수 t의 값에 대해서도 x축 위의 한 정점을 지날 때, a의 값을 구하여라.

18 오른쪽 그림과 같이 두 이차함수 $y=\frac{1}{2}x^2+1$,

$y=\frac{1}{2}x^2-1$의 그래프와 두 직선 $x=-1$, $x=2$로 둘러싸인 부분의 넓이는?

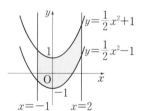

① 3   ② 4   ③ 5

④ 6   ⑤ 7

> 특목고 대비 문제

19 이차함수 $y=-2x^2+4x+a$가 $-1\leq x\leq 2$에서 최댓값 -1, 최솟값 b를 갖는다고 할 때, $a+b$의 값을 구하여라.

신유형 NEW

20 이차함수 $y=x^2-2ax+2a^2-a-1$의 꼭짓점의 좌표 $\mathrm{P}(X,\,Y)$에 대하여 $0\leq a\leq 2$일 때, Y의 최댓값을 M, 최솟값을 m이라 한다. 이때, $M-m$의 값을 구하여라.

21 다음 중 이차함수 $f(x)=-2x^2+4ax+a$의 최대, 최소에 대한 설명으로 옳지 <u>않</u>은 것은? (단, $0\leq x\leq 3$)

① $a<0$이면 최댓값은 $f(0)$이다.
② $a>0$이면 최댓값은 $f(3)$이다.
③ $a>\dfrac{3}{2}$이면 최솟값은 $f(0)$이다.
④ $0\leq a\leq 3$이면 최댓값은 $f(a)$이다.
⑤ $a=0$이면 최솟값은 -18이다.

22 이차함수 $y=x^2-4x+3$의 그래프와 직선 $mx-4y-13=0$은 한 점 P에서 만나고, 이 직선 $mx-4y-13=0$을 x축의 방향으로 1만큼, y축의 방향으로 -1만큼 평행이동하면 직선 $y=ax-\dfrac{1}{4}$과 수직이고, 한 점 Q에서 만난다. 이때, 선분 PQ의 길이를 구하여라. (단, $m>0$)

23 좌표평면 위의 두 점 $A(2, 2)$, $B(4, 2)$가 있을 때, $\overline{AB}$가 이차함수 $y=ax^2+2ax+a-2$의 그래프와 만나도록 하는 a의 값이 범위를 구하여라.

신유형

24 이차함수 $f(x)=ax^2+bx+c$의 그래프를 그리기 위하여 일정한 간격으로 증가하는 x의 값에 대하여 다음과 같이 함숫값들을 차례로 확인하였다.

744	869	996	1127	1256	1389	1524	1661

그런데 이들 중 잘못된 함숫값이 한 개 있다. 이 함숫값을 구하여라.

25 두 함수 f, g가 임의의 실수 x, y에 대하여 $f(x+g(y))=ax+y+1$을 만족하고 $f(0)=-2$, $g(0)=1$일 때, $f(3)+g(3)$의 값을 구하여라. (단, a는 상수이다.)

26

신유형 NEW

함수 f가 다음과 같이 정의될 때, $y=f(x)$의 그래프를 $0 \le x \le 4$인 x의 값의 범위에서 그려라.

> Ⅰ. $f(x)=f(x-1)$ (x는 임의의 실수)
> Ⅱ. $f(x)=8x^2-8x+2$ ($0 \le x \le 1$)

27 함수 $f(x)$가 모든 실수 x에 대하여 다음 두 조건을 만족할 때, $f(2015)$의 값을 구하여라.

> Ⅰ. $f(3)=5$
> Ⅱ. $f(x+2)=\dfrac{f(x)-1}{f(x)+1}$

Super Math

28 실수 a, b에 대하여 두 함수 $f(x)=x^2+ax+b$, $g(x)=f(f(x))$가 있다. 이때, $g(x)-x$는 $f(x)-x$로 나누어 떨어짐을 보여라.

29 0이 아닌 실수 x에 대하여 함수 $f(x)$가 $f(x)+2f\left(\dfrac{1}{x}\right)=3x$를 만족할 때, 방정식 $f(x)=f(-x)$의 해를 구하여라.

30 오른쪽 그림과 같은 포물선이 있다. 길이가 40cm인 $\overline{AB}$의 중점 M에서 꼭짓점 C까지의 높이가 16cm일 때, 점 M으로부터 5cm 떨어진 점 H에서 포물선까지의 높이 $\overline{DH}$의 길이를 구하여라.

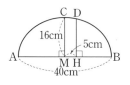

Ⅳ. 이차함수

31 오른쪽 그림에서 점 A의 좌표는 $(0, 9)$이고, 점 D는 이차함수 $y=x^2$의 그래프 위의 점이고 선분 AD를 한 변으로 하는 정사각형 ABCD를 그린 후 선분 BC와 이차함수 $y=x^2$의 그래프와 만나는 점을 G라 하자. 이때 선분 BG를 한 변으로 하는 정사각형 BEFG에 대하여, 정사각형 ABCD와 정사각형 BEFG의 넓이의 차를 구하여라.

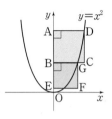

32 포물선 $y=x^2$ 위의 임의의 점 P에서 직선 $4x-3y-4=0$에 내린 수선의 길이의 최솟값은?

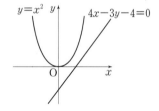

① 1   ② $\dfrac{5}{6}$ ③ $\dfrac{7}{10}$

④ $\dfrac{8}{13}$ ⑤ $\dfrac{8}{15}$

33 오른쪽 그림과 같이 이차함수 $y=\dfrac{1}{2}x^2$, $y=ax^2$의 그래프에서 직선 l은 x축에 평행하고, $\overline{AB}=\overline{BC}=\overline{CD}$이다. 이때, a의 값을 구하여라.

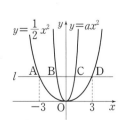

Super Math

신유형 NEW

34

오른쪽 그림과 같이 이차함수 $y=x^2$의 그래프에서 곡선 OA 를 원점 O를 중심으로 회전이동시켜 점 A가 x축과 만나는 점 을 A′라 할 때, 색칠한 부분의 넓이를 구하여라.

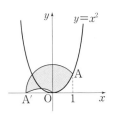

35

포물선 $y=x^2$과 직선 $y=\dfrac{1}{2}x+1$의 교점을 A, B라 하 고, 원점을 O라 한다. 점 P가 원점을 출발하여 포물선을 따라 점 B까지 움직일 때, △AOB의 넓이와 △APB의 넓이가 같게 되는 점 P의 좌표는? (단, 점 P의 좌표는 원 점 O가 아니다.)

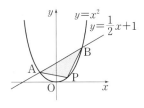

① $\left(\dfrac{1}{4}, \dfrac{1}{16}\right)$ 　　　② $\left(\dfrac{1}{13}, \dfrac{1}{9}\right)$ 　　　③ $\left(\dfrac{1}{2}, \dfrac{1}{4}\right)$

④ $\left(\dfrac{2}{3}, \dfrac{4}{9}\right)$ 　　　⑤ $(1, 1)$

36 임의의 자연수 n에 대하여

$$f(n) = \begin{cases} 0 \ (n\text{이 5의 배수일 때}) \\ 1 \ (n\text{이 5의 배수가 아닐 때}) \end{cases},$$

$$g(n) = \begin{cases} 0 \ (n\text{이 7의 배수일 때}) \\ 1 \ (n\text{이 7의 배수가 아닐 때}) \end{cases}$$

라 할 때, $h(n) = (1-f(n))(1-g(n))$이라고 정의한다. 이때, $h(3) + h(6) + h(9) + \cdots + h(2014) + h(2015)$의 값은?

① 13   ② 19   ③ 38
④ 57   ⑤ 152

37 오른쪽 그림과 같이 $y = x^2 - 10x + 21$의 그래프가 x축과 두 점 A, B에서 만나고, y축과 점 C에서 만나고 있다.
점 $P(x, y)$가 곡선 CAB 위에서 움직일 때, $2x - y + 5$의 최댓값과 최솟값의 합을 구하여라.

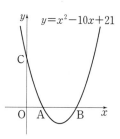

38 신유형 new

이차함수 $y = -x^2 + 4x + 5$의 그래프와 x축으로 둘러싸인 도형에 내접하고 한 변이 x축 위에 있는 직사각형을 만들 때, 이 직사각형의 둘레의 길이의 최댓값을 구하여라.

Super Math

39 오른쪽 그림과 같이 포물선 $y=x^2$ ······㉠과 두 직선
$\begin{cases} y=x+2 & \cdots\cdots ㉡ \\ y=x+6 & \cdots\cdots ㉢ \end{cases}$ 이 있다. ㉠, ㉡의 교점 A, B 및 ㉠, ㉢
의 교점 C, D로 이루어진 사다리꼴 ABCD의 넓이를 구하
여라.

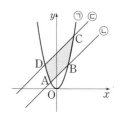

신유형

40 20보다 작은 자연수 k에 대하여 오른쪽 그림과 같이 이차함
수 $y=\dfrac{1}{2}x^2-k$의 그래프가 x축과 두 점 A, B에서 만난다.
이때, $\overline{AB}$의 길이가 정수가 되는 k의 값을 모두 구하여라.

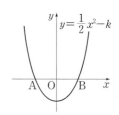

41 오른쪽 그림과 같이 이차함수 $y=-x^2+3x+4$의 그래프가
x축의 양의 부분과 만나는 점을 A, y축과 만나는 점을 B, 원
점을 O라 한다. 이 그래프 위에 임의의 한 점 P를 잡을 때,
□OAPB의 넓이의 최댓값을 구하여라. (단, 점 P는 제1사분
면 위의 점이다.)

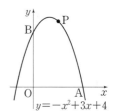

42 함수 $f(x) = \begin{cases} \dfrac{x}{5} & (x가\,5의\,배수일\,때) \\ x+1 & (x가\,5의\,배수가\,아닐\,때) \end{cases}$ 이고, $f(x_n) = x_{n+1}$, $f(x_1) = 1000$

일 때, $f(x_{50})$의 값을 구하여라.

43 자연수 x에 대하여 함수 $f(x) = x - 10 \cdot \left[\dfrac{x}{10}\right]$일 때, 다음 값을 구하여라. (단, $[x]$는 x보다 크지 않은 최대의 정수이다.)

$$f(7) + f(7^2) + f(7^3) + \cdots + f(7^{2015})$$

신유형

44 실수 x에 대하여 함수 $f(2015x + f(0)) = 2015x^2$을 만족할 때, 함수 $f(x)$를 모두 구하여라.

45 $x^2+2y^2=1$일 때, $x^4-2x^2y^2+3y^4$의 최댓값과 최솟값의 합을 구하여라.

46 $f(x)=x^2+px+q$가 주어졌을 때, $|f(1)|$, $|f(2)|$, $|f(3)|$의 값 중에서 적어도 하나는 $\dfrac{1}{2}$보다 크거나 같음을 설명하여라.

신유형   new

47 주사위를 3번 던져서 첫 번째 나온 눈의 수를 a, 두 번째 나온 눈의 수를 b, 세 번째 나온 눈의 수를 c라 할 때, 이차함수 $y=ax^2+bx+c+2$의 그래프가 x축과 만날 확률을 구하여라.

01 양의 정수 n에 대하여 $f(n) = 1 + \dfrac{1}{2} + \dfrac{1}{3} + \cdots + \dfrac{1}{n}$이라 한다. $n = 2, 3, 4, \cdots$에 대하여 $n + f(1) + f(2) + f(3) + \cdots + f(n-1) = nf(n)$임을 설명하여라.

02 함수 $f(x) = x^2 - 2bx + c$가 $-1 \leq x \leq 1$일 때 $-1 \leq f(x) \leq 1$을 만족시키도록 b, c 사이의 관계식을 구하고, 점 (b, c)가 존재하는 영역을 그려라.

03 f는 모든 자연수에 대하여 정의된 함수로서 다음 성질을 만족한다.

> I. $f(2n)=f(n)$ $(n=1, 2, 3, \cdots)$
> II. $f(2n+1)=(-1)^n$ $(n=0, 1, 2, \cdots)$

이때, 다음 물음에 답하여라.

(1) $f(48)$, $f(1000)$의 값을 차례로 구하여라.

(2) 자연수 m, n이 홀수일 때 $f(mn)=f(m)f(n)$이 성립함을 설명하여라.

(단, $a \neq 0$인 실수일 때 $a^0=1$)

04 함수 $f(x)$가 모든 실수 x, y에 대하여 $|f(x)-f(y)|=|x-y|$, $f(0)=0$이 성립할 때, 다음을 설명하여라.

(1) $|f(x)|=|x|$

(2) $f(x)f(y)=xy$

(3) $f(x+y)=f(x)+f(y)$

01 $f(x)$는 양의 정수 x를 10으로 나눈 나머지를 나타낸다. 예를 들어, $f(5)=5$, $f(92)=2$, $f(271)=1$이다. 이때, 다음 값을 구하여라.

$$f(2^{2015})+f(3^{2015})+f(5^{2015})+f(7^{2015})+f(9^{2015})$$

02 자연수 n에 대하여 $f(n)=8^n-\left[\dfrac{8^n}{10}\right]\times10$일 때, $\dfrac{n}{f(n)}$의 값이 정수가 되게 하는 두 자리의 자연수 n의 개수를 구하여라. (단, $[x]$는 x보다 크지 않은 최대의 정수이다.)

03 $y=ax+b$의 그래프가 오른쪽 그림과 같을 때, 이차함수 $y=ax^2+x+b$의 꼭짓점의 위치를 제 m사분면, 이차방정식 $ax^2+x+b=0$의 해의 개수를 n개라 할 때, $m+n$의 값을 구하여라.

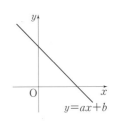

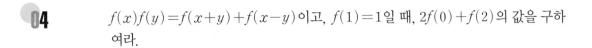

04 $f(x)f(y)=f(x+y)+f(x-y)$이고, $f(1)=1$일 때, $2f(0)+f(2)$의 값을 구하여라.

05 함수 $f(x)$가 임의의 두 실수 x_1, x_2에 대하여
$$f\left(\frac{x_1+x_2}{2}\right)=\frac{f(x_1)+f(x_2)}{2}, f(0)=0$$
을 만족한다. $y=f(x)$의 그래프가 점 $(100, 40)$을 지날 때, 이 그래프 위에 놓이는 점 (a, b)의 개수를 구하여라. (단, a, b는 100 이하의 자연수)

06 자연수 n에 대하여
$$f(n)=\begin{cases} n-2 & (n\geq 1000) \\ f(f(n+4)) & (n<1000) \end{cases}$$
을 만족하는 함수 $f(x)$가 있다. 이때, $f(200)$의 값을 구하여라.

07 함수 $f(x)$가 임의의 실수 x에 대하여 $f(x)=f(2-x)$를 만족하고, 방정식 $f(x)=0$이 k개의 실근을 가질 때, 모든 실근의 합을 구하여라. (단, k는 자연수)

01 모든 실수 x에 대하여 $2f(x)+3f(1-x)=x^2$을 만족하는 함수 $f(x)$를 구하여라.

02 x에 관한 이차방정식 $ax^2-x+2a-3=0$이 $-1 \leq x \leq 2$의 범위에서 서로 다른 두 개의 실근을 갖는다. 이때, a의 값의 범위를 구하여라.

3 함수 $f(x)$가 다음 조건을 만족할 때, 방정식 $f(x)=x$의 해를 구하여라.

> Ⅰ. $0 \leq x < 1$일 때, $f(x) = -2x$
> Ⅱ. 모든 실수 x에 대하여 $f(x+1) = -f(x)$

4 함수 $f(x) = \dfrac{x-3}{x+1}$에 대하여
$$f_1(x) = f(x),\ f_2(x) = f(f_1(x)),\ \cdots,\ f_n(x) = f(f_{n-1}(x))$$
로 정의한다. 이때, $f_{2014}(f_{2015}(3))$의 값을 구하여라.

예전엔 미처 몰랐습니다 *

울 엄마만큼은 자식들 말에 상처받지 않는 줄 알았습니다. 그러나 제가 엄마가 되고 보니 자식이 툭 던지는 한마디에도 가슴이 저림을 이제야 깨달았습니다.

울 엄마만큼은 엄마가 보고 싶을 거라 생각하지 못했습니다. 그러나 제가 엄마가 되고 보니 이렇게도 엄마가 보고 싶은 걸 이제야 알았습니다.

울 엄마만큼은 혼자만의 여행도, 자유로운 시간도 필요하지 않다고 생각했습니다. 항상 우리를 위해서 밥하고 빨래하고 늘 우리 곁에 있어야 되는 존재인 줄 알았습니다. 그러나 제가 엄마가 되고 보니 엄마 혼자만의 시간도 필요함을 이제야 알았습니다.

저는 항상 눈이 밝을 줄 알았습니다. 노안은 저하고 상관이 없는 줄 알았습니다. 그래서 울 엄마가 바늘귀에 실을 꿰어 달라고 하면 핀잔을 주었습니다. 엄만 바늘귀도 못 본다고 ... 그러나 세월이 흐르면서 제게 노안이 올 줄 그땐 몰랐습니다.

울 엄마의 주머니에선 항상 돈이 생겨나는 줄 알았습니다. 제가 손을 내밀 때마다 한번도 거절하지 않으셨기에 ... 그러나 제가 엄마가 되고 보니 이제야 알게 되었습니다. 아끼고 아껴 저에게 그 귀중한 돈을 주신 엄마의 마음을 ...

며칠 전엔 울 엄마 기일이었습니다. 오늘은 울 엄마가 너무나도 보고 싶습니다. 평생 제 곁에 계실 줄 알고 사랑한다는 말 한마디 못 했습니다.

어머니 사랑합니다...

Chapter V

통 계

V 통 계

1 대푯값 ★

(1) **대푯값** : 자료의 중심 경향을 하나의 수치로 나타낸 값
(2) **대푯값의 종류** : 평균, 중앙값, 최빈값

2 평균(mean) ★

point
n개의 변량 x_1, x_2, $\cdots$, x_n의 평균 m은
$$m = \frac{x_1 + x_2 + \cdots + x_n}{n}$$
이다.
도수분포표에서 계급값 x_1, x_2, $\cdots$, x_n의 도수가 $f_1, f_2, \cdots, f_n$이면
$$= \frac{x_1 f_1 + x_2 f_2 + \cdots + x_n f_n}{N}$$
(단, $N = f_1 + f_2 + \cdots + f_n$)
이다.

(1) **평균** : 자료의 값의 총합을 자료의 개수로 나눈 값
  ① 변량이 1개씩 주어진 경우,
  $$(평균) = \frac{(변량의 \ 총합)}{(변량의 \ 개수)}$$
  ② 도수분포표로 주어진 경우,
  $$(평균) = \frac{\{(계급값) \times (도수)\}의 \ 총합}{(도수)의 \ 총합}$$

3 중앙값(median) ★

(1) **중앙값** : 자료를 작은 것부터 차례로 나열하였을 때, 가운데 위치한 값
(2) 자료를 작은 것부터 차례로 나열하였을 때,
  ① 자료의 개수 N이 홀수인 경우,
  $\dfrac{N+1}{2}$ 번째의 값이 중앙값이다.
  ② 자료의 개수 N이 짝수인 경우,
  $\dfrac{N}{2}$ 번째와 $\left(\dfrac{N}{2}+1\right)$번째의 값의 평균이 중앙값이다.

4 최빈값(Mode) ★

point
자료에 극단적인 값이 있는 경우에는 대푯값으로 평균보다 중앙값을 사용하는 것이 더 합리적이다.

(1) **최빈값** : 자료의 값 중에서 가장 많이 나타나는 값
(2) **최빈값의 특징**
  ① 자료의 수가 많은 경우에 평균이나 중앙값보다 구하기 쉽다.
  ② 자료가 문자나 기호 등으로 제시된 경우에도 쉽게 구할 수 있다.
  ③ 좋아하는 음식이나 스포츠 종목, 인기 있는 가수처럼 숫자로 나타내지 못하는 자료의 경우에도 쉽게 구할 수 있다.
  ④ 자료에 따라 존재하지 않을 수도 있고, 두 개 이상일 수도 있으며, 자료의 수가 적은 경우에는 자료의 중심 경향을 잘 반영하지 못할 수도 있다.

5 평균, 중앙값, 최빈값의 위치 관계 ★★

자료의 분포 곡선 모양에 따른 평균(M), 중앙값(Me), 최빈값(Mo)의 위치 관계를 살펴보면 다음 그림과 같다.

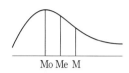 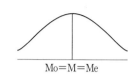 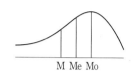

6 산포도 ★★★

(1) **산포도** : 변량들이 평균을 중심으로 흩어져 있는 정도를 하나의 수로 나타낸 값
(2) **산포도의 종류** : 산포도에는 여러 가지가 있으나 그 중에서 분산과 표준편차가 가장 많이 이용된다.
(3) **편차** : 어떤 자료의 각 변량에서 평균을 뺀 값, 즉 (편차)＝(변량)－(평균)
(4) **편차의 성질**
　① 편차의 총합은 항상 0이다.
　② 평균보다 큰 변량의 편차는 양수이고 평균보다 작은 변량의 편차는 음수이다.
　③ 편차의 절댓값이 클수록 평균에서 멀리 떨어져 있고, 절댓값이 작을수록 평균에 가까이 있다.

7 분산과 표준편차 ★★

(1) **분산** : 편차의 제곱의 평균, 즉 (분산)＝$\dfrac{(편차)^2의\ 총합}{(변량의\ 개수)}$
(2) **표준편차** : 분산의 양의 제곱근, 즉 (표준편차)＝$\sqrt{(분산)}$

8 도수분포표에서의 분산과 표준편차 ★★★

(1) (편차)＝(계급값)－(평균)
(2) (분산)＝$\dfrac{\{(편차)^2 \times (도수)\}의\ 총합}{(도수)의\ 총합}$
(3) (표준편차)＝$\sqrt{(분산)}$

9 자료의 해석 ★★★

(1) 표준편차의 크기에 따른 자료의 해석
　① 표준편차가 작을수록 자료는 평균 근방에 모여 있으므로 분포상태가 고르다.
　② 표준편차가 클수록 자료는 평균 근방에 모여 있지 않으므로 분포상태가 고르지 않다.
(2) 그래프 모양에 따른 자료의 해석
　① 평균값에 자료들이 가까이 모여 있으면 자료의 분포 상태가 고르다고 할 수 있다.
　② 그래프가 넓게 분포가 크면 편차가 크고 분포 상태가 고르지 않다고 할 수 있다.

---

point
자료가 도수분포표로 주어진 경우에는, 도수가 가장 큰 계급의 계급값을 최빈값으로 정한다.

point
편차를 구하거나 편차를 이용하여 변량을 구할 때는 편차의 총합이 0임을 이용한다.

point
n개의 변량 x_1, x_2, x_3, $\cdots$, x_n의 평균을 m이라 할 때,
(분산)
＝$\dfrac{(x_1-m)^2+(x_2-m)^2+\cdots+(x_n-m)^2}{n}$
＝$\dfrac{x_1{}^2+x_2{}^2+\cdots+x_n{}^2}{n}$
　$-m^2$

point
변량 x_1, x_2, x_3, $\cdots$, x_n의 평균을 $\mathrm{E}(X)$, 변량 $x_1{}^2$, $x_2{}^2$, $x_3{}^2$, $\cdots$, $x_n{}^2$의 평균을 $\mathrm{E}(X^2)$이라 하면, 변량 x_1, x_2, x_3, $\cdots$, x_n의 분산은 $\mathrm{E}(X^2)-\{\mathrm{E}(X)\}^2$이다.

point
x_1, x_2, x_3, $\cdots$, x_n의 평균이 M, 분산이 V일 때, ax_1+b, ax_2+b, ax_3+b, $\cdots$, ax_n+b의 평균을 M', 분산을 V'라 하면 $M'=aM+b$, $V'=a^2V$

특목고 대비 문제

1 신유형 new

다음 표는 학생 5명의 몸무게와 그 평균과의 차를 나타낸 것이다. 여기에 A 학생 보다 8kg이 더 무거운 F 학생의 몸무게를 더하였더니 평균이 4% 증가하였다. 이 때, 가장 가벼운 학생은 몇 kg인지 구하여라.

학 생	A	B	C	D	E
(몸무게) − (평균)	4	−7	6	−5	2

2 신유형 new

n명 $(n \geq 2)$의 학생이 k개의 과목에 응시하였을 때, 각 과목에 대한 학생의 점수는 $1, 2, 3, \cdots, n$점으로 모두 다르고, 각 학생의 총점은 26점으로 같았다고 한다. 가능한 순서쌍 (n, k)를 모두 구하여라.

3

4개의 변량 a, b, c, d의 평균이 5, 분산이 2일 때, 변량 $2a-5$, $2b-5$, $2c-5$, $2d-5$의 평균과 분산의 합을 구하여라.

V. 통계

4 다음의 두 주머니 A, B에 대하여 A주머니에 들어 있는 카드 50개에 적혀 있는 숫자의 평균을 M, 분산을 V라 할 때, B주머니에 들어 있는 카드 50개에 적혀 있는 숫자의 평균과 분산을 차례로 구하면?

> A : $1 \leq x \leq 100$인 홀수
> B : $1 \leq x \leq 100$인 짝수

① M, V ② $M, V+1$ ③ $M+1, V$
④ $M+1, V+1$ ⑤ $M+1, V-1$

5 어느 중학교 3학년 학생의 턱걸이 기록에서 A분단 5명의 평균은 7회, 표준편차는 1회이고, B분단 6명의 평균은 7회, 표준편차는 $\sqrt{3}$회이었다. A, B 두 분단을 합친 11명의 분산을 구하여라.

6 5개의 변량 x_1, x_2, x_3, x_4, x_5의 분산이 8이다. 이때, 변량 $\sqrt{2}x_1, \sqrt{2}x_2, \sqrt{2}x_3, \sqrt{2}x_4, \sqrt{2}x_5$의 표준편차를 구하여라.

07 다음 표는 K중학교 어느 반 학생 50명의 수학 성적에 대한 도수분포표와 영어 성적에 대한 상대도수의 분포표이다. 수학 성적에 대한 분산을 A, 영어 성적에 대한 분산을 B라 할 때, $A+B$의 값을 구하여라.

수학 성적에 대한 도수분포표

점수(점)	50	60	70	80	90	합계
도수	2	13	21	11	3	50

영어 성적에 대한 상대도수의 분포표

점수(점)	50	60	70	80	90	합계
상대도수	0.08	0.24	0.34	0.28	0.06	1

08 세 수 x, y, z의 표준편차를 s라 하고, 세 수 a, b, c를 $a=x-y$, $b=y-z$, $c=z-x$라 할 때, s^2을 a, b, c를 사용하여 나타내어라.

09 다음 표는 어느 학생의 시험 성적에 대한 편차를 나타낸 것이다. 평균이 6점이고, 분산이 8.8일 때, 영어 점수 a와 과학 점수 b의 곱 ab의 값을 구하여라.

과목	국어	수학	영어	사회	과학
편차	3	-1	x	0	y

10 한 변의 길이가 5인 정사각형을 오른쪽 그림과 같이 간격이 모두 같게 5개의 조각으로 나누었을 때, 이들 5개의 조각의 넓이의 분산을 구하여라.

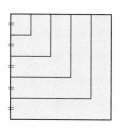

11 5개의 변량 x_1, x_2, x_3, x_4, x_5의 평균을 M이라고 할 때, 변량 x_1-a, x_2-2a, x_3-3a, x_4-4a, x_5-5a의 평균을 M과 a를 사용하여 나타내어라.

12 4개의 변량 x_1, x_2, x_3, x_4의 평균과 표준편차가 각각 5와 $\sqrt{2}$일 때, 변량 x_1^2, x_2^2, x_3^2, x_4^2의 평균을 구하여라.

13 A, B 두 분단 학생들이 한 달 동안 받는 용돈을 조사하였다. A분단 20명 학생들의 용돈에 대한 분산은 5이고, B분단 30명 학생들의 용돈에 대한 분산은 30이었다. 이때, 전체 50명 학생들의 용돈에 대한 표준편차를 구하여라. (단, A분단과 B분단의 용돈에 대한 평균은 같다.)

14 변량 x_1, x_2, x_3, $\cdots$, x_n의 평균이 m이고, 변량 x_1^2, x_2^2, x_3^2, $\cdots$, x_n^2의 평균이 p일 때, 변량 x_1, x_2, x_3, $\cdots$, x_n의 분산을 m과 p를 사용하여 나타내어라.

15 10가구로 이루어진 A마을과 20가구로 이루어진 B마을의 가족 수를 조사하였더니 다음 표와 같았다.

구분 마을	가구 수	가족 수	
		평균	표준편차
A	10	7	2
B	20	4	1

이때, A, B 두 마을을 합한 30가구의 가족 수의 표준편차를 구하여라.

16 A, B 두 사람이 2개의 주사위를 동시에 던져서 나온 눈의 수의 합을 득점으로 하는 시합을 10번 시행한 결과가 다음 표와 같았다.

	1회	2회	3회	4회	5회	6회	7회	8회	9회	10회
A	10	9	8	5	4	8	7	9	7	3
B	3	x	7	y	7	5	11	2	12	7

이때, 두 사람의 득점의 평균은 같고, B의 득점의 분산이 A의 득점의 분산의 2배일 때, x, y의 값을 각각 구하여라. (단, $x < y$)

17

신유형 new

20개의 구슬을 영희와 철수 두 사람이 번갈아 가면서 한 개 또는 두 개씩 가져가는 놀이를 한다. 마지막에 가져가는 사람이 이긴다고 할 때, 영희가 먼저 시작한다면 영희는 처음에 몇 개의 구슬을 가져가야 이길 수 있는지 구하여라. (단, 두 사람은 최선을 다해서 놀이를 한다.)

18

두 사람이 달력에서 최대한 그 달 수만큼의 날짜를 지울 수 있는 놀이를 한다. 마지막에 지우는 사람이 이긴다고 할 때, 먼저 하는 사람이 이기는 경우와 나중에 하는 사람이 이기는 경우를 다음 표에 나타내어라. 또한, 먼저 하는 사람이 이기지 못하는 달은 몇 월인지 구하여라. (단, 적어도 한 개의 숫자를 지워야 하며, 해당 달의 숫자를 넘게 지울 수 없다.)

지울 수 있는 최대 개수	1월	2월	3월	4월	5월	6월	7월	8월	9월	10월	11월	12월
주어진 날의 수	31	28,29	31	30	31	30	31	31	30	31	30	31
처음에 지우는 날의 수												
먼저한 사람의 승, 패												

19

두 사람이 1부터 시작해서 수를 말하는 놀이를 하는데, 매번 1개 또는 2개만 말할 수 있다. 수를 1112까지 말한다고 할 때, 마지막 수를 말하는 사람이 진다고 하면 먼저 말하는 사람과 나중에 말하는 사람 중 이기는 사람은 누구인지 구하여라.

20 다음과 같이 두 더미의 동전을 가지고 놀이를 하려 한다. 한 더미에는 5개의 동전이 있고, 다른 더미에는 7개의 동전이 있다. 두 사람이 번갈아 가며 한 더미에서 한 개 이상의 동전을 가져갈 때, 마지막에 동전을 가져가는 사람이 이긴다고 한다. 어떻게 하면 항상 이길 수 있는지 말하여라.

21 오른쪽과 같이 4개의 동전을 가지고 놀이를 하려 한다. 두 사람이 번갈아 가며 한 번에 1개 또는 2개의 동전을 가져가거나, 가져간 동전 1개 또는 2개를 다시 내놓을 수 있다. 상대방이 더 이상 동전을 가져가지 못하거나, 다시 내놓지 못하면 이긴다고 할 때, 어떻게 하면 항상 이길 수 있는지 말하여라.

22 세 더미의 성냥을 가지고 놀이를 하려 하는데, 첫째 더미에는 1개비, 둘째 더미에는 2개비, 셋째 더미에는 3개비가 있다. 제일 나중의 한 더미에서 1개비 또는 몇 개비를 가져가는 사람이 이긴다고 하면 먼저 하는 사람과 나중에 하는 사람 중 이기는 사람은 누구인지 말하여라.

정답 및 해설 p. 42

23 사탕을 1, 4, 5개씩 A, B, C 세 묶음으로 나누어 놓았다. 갑과 을 두 사람이 차례대로 사탕을 가져가되 한 사람이 가져갈 수 있는 사탕의 개수는 한 묶음에서만 마음대로 가져갈 수 있다고 한다. 제일 나중에 사탕을 가져가지 못하는 사람이 진다고 할 때, 실수하지 않는다는 전제 하에서 먼저 가져가는 사람과 나중에 가져가는 사람 중 이기는 사람은 누구인지 구하여라.

24 12개의 사탕을 3, 4, 5개씩 A, B, C 세 묶음으로 나누어 놓았다. 갑과 을 두 사람이 차례대로 사탕을 가져가되 한 사람이 가져갈 수 있는 사탕의 개수는 한 묶음에서만 마음대로 가져갈 수 있다고 한다. 사탕을 가져가지 못하는 사람이 진다고 할 때, 실수하지 않는다는 전제 하에서 먼저 가져가는 사람과 나중에 가져가는 사람 중 이기는 사람은 누구인가?

01
다음과 같은 교차로에서 신호 주기 체계에 대하여 생각해 보자.
이 교차로에서 교통 흐름은 동시에 움직일 수 있다는 의미에서 동시성이 있다. 예를 들면 흐름 a는 흐름 b, c, e, f와 동시성이 있지만 흐름 d와는 그렇지 않다. 또한, 흐름 f는 흐름 a, e와 동시성이 있지만 흐름 b, c, d와는 그렇지 않다. 한 신호에 하나의 길만 갈 수 있다고 하고, 신호가 10초 단위로 바뀐다면 한 번 바뀔 때마다 총 대기 시간은 50초가 되어 대기 시간이 너무 길어진다. 이것을 생각하여 교통신호등이 60초 주기로 작동할 때, 동시성이 없는 교통 흐름을 동시에 나타나지 않도록 하되 대기 시간이 가장 적도록 신호 체계를 완성시켜 보아라.

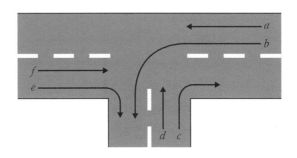

(1) 신호가 15초 단위로 바뀔 때

(2) 신호가 20초 단위로 바뀔 때

02
오른쪽 그림과 같은 판이 있고, 이 판에는 9개의 칸이 있다. A, B 두 사람이 각각 말 3개를 준비한 다음 번갈아 가면서 말을 하나씩 판에 놓는다. 말을 판에 다 놓았으면 번갈아 가면서 말을 이웃한 칸으로 옮길 수 있으나 사선 방향으로는 옮길 수 없다. 말을 먼저 일직선상에 배열하면 이긴다고 할 때, 먼저 하는 사람이 이기는 방법에 대하여 설명하여라.

①	②	③
④	⑤	⑥
⑦	⑧	⑨

03 사탕을 나누는 방법에 따라서 먼저 하는 사람이 반드시 이길 수도 있고 나중에 하는 사람이 반드시 이길 수도 있다. 12개의 사탕을 3개의 묶음으로 나누는 방법을 결정하여라. 또한, 한 사람이 가져갈 수 있는 사탕의 개수는 한 묶음에서만 마음대로 가져갈 수 있고, 마지막에 가져가는 사람이 이긴다고 할 때, 나중에 가져가기로 한다고 하면 이기기 위해 사탕을 어떻게 나누면 되겠는지 설명하여라. (단, 각 묶음마다 적어도 한 개의 사탕을 포함한다.)

04 영수는 야영에 필요한 품목의 무게와 그 품목의 가치를 점수로 나타내었더니 다음과 같았다. 영수가 운반할 수 있는 배낭의 무게는 13.6kg 이하라고 한다. 이때, 배낭에 꾸려진 품목의 가치의 합을 되도록 크게 하면서 무게를 적게 하고자 한다면 영수는 어떻게 배낭을 꾸려야 하는지 설명하여라. (단, 무게와 가치 중 가치를 우선 고려한다.)

(단위 : kg)

품목	무게(kg)	가치(점)
식기, 버너 세트	6.3	5
침낭	3.6	4
비상 약품	1.1	4
놀이 기구	1.1	3
여벌 옷	0.7	3
책	0.5	2
밧줄	0.9	5
카메라	0.2	3

01 3, 6, 9, 10에 자연수 n을 추가하여 이들 5개 수의 평균이 이들의 중앙값이 되게 하는 가능한 모든 n의 값을 구하여라.

02 A, B, C 세 팀이 리그 방식으로 농구 경기를 하였다. 각 팀의 득점 총계가 아래와 같을 때, 각 게임에서의 전체 득점에 대한 평균과 표준편차를 구하여라.

> A : 2전 2승, 허용한 점수 181점
> B : 득점 수 184점, 허용한 점수 185점
> C : 비긴 게임 수 1, 득점 수 177점, 허용한 점수 180점

03 8개의 자료 x_1, x_2, x_3, $\cdots$, x_8의 평균이 5, 분산이 4일 때, $x_9=9$, $x_{10}=11$을 합한 10개의 자료 x_1, x_2, x_3, $\cdots$, x_{10}의 평균과 분산을 구하여라.

04 실수 a_1, a_2, a_3, $\cdots$, a_{100}에 대하여
$f(x) = (x-a_1)^2 + (x-a_2)^2 + (x-a_3)^2 + \cdots + (x-a_{100})^2$의 최솟값이 12라고
한다. 이때, a_1, a_2, a_3, $\cdots$, a_{100}의 분산을 구하여라.

05 다음은 정수로 이루어진 7개의 자료에 대한 분석 내용이다.

- 중앙값은 79점이다.
- 최빈값은 85점이다.
- 가장 작은 자료의 값은 60점이다.
- 평균은 75점이다.

7개의 자료 중 가장 큰 자료의 값을 x라 할 때, x의 최댓값을 구하여라.

06 밑변의 길이와 높이의 합이 항상 10인 삼각형이 n개 있다. 밑변의 길이의 평균이 8
이고, 표준편차가 1일 때, 이 삼각형의 넓이의 평균을 구하여라.

07 두 정수 1, 3의 분산이 이 두 정수와 같지 않은 정수 x를 추가하여 만든 세 정수 1, 3, x의 분산보다 크다고 할 때, x의 값을 구하여라.

08 1부터 n까지의 자연수의 합은 $1+2+3+\cdots+n=\dfrac{1}{2}n(n+1)$이고,

1부터 n까지의 자연수의 제곱의 합은 $1^2+2^2+3^2+\cdots+n^2=\dfrac{1}{6}n(n+1)(2n+1)$

이다. 이를 이용하여 1, 2, 3, $\cdots$, n이 쓰여 있는 카드가 각각 1, 2, 3, $\cdots$, n장씩 있고, 이들 카드에 쓰여진 숫자의 평균이 17일 때, 전체 카드의 수를 구하여라.

09 5개의 자료 5, 8, 6, 10, x에서 이들의 분산이 3.2일 때, 자연수 x의 값을 구하여라.

10 자료 x_1, x_2, x_3, $\cdots$, x_{10}에 대하여 다음 과정을 차례로 시행하였다.

> - 처음 두 수 x_1과 x_2의 평균을 구한다.
> - x_3을 추가하여 x_1, x_2, x_3의 평균을 구한다.
> - x_4를 추가하여 x_1, x_2, x_3, x_4의 평균을 구한다.
> $\cdots$
> - x_{10}을 추가하여 x_1, x_2, x_3, $\cdots$, x_{10}의 평균을 구한다.

위의 과정을 시행한 결과 x_1과 x_2의 평균이 5이고, 자료가 하나씩 추가될 때마다 평균이 2씩 증가하였다. 이때, x_{10}의 값을 구하여라.

11 재원이 가족은 공원으로 야유회를 가기로 하였다. 다음 표는 야유회에 필요한 활동과 각 활동에 소요되는 시간과 활동 순서를 나타낸 것이다.

	활동	활동 시간(분)	먼저 행해져야 할 활동
A	할인매장 가기	45	없음
B	아이들 준비	25	없음
C	준비물 챙기기	20	A
D	운전 시간	75	B와 C
E	약수터 가기	15	D
F	휴식 공간 준비	35	D
G	요리	40	E와 F
H	식사 준비	10	D
I	식사	30	G와 H
J	주변 정리	25	I
K	귀가 운전 시간	75	J

재원이 가족이 야유회를 마치고 집으로 돌아오는 데 필요한 최소의 시간은 몇 분인지 구하여라.

올림피아드 대비 문제

01 9구역(3×3)으로 된 고무판과 한 구역의 크기와 똑같은 9개의 카드가 있는데, 카드마다 1~9 중의 어느 한 수가 적혀 있다. 갑, 을 두 사람이 놀이를 하는데 번갈아 가면서 카드 1개씩 9구역 중 어느 구역에도 놓을 수 있다. 갑은 가장 윗쪽과 가장 아랫쪽의 두 가로줄의 6개 숫자의 합을 계산하고, 을은 가장 왼쪽과 가장 오른쪽의 두 세로줄의 6개 숫자의 합을 계산하는데, 합이 큰 사람이 이긴 것으로 한다. 갑이 먼저 카드를 골라 놓는다면 이길 수 있는 이치를 설명해 보아라.

02 16개의 작은 정사각형으로 이루어진 게임판이 있다. '지뢰찾기' 놀이와 같이 임의로 정사각형 3개를 택하여 지뢰를 매설하고, 지뢰를 매설하지 않은 정사각형에는 그 정사각형과 변 또는 꼭짓점을 공유하는 '지뢰가 매설된 정사각형'의 개수를 써넣는다. 오른쪽 그림은 그 한 예이다.
이때, '지뢰를 매설하지 않은 정사각형'에 들어있는 수의 합의 최댓값을 구하여라.

1	✹	✹	2
1	2	3	✹
0	0	1	1
0	0	0	0

3 김군과 이군이 게임을 한다. 김군부터 시작하여 둘이 번갈아 가며 1부터 6까지의 수를 고르는데 중복이 허락되어 있다. 고른 수의 합이 50이 되게 하는 사람이 이긴 다고 한다. 이기는 전략이 존재하는 사람은 누구인가? 또 50을 임의의 자연수 n으로 바꾸면 어떻게 되는가 설명하여라.

4 동수와 연희가 한 팀을 이루어서 사격 대회에 출전하였다. 동수와 연희가 각각 5발씩을 쏘았는데, 점수의 평균과 분산은 다음과 같았다.

구분	사격 횟수	평균	분산
동수	5	6	1.6
연희	5	8	6.0

이때, 이들이 팀을 이루어 쏜 10발의 점수에 대한 분산을 구하여라.

솔개의 선택 *

솔개는 가장 장수하는 조류로 알려져 있다. 솔개는 최고 약 70살의 수명을 누릴 수 있는데 이렇게 장수하려면 약 40살이 되었을 때 매우 고통스럽고 중요한 결심을 해야만 한다.

솔개는 약 40살이 되면 발톱이 노화하여 사냥감을 그다지 효과적으로 잡아챌 수 없게 된다. 부리도 길게 자라고 구부러져 가슴에 닿을 정도가 되고, 깃털이 짙고 두껍게 자라 날개가 매우 무겁게 되어 하늘로 날아오르기가 나날이 힘들게 된다.

이 즈음이 되면 솔개에게는 두 가지 선택이 있을 뿐이다. 그대로 죽을 날을 기다리든가 아니면 약 반년에 걸친 매우 고통스런 갱생 과정을 수행하는 것이다.

갱생의 길을 선택한 솔개는 먼저 산 정상 부근으로 높이 날아올라 그 곳에 둥지를 짓고 머물며 고통스런 수행을 시작한다.

먼저 부리로 바위를 쪼아 부리가 깨지고 빠지게 만든다. 그러면 서서히 새로운 부리가 돋아나는 것이다. 그런 후 새로 돋은 부리로 발톱을 하나하나 뽑아낸다. 그리고 새로 발톱이 돋아나면 이번에는 날개의 깃털을 하나하나 뽑아낸다. 이리하여 약 반년이 지나 새 깃털이 돋아난 솔개는 완전히 새로운 모습으로 변신하게 된다.

그리고 다시 힘차게 하늘로 날아올라 30년의 수명을 더 누리게 되는 것이다.

Chapter VI

피타고라스 정리

point

△ABC의 꼭짓점 A에서 $\overline{BC}$의 연장선에 내린 수선의 발을 D라 하면 그림에서
$$c^2=(a+x)^2+h^2$$
$$=a^2+2ax+(x^2+h^2)$$
$$=a^2+b^2+2ax$$
$$>a^2+b^2$$

point

② △ABC∽△DBA
$\Rightarrow c:x=a:c$
△ABC∽△DAC
$\Rightarrow b:y=a:b$
△CAD∽△ABD
$\Rightarrow h:x=y:h$
③ $\dfrac{1}{2}bc=\dfrac{1}{2}ah$

point

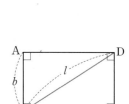

한 변의 길이가 a인 정사각형에서 대각선의 길이를 l이라 하면
$$l=\sqrt{2}\,a$$

① 피타고라스 정리 ★★

(1) 피타고라스 정리

직각삼각형에서 직각을 낀 두 변의 길이의 제곱의 합은 빗변의 길이의 제곱과 같다.

즉, 세 변의 길이가 각각 a, b, c인 △ABC에서 ∠C=90°이면 $a^2+b^2=c^2$이다.

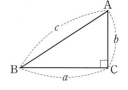

(2) 피타고라스 정리의 역

세 변의 길이가 각각 a, b, c인 △ABC에서 $a^2+b^2=c^2$이면 ∠C=90°이다.

② 삼각형의 각과 변 사이의 관계 ★★

△ABC에서 $\overline{BC}=a$, $\overline{CA}=b$, $\overline{AB}=c$일 때,

(1) ∠C<90°(예각삼각형) $\Longleftrightarrow$ $c^2<a^2+b^2$
(2) ∠C=90°(직각삼각형) $\Longleftrightarrow$ $c^2=a^2+b^2$
(3) ∠C>90°(둔각삼각형) $\Longleftrightarrow$ $c^2>a^2+b^2$

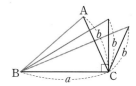

③ 직각삼각형에서 닮음을 이용한 성질 ★★★

∠A=90°인 직각삼각형 ABC의 꼭짓점 A에서 빗변 BC에 내린 수선의 발을 D라 할 때,

① 피타고라스 정리 : $a^2=b^2+c^2$
② 닮음을 이용한 변의 길이 : $c^2=xa$, $b^2=ya$, $h^2=xy$
③ 넓이를 이용한 변의 길이 : $bc=ah$

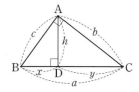

④ 평면도형에의 활용 ★★

(1) 직사각형의 대각선의 길이

가로, 세로의 길이가 각각 a, b인 직사각형에서 대각선의 길이를 l이라 하면
$$l=\sqrt{a^2+b^2}$$

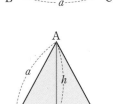

(2) 삼각형의 높이와 넓이

한 변의 길이가 a인 정삼각형의 높이를 h, 넓이를 S라 하면
$$h=\frac{\sqrt{3}}{2}a, \quad S=\frac{\sqrt{3}}{4}a^2$$

(3) 특수한 삼각형의 세 변의 길이의 비
① 직각이등변삼각형의 세 변의 길이의 비
$$\overline{BC} : \overline{AC} : \overline{AB} = 1 : 1 : \sqrt{2}$$
② 세 각의 크기가 $30°$, $60°$, $90°$인 직각삼
각형의 세 변의 길이의 비
$$\overline{BC} : \overline{AC} : \overline{AB} = 1 : \sqrt{3} : 2$$

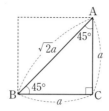
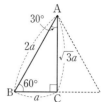

(4) 좌표평면 위의 두 점 사이의 거리
① 원점 O와 한 점 $P(x_1, y_1)$ 사이의 거리
$$\overline{OP} = \sqrt{x_1^2 + y_1^2}$$

② 두 점 $P(x_1, y_1)$, $Q(x_2, y_2)$ 사이의 거리
$$\overline{PQ} = \sqrt{(x_2 - x_1)^2 + (y_2 - y_1)^2}$$

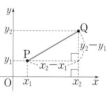

5 입체도형에의 활용 ★★★

(1) 직육면체의 대각선의 길이
가로의 길이, 세로의 길이, 높이가 각각 a, b, c인
직육면체의 대각선의 길이를 l이라 하면
$$l = \sqrt{a^2 + b^2 + c^2}$$

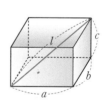

(2) 정사면체의 높이와 부피
한 모서리의 길이가 a인 정사면체의 높이를 h,
부피를 V라 하면
$$h = \frac{\sqrt{6}}{3}a, \quad V = \frac{\sqrt{2}}{12}a^3$$

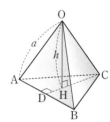

(3) 정사각뿔의 높이와 부피
한 변의 길이가 a인 정사각형을 밑면으로 하고,
옆면의 모서리의 길이가 b인 정사각뿔의 높이를 h,
부피를 V라 하면
$$h = \sqrt{b^2 - \frac{1}{2}a^2}, \quad V = \frac{1}{3}a^2 h$$

(4) 원뿔의 높이와 부피
밑면의 반지름의 길이가 r, 모서리의 길이가
l인 원뿔의 높이를 h, 부피를 V라 하면
$$h = \sqrt{l^2 - r^2}, \quad V = \frac{1}{3}\pi r^2 h$$

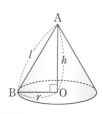

특목고 대비 문제

1 오른쪽 그림과 같은 직사각형 ABCD에서 $\overline{AB}=6$,
$\overline{AO}=5$일 때, 이 직사각형의 둘레의 길이를 구하여라.

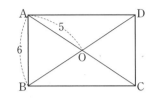

2 오른쪽 그림과 같이 $\angle A=90°$인 직각삼각형 ABC에서
$\overline{AH} \perp \overline{BC}$이고, $\overline{BH}=8$, $\overline{CH}=4$일 때, $\overline{AH}$의 길이를
구하여라.

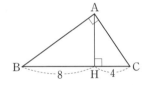

3 오른쪽 그림과 같이 $\angle A=90°$인 $\triangle ABC$에서
$\overline{AD} \perp \overline{BC}$이고, $\overline{AD}=6$, $\overline{CD}=8$일 때, xy의 값은?

① 40 ② 42 ③ 45
④ 50 ⑤ 56

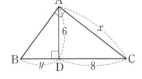

4 어떤 직각삼각형의 세 변의 길이가 각각 x, $x+1$, $x+2$일 때, x의 값을 구하여라.

Super Math

5 세 변의 길이가 다음과 같은 삼각형은 각각 어떤 삼각형인지 보기에서 골라라.

보기

ㄱ. 직각이등변삼각형	ㄴ. 예각삼각형
ㄷ. 직각삼각형	ㄹ. 둔각삼각형

(1) 9, 12, 15   (2) 5, 7, 8

(3) 7, 8, 11   (4) 10, 10, 15

6 오른쪽 그림의 $\triangle ABC$에서 $\overline{AB}=5$, $\overline{AC}=7$, $\overline{BC}=x$, $\angle A=120°$일 때, 다음 중 옳지 <u>않은</u> 것은?

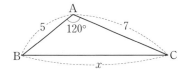

① $x^2-7^2>5^2$ ② $7^2<x^2+5^2$

③ $x+5>7$ ④ $x^2>(5+7)^2$

⑤ $(x-7)^2<5^2$

신유형   new

7 오른쪽 그림과 같은 $\triangle ABC$에서 $\overline{AB}=7$, $\overline{AC}=9$, $\overline{BC}=x$일 때, $\angle A$가 예각이기 위한 자연수 x의 개수를 구하여라.

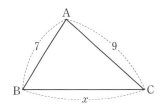

8 5, 6, 7, 8, 10, 12, 13인 7개의 선분 중 3개의 선분을 사용하여 만들 수 있는 직각 삼각형의 개수는 모두 몇 개인가?

① 1개   ② 2개   ③ 3개
④ 4개   ⑤ 5개

9 오른쪽 그림과 같이 가로, 세로의 길이가 각각 10, 6인 직사각형 ABCD에서 $\overline{AD}=\overline{AP}$이고, $\overline{AQ}$는 ∠PAD의 이등분선일 때, $\overline{PQ}$의 길이를 구하여라.

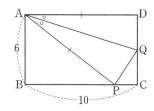

10 오른쪽 그림과 같은 △ABC에서 $\overline{AB}=15$, $\overline{AC}=13$, $\overline{CD}=5$, $\overline{AD}\perp\overline{BC}$일 때, △ABC의 넓이는?

① 60   ② 72   ③ 80
④ 84   ⑤ 90

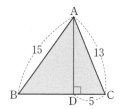

11 오른쪽 그림의 □ABCD에서 $\overline{AB}=8$, $\overline{AD}=6$, $\overline{BC}=10$
일 때, $\overline{BD}$의 길이를 구하여라.

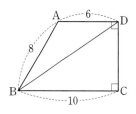

12 오른쪽 그림과 같이 $\overline{AB}=3$, $\overline{AD}=5$, $\overline{CD}=6$인
□ABCD에서 두 대각선이 직교할 때, $\overline{BC}$의 길이를
구하여라.

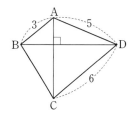

13 오른쪽 그림과 같이 정사각형 ABCD의 한 변 AD의
연장선에 $\overline{DE}=6$이 되도록 점 E를 잡았더니 $\overline{CE}=10$이
되었다. 이때, △BCE의 넓이를 구하여라.

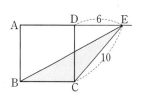

14 오른쪽 그림에서 점 G는 직각삼각형 ABC의 무게중심이고 $\overline{AC}=4$, $\overline{CG}=\sqrt{3}$ 이다. 이때, △ABC의 넓이를 구하여라.

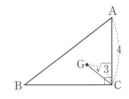

15 오른쪽 그림과 같이 직각삼각형 ABC의 각 변을 지름으로 하는 반원을 그렸다. $\overline{AB}=8$, $\overline{BC}=10$일 때, 색칠한 부분의 넓이를 구하여라.

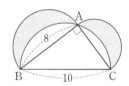

16 오른쪽 그림의 □ABCD에서 $\overline{AB}=8$, $\overline{BC}=17$, $\overline{CD}=9$이고, $\angle BAC = \angle ADC = 90°$일 때, □ABCD의 넓이를 구하여라.

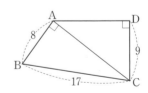

17 ∠C＝90°인 직각삼각형 ABC의 넓이가 35이고, 밑변의 길이가 높이의 2배보다 4가 짧을 때, 빗변 AB의 길이를 구하여라.

신유형 new

18 오른쪽 그림에서 △ABC는 ∠C＝90°인 직각삼각형이다. 이 삼각형에 내접하는 내접원 O에 대하여 $\overline{DE}\perp\overline{BC}$가 되게 두 점 D와 E를 잡을 때, $\overline{BE}=16$, $\overline{DE}=12$, $\overline{AC}=24$이다. 변 AB와 내접원의 접점을 F라 할 때, $\overline{AF}$의 길이를 구하여라.

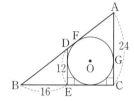

신유형 new

19 다음 그림과 같이 높이가 50m인 건물로부터 100m 떨어진 A지점에서 이 건물 옥상에 긴 줄을 연결하였다. 줄의 길이가 A지점으로부터 5m가 되는 B지점에서 지면에 내린 수선의 발을 C라 할 때, $\overline{AC}$의 길이를 구하여라. (단, 줄은 완벽한 직선으로 연결되어 있다.)

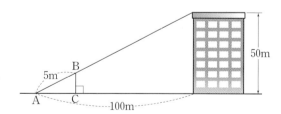

20 오른쪽 그림과 같이 반지름이 4인 원에 외접하는 정육각형 ABCDEF의 둘레의 길이를 구하여라.

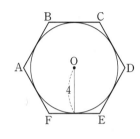

21 오른쪽 그림에서 $\overline{AD}/\!/\overline{BE}/\!/\overline{CF}$이고, $\overline{DF}\perp\overline{CF}$이다. 또, $\overline{AB}=6$, $\overline{AD}=5$, $\overline{DE}=4$, $\overline{EF}=10$일 때, $\overline{CF}$의 길이를 구하여라.

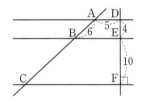

22 오른쪽 그림에서 □ABCD는 한 변의 길이가 6인 정사각형 이고 $\overline{AP}=\overline{BQ}=\overline{CR}=\overline{DS}=3$이다. 이때, 정사각형 PQRS의 둘레의 길이를 구하여라.

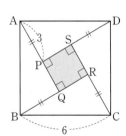

Super Math

23 오른쪽 그림과 같이 △ABC의 꼭짓점 A에서 $\overline{BC}$에 내린 수선의 발을 D라 할 때, $\overline{BD}^2 - \overline{CD}^2$의 값을 구하여라.

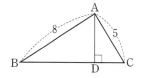

24 오른쪽 그림과 같이 직각을 낀 두 변의 길이가 9인 직각이등변삼각형 ABC에서 꼭짓점 A를 $\overline{BD}=3$인 $\overline{BC}$ 위의 점 D에 오도록 접었을 때, $\overline{ED}$의 길이를 구하여라.

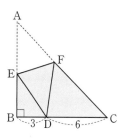

25 오른쪽 그림과 같이 가로, 세로의 길이가 각각 12, 5인 직사각형 ABCD의 꼭짓점 A에서 대각선 BD에 내린 수선의 발을 H라 할 때, $\overline{AH}$의 길이를 구하여라.

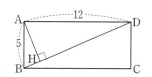

26 오른쪽 그림과 같이 두 개의 동심원이 있다. 큰 원의 현 AB 가 작은 원에 접하고, $\overline{AB}=10$일 때, 색칠한 부분의 넓이를 구하여라.

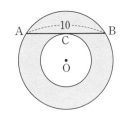

27 신유형

삼각형의 세 변의 길이 1, a, b가 $ab(a-b)-a^2+b^2+a-b=0$인 관계를 만족시 킬 때, 이 삼각형의 넓이를 a를 사용하여 나타내어라. (단, $a \neq 1$, $b \neq 1$)

28 오른쪽 그림과 같이 가로, 세로의 길이가 각각 4, 3이고 높 이가 4인 직육면체 ABCD−EFGH를 꼭짓점 A, F, C를 지나는 평면으로 잘랐다. 이때, 꼭짓점 B에서 밑면 AFC 사이의 거리를 구하여라.

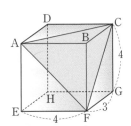

29 좌표평면 위에 세 점 $O(0, 0)$, $A(x, y)$, $B(4, 2)$에 대하여 $\overline{OA} \perp \overline{AB}$일 때, $x^2 + y^2 + (x-4)^2 + (y-2)^2$의 값을 구하여라.

30 세 점 $A(3, 2)$, $B(-1, 2)$, $C(1, 4)$를 꼭짓점으로 하는 $\triangle ABC$는 어떤 삼각형인가?

신유형 **NEW**

31 세 점 $A(2, 2)$, $B(3, 4)$, $C(a, -1)$을 꼭짓점으로 하는 $\triangle ABC$가 예각삼각형이 되는 정수 a의 개수를 구하여라.

32 오른쪽 그림과 같이 한 변의 길이가 6인 정육각형 ABCDEF의 중심 O를 중심으로 하고 O에서 변 AB에 내린 수선의 길이의 $\dfrac{2}{3}$를 반지름으로 하는 원이 있다. 이때, 이 원의 넓이를 구하여라.

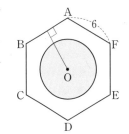

특목고 대비 문제

33 오른쪽 그림과 같이 $\overline{AB}=8$, $\angle ABD=30°$,
$\angle ACD=45°$인 $\triangle ABC$에서 $\overline{BC}$의 길이를 구하여라.

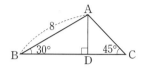

34 오른쪽 그림과 같이 $\overline{AB}=4$, $\angle BAC=60°$,
$\angle ACD=45°$, $\angle ABC=\angle ADC=90°$인 $\square ABCD$에서
$\overline{CD}$의 길이를 구하여라.

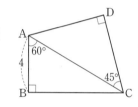

35 오른쪽 그림에서 $\square OAB'A'$는 한 변의 길이가 1cm
인 정사각형이고, $\angle B=\angle C=\angle D=90°$,
$\overline{OB'}=\overline{OB}$, $\overline{OC'}=\overline{OC}$, $\overline{OD'}=\overline{OD}$이다.
다음 중 옳지 <u>않은</u> 것은?

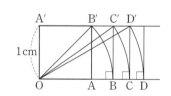

① $\overline{OC}=\sqrt{3}$ cm   ② $\overline{AB}=(\sqrt{2}-1)$ cm
③ $\angle OB'B<90°$ ④ $\angle OC'C>90°$
⑤ $\angle OD'D<90°$

36 오른쪽 그림과 같이 $\overline{AB}=\overline{AD}=\overline{DC}=6$, $\overline{BC}=12$인 등변사다리꼴 ABCD의 넓이는?

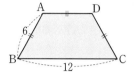

① $18\sqrt{3}$ ② $18\sqrt{6}$ ③ $27\sqrt{3}$
④ $27\sqrt{6}$ ⑤ $36\sqrt{2}$

37 오른쪽 그림은 크기가 다른 직각이등변삼각형 6개를 붙여서 하나의 큰 직각이등변삼각형을 만든 것이다. 이때, 두 직각이등변삼각형 A와 B의 넓이의 비를 구하여라.

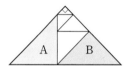

38 좌표평면 위의 세 점 $A(3, 3)$, $B(-2, -2)$, $C(4, 0)$을 꼭짓점으로 하는 $\triangle ABC$의 넓이를 구하여라.

[39~41] 오른쪽 그림은 한 변의 길이가 6인 정사각형 ABCD의 두 변 AD, CD 위에 $\overline{AE}=\overline{CF}$가 되게 점 E, F를 잡은 것이다. 다음 물음에 답하여라.

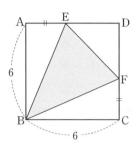

39 $\overline{AE}=\overline{CF}=3$일 때, △BFE의 넓이를 구하여라.

40 $\overline{AE}=\overline{CF}=2$일 때, 점 E에서 변 BF에 내린 수선의 길이를 구하여라.

41 △BFE가 정삼각형이 될 때, $\overline{AE}$의 길이를 구하여라.

신유형 new

42 오른쪽 그림의 △ABC에서 $\overline{BC}$의 중점을 M이라 한다. $\overline{AB}=7$, $\overline{BC}=8$, $\overline{CA}=5$일 때, $\overline{AM}^2$의 값을 구하여라.

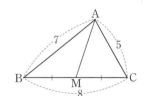

43 오른쪽 그림과 같이 한 변의 길이가 6인 정사면체
V–ABC의 꼭짓점 V에서 밑면 △ABC에 내린 수선의
발을 H라 하자. 이때, △VAH의 넓이를 구하여라.

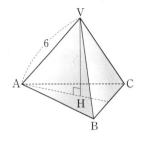

44 오른쪽 그림은 밑면의 반지름의 길이가 5, 모선의 길이가 15인
직원뿔을 꼭짓점과 밑면의 중심을 지나는 평면으로 잘라낸 것이
다. 이 입체도형의 겉넓이를 구하여라.

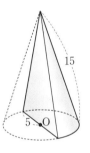

45 전개도가 오른쪽 그림과 같은 원뿔의 부피를 구하여라.

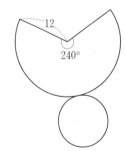

46 오른쪽 그림은 밑면의 반지름의 길이가 4이고, 높이가 4π인 원통이다. 그림과 같이 A에서 B까지 실로 원통을 한 바퀴 반 감아서 연결할 때, 실의 길이의 최솟값을 구하여라.

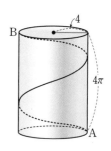

47 오른쪽 그림과 같은 직육면체에서 꼭짓점 E를 출발하여 모서리 AD, BC를 지나 꼭짓점 G에 이르는 최단 거리를 구하여라. (단, $\overline{AB}=2$, $\overline{AD}=4$, $\overline{AE}=4$)

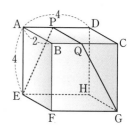

48 반지름의 길이가 $4\sqrt{3}$인 구에 내접하는 정육면체의 한 변의 길이는?

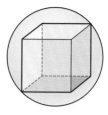

① 2   ② 4   ③ 5
④ 6   ⑤ 8

Super Math

49
오른쪽 그림과 같은 정사각뿔에서 $\overline{CH}=2\sqrt{2}$, $\overline{VH}=4\sqrt{7}$
일 때, $\triangle VAB$의 넓이는?

① $4\sqrt{21}$ ② $4\sqrt{22}$ ③ $4\sqrt{23}$
④ $4\sqrt{26}$ ⑤ $4\sqrt{29}$

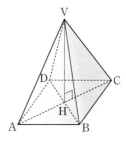

50
오른쪽 그림과 같이 반지름의 길이가 3인 구에 내접하는
원뿔이 있다. 구의 중심 O에서 원뿔의 밑면까지의 거리가
1일 때, 구에서 원뿔을 제외한 부분의 부피를 구하여라.

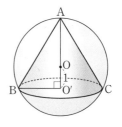

51
오른쪽 그림과 같이 한 변의 길이가 4인 정육면체
ABCD-EFGH가 있다. $\overline{AM}=\overline{AN}=1$일 때,
사다리꼴 MFHN의 넓이를 구하여라.

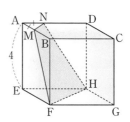

01 오른쪽 그림과 같이 반지름의 길이가 각각 3, 5 인 두 원 O_1, O_2가 있다. 두 원 O_1, O_2의 넓이의 합과 넓이가 같은 원을 작도하는 방법 및 순서를 설명하여라.

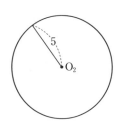

02 직각삼각형 ABC에서 각 변의 길이가 짝수이면 이에 내접하는 원의 반지름의 길이도 짝수임을 설명하여라.

Super Math ◆

03 오른쪽 그림과 같이 세 마을 A, B, C가 한 변의 길이가 6km인 정삼각형 모양의 세 꼭짓점에 위치하고 있고, 마을 D는 변 BC의 중점에 위치해 있다. 또, 도로망은 그림과 같이 AB, BC, CA, AD를 연결하는 직선 도로가 개통되어 있다. 이제 도로 AD 위의 한 지점에 학교를 세우려고 하는데 네 마을 A, B, C, D로부터의 거리의 제곱의 합이 최소가 되는 지점에 세우려고 한다. 학교의 위치를 구하여라.

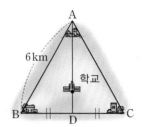

04 오른쪽 그림과 같이 밑면의 가로, 세로의 길이와 높이가 각각 6, 4, 4인 직육면체 모양의 통이 있다. 이 통에 반지름의 길이가 r인 두 개의 구가 외접하도록 넣었더니 한 구는 밑면과 두 옆면에 접하고, 다른 구는 윗면과 두 옆면에 접한다고 한다. 이때, 이 구의 반지름의 길이를 구하여라.

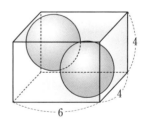

01 10 이하의 자연수 A, B, C가 $A^2 + 2B^2 = C^2$을 만족할 때, 순서쌍 (A, B, C)는 모두 몇 개인가?

02 오른쪽 그림과 같이 $\overline{AB} = \sqrt{7}$, $\overline{BC} = 4$인 직사각형 ABCD에서 꼭짓점 C가 변 AD 위의 점 Q에 오도록 변 BP를 기준으로 접는다. 점 D에서 변 PQ에 내린 수선의 발을 H라 할 때, $\overline{QH}$의 길이를 구하여라.

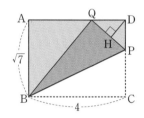

03 다음 그림과 같이 한 변의 길이가 2cm인 정사각형 ABCD를 직선 l 위에서 미끄러짐 없이 오른쪽 방향으로 굴려, 변 AB가 직선 l 위에 처음으로 원래 상태처럼 놓일 때 굴리는 것을 멈추었다. 점 A가 지나간 곡선의 길이를 구하여라.

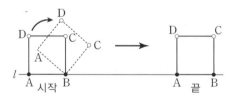

04 $\overline{AB}=2\sqrt{5}$, $\overline{BC}=4$, $\angle B=90°$인 직각삼각형 ABC를 오른쪽 그림과 같이 점 C를 중심으로 시계 방향으로 30° 회전이동한 도형을 $\triangle A'B'C$라 할 때, 색칠한 부분의 넓이를 구하여라.

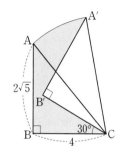

05 오른쪽 그림과 같은 밑면과 윗면의 반지름의 길이가 각각 10, 5인 원뿔대가 있다. 그림과 같이 점 A에서 점 B까지 원뿔대를 실로 한 바퀴 감을 때, 실의 최단 거리를 구하여라.

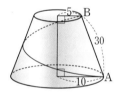

06 정삼각형 ABC의 내부에 점 P를 $\overline{AP}^2=\overline{BP}^2+\overline{CP}^2$이 되도록 잡고, 점 Q를 $\angle ABP=\angle CBQ$, $\overline{BP}=\overline{BQ}$가 되도록 잡을 때, $\angle BQP+\angle CPQ$의 크기를 구하여라.

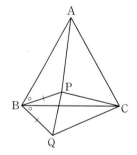

07 오른쪽 그림과 같이 한 변의 길이가 10인 정사각형 ABCD 에 내접하고 꼭짓점 A를 한 꼭짓점으로 하는 정삼각형 AEF 를 만들 때, $\overline{BE}$의 길이를 구하여라.

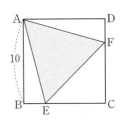

08 한 변의 길이가 4인 정사면체에 내접하는 구의 부피를 구하여라.

09 오른쪽 그림의 사다리꼴 ABCD에서 $\angle C = \angle D = 90°$, $\overline{AD} = 4$, $\overline{AB} = 10$이다. $\overline{DC}$의 중점을 E라 하고, $\overline{AB}$ 위에 $\overline{AB} \perp \overline{FE}$가 되 도록 점 F를 잡았더니 $\overline{FE} = \overline{DE}$이었다. 이때, $\overline{DC}$의 길이를 구하 여라.

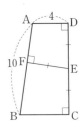

10 오른쪽 그림과 같이 $\angle A = 90°$인 직각이등변삼각형 ABC
의 점 A에서 변 BC와 만나도록 직선 l을 긋고, 두 점 B,
C에서 직선 l에 내린 수선의 발을 각각 점 D, E라 하면
$\overline{BD}=2$, $\overline{CE}=1$이다. 이때, $\overline{CF}$의 길이를 구하여라.

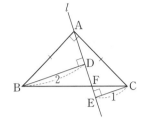

11 오른쪽 그림의 직사각형 ABCD에서 $\overline{AD}=24\text{cm}$,
$\overline{AB}=20\text{cm}$, $\overline{NB}=12\text{cm}$이고, 변 BC 위에 한 점 P를
$\overline{DP}+\overline{NP}$가 최소가 되는 점으로 정하였다. 이때,
$\triangle DNP$의 넓이를 구하여라.

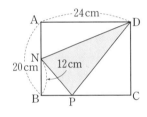

12 오른쪽 그림과 같이 정사각형 ABCD의 내부에 한 점 P가
$\overline{PA}=13$, $\overline{PB}=8$, $\overline{PC}=5$를 만족시킬 때, 정사각형 ABCD
의 넓이를 구하여라. (단, $6273=41\times153$)

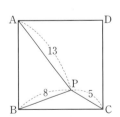

1 오른쪽 그림과 같이 $\overline{AB}=\overline{AC}=8$, $\overline{BC}=12$인 이등변삼
각형 ABC가 있다. $\overline{BC}$의 삼등분점을 각각 P, Q라 하고,
$\overline{AP}$, $\overline{AQ}$를 기준으로 접어 밑면이 없는 삼각뿔을 만들 때,
만들어진 삼각뿔 A-BPQ의 부피를 구하여라.

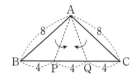

2 오른쪽 그림에서
$\overline{AB}=\overline{BC}=\overline{CA}=\overline{DB}=\overline{CE}=3$이고,
$\angle ACE=90°$이다. 이때, $\overline{EF}$의 길이를
구하여라.

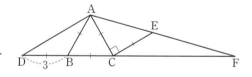

Super Math

3 오른쪽 그림과 같이 한 모서리의 길이가 6인 정사면체 A-BCD에서 세 모서리 AB, AC, AD 위에 꼭짓점 A 로부터의 거리가 각각 4, 4, 2인 점을 각각 E, F, G를 하 자. 이때, 사면체 A-BCD에서 사면체 A-EFG를 잘라 내고 남은 입체도형의 부피를 구하여라.

(단, $\overline{AG}$ 는 △EFG에 수직이다.)

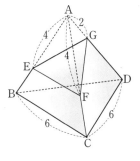

4 오른쪽 그림과 같이 ∠C=90°인 직각삼각형 ABC에서 ∠A의 이등분선이 변 BC와 만나는 점을 D라 할 때, $\overline{BD}$=8, $\overline{CD}$=4이었다. 이때, △ABC에 내접하는 원의 넓이를 구하여라.

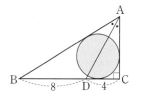

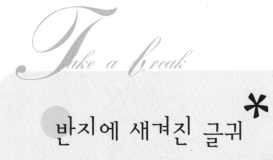

반지에 새겨진 글귀*

어느 날 다윗 왕이 궁중의 한 보석 세공인을 불러 명령을 내렸습니다.

"나를 위하여 반지 하나를 만들되 거기에 내가 매우 큰 승리를 거둬 그 기쁨을 억제하지 못할 때 그것을 조절할 수 있는 글귀를 새겨 넣어라. 그리고 동시에 그 글귀가 내가 절망에 빠져 있을 때는 나를 이끌어 낼 수 있어야 하느니라."

보석 세공인은 명령대로 곧 매우 아름다운 반지 하나를 만들었습니다. 그러나 적당한 글귀가 생각나지 않아 걱정을 하고 있었습니다.

어느 날 그는 솔로몬 왕자를 찾아갔습니다. 그에게 도움을 구하기 위해서였습니다.

"왕의 황홀한 기쁨을 절제해 주고 동시에 그가 낙담했을 때 북돋워 드리기 위해서는 도대체 어떤 말을 써 넣어야 할까요?"

솔로몬이 대답했습니다. 이런 말을 써 넣으시오.

"이것 역시 곧 지나가리라!"

"왕이 승리의 순간에 이것을 보면 곧 자만심이 가라앉게 될 것이고, 그가 낙심 중에 그것을 보게 되면 이내 표정이 밝아질 것입니다."

Chapter VII

원의 성질

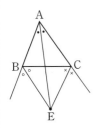
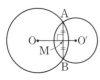
1 원과 현 ★

(1) 중심각에 대한 호와 현
① 크기가 같은 두 중심각에 대한 호의 길이, 현의 길이는 각각 같다.
② 길이가 같은 두 호 또는 두 현에 대한 중심각의 크기는 각각 같다.

(2) 현의 수직이등분선
① 원의 중심에서 현에 내린 수선은 그 현을 이등분한다.
② 현의 수직이등분선은 이 원의 중심을 지난다.

(3) 원의 중심과 현의 길이
① 원의 중심에서 같은 거리에 있는 두 현의 길이는 같다.
② 길이가 같은 두 현은 원의 중심으로부터 같은 거리에 있다.

2 원주각 ★★

① 원 O에서 $\overset{\frown}{AB}$를 제외한 원 위의 점 C에 대하여 ∠ACB를 $\overset{\frown}{AB}$에 대한 원주각이라 한다.
② 한 원에서 한 호에 대한 원주각의 크기는 그 호에 대한 중심각의 크기의 $\frac{1}{2}$이다.
③ 한 원에서 한 호에 대한 원주각의 크기는 같다.

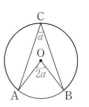

3 네 점이 한 원 위에 있을 조건 및 사각형이 원에 내접하기 위한 조건 ★★★

① 두 선분 AC, BD가 한 점에서 만날 때, ∠ACB=∠ADB이면 네 점 A, B, C, D는 한 원 위에 있다.
② 한 쌍의 대각의 크기의 합이 180°인 사각형은 원에 내접한다.
③ 한 외각의 크기가 그 내대각의 크기와 같은 사각형은 원에 내접한다.

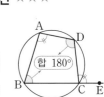

교과서 뛰어넘기

공통외접선과 공통내접선 ★★★

① **공통외접선** : 두 원이 공통접선에 대하여 같은 쪽에 있을 때, 그 공통접선을 공통외접선이라고 한다.
② **공통외접선의 길이** : $l=\sqrt{d^2-(r-r')^2}$
③ **공통내접선** : 두 원이 공통접선에 대하여 서로 반대쪽에 있을 때, 그 공통접선을 공통내접선이라고 한다.
④ **공통내접선의 길이** : $l=\sqrt{d^2-(r+r')^2}$
(단, 두 원 O, O′의 반지름의 길이가 각각 r, r'이고, 중심거리가 d일 때)

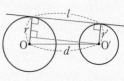
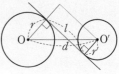

4️⃣ 접선과 현이 이루는 각 ★★★

① 원의 접선과 그 접점을 지나는 현이 이루는 각의 크기는 그 각의 내부에 있는 호에 대한 원주각의 크기와 같다.

② 원 O에서 ∠BAT = ∠BCA이면 직선 AT는 이 원의 접선이다.

5️⃣ 원과 비례 ★★

① 원에서의 비례 관계 : 한 원에서 두 현 또는 그 연장선이 서로 만나는 점을 P라 하면
$$\overline{PA} \cdot \overline{PB} = \overline{PC} \cdot \overline{PD}$$

② 할선과 접선 : 원의 외부의 한 점 P에서 이 원에 그은 접선과 할선이 원과 만나는 점을 각각 T, A, B라 하면 $\overline{PT}^2 = \overline{PA} \cdot \overline{PB}$

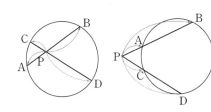

6️⃣ 원의 접선과 활용 ★★★

① 원에 내접하는 △ABC에서 ∠A의 이등분선과 변 BC 및 원과 만나는 점을 각각 P, Q라 하면
$$\overline{QB}^2 = \overline{QP} \cdot \overline{QA}, \quad \overline{AB} \cdot \overline{AC} = \overline{AP} \cdot \overline{AQ}$$

② 원에 내접하고 $\overline{AB} = \overline{AC}$인 이등변삼각형 ABC에서 점 A를 지나는 선분이 변 BC 및 원과 만나는 점을 각각 P, Q라 하면
$$\overline{AB}^2 = \overline{AP} \cdot \overline{AQ}$$

③ 원 O에 내접하는 △ABC에서 $\overline{AD}$가 원의 지름이고 점 A에서 변 BC에 내린 수선의 발을 H라 하면
$$\overline{AB} \cdot \overline{AC} = \overline{AD} \cdot \overline{AH}$$

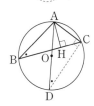

교과서 뛰어넘기

톨레미(Ptolemy)의 정리와 심슨(Simson)의 정리 ★★★

(1) 톨레미의 정리
원에 내접하는 사각형의 두 쌍의 대변의 길이의 곱의 합은 두 대각선의 길이의 곱과 같다. 즉, $\overline{AB} \cdot \overline{CD} + \overline{AD} \cdot \overline{BC} = \overline{AC} \cdot \overline{BD}$

(2) 심슨의 정리
삼각형 ABC의 외접원 위의 임의의 한 점 D에서 세 변 또는 그 연장선에 내린 수선의 발 P, Q, R은 한 직선 위에 있다.

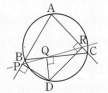

---

point
네 점이 한 원 위에 있을 조건 : 두 선분 AB, CD 또는 그 연장선이 점 P에서 만날 때,
$\overline{PA} \cdot \overline{PB} = \overline{PC} \cdot \overline{PD}$이면 네 점 A, B, C, D는 한 원 위에 있다.

point
① ∠QBP = ∠BAP이므로 $\overline{BQ}$는 세 점 A, B, P를 지나는 원의 접선이다. 따라서,
$\overline{QB}^2 = \overline{QP} \cdot \overline{QA}$
△ABP∽△AQC (AA닮음)이므로
$\overline{AB} : \overline{AQ} = \overline{AP} : \overline{AC}$
따라서
$\overline{AB} \cdot \overline{AC} = \overline{AP} \cdot \overline{AQ}$
② ∠ABP = ∠BQP이므로 $\overline{AB}$는 세 점 P, B, Q를 지나는 원의 접선이다. 따라서,
$\overline{AB}^2 = \overline{AP} \cdot \overline{AQ}$
③ △ABH∽△ADC (AA닮음)이므로
$\overline{AB} : \overline{AD} = \overline{AH} : \overline{AC}$
따라서,
$\overline{AB} \cdot \overline{AC} = \overline{AD} \cdot \overline{AH}$

point
① 톨레미의 정리의 역 : 볼록사각형 ABCD에서
$\overline{AB} \cdot \overline{CD} + \overline{AD} \cdot \overline{BC}$
$= \overline{AC} \cdot \overline{BD}$이면 그 사각형은 원에 내접하는 사각형이다.
② 심슨의 정리의 역 : 한 점을 지나 삼각형의 세 변 또는 그 연장선에 그은 수선의 발이 한 직선 위에 있으면 그 점은 삼각형의 외접원 위에 있다.

1 오른쪽 그림에서 $\overline{OM}=\overline{ON}$, $\overline{AB}\perp\overline{OM}$, $\overline{AC}\perp\overline{ON}$이고, $\angle A=40°$일 때, $\angle B$의 크기를 구하여라.

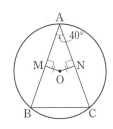

2 오른쪽 그림과 같이 원 O의 중심에서 현 AB에 내린 수선의 발을 M이라고 할 때, $\overline{OM}=9\text{cm}$, $\overline{AB}=24\text{cm}$이다. 이 원의 반지름의 길이를 구하여라.

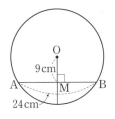

3 오른쪽 그림과 같이 △ABC에서 $\angle A$의 이등분선과 $\angle B$, $\angle C$의 외각의 이등분선이 한 점에서 만남을 보여라.

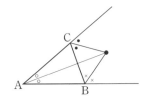

4 오른쪽 그림과 같이 △ABC에서 ∠A의 이등분선과 ∠B, ∠C의 외각의 이등분선의 교점을 O라 하자. $\overline{OA}=17$, $\overline{OP}=8$일 때, △ABC의 둘레의 길이를 구하여라.

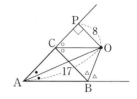

5 오른쪽 그림과 같이 반원의 호 AB 위의 한 점 T에서 그은 접선이 지름 AB의 양 끝점에서 그은 접선과 만나는 점을 각각 C, D라 할 때, 이 원의 반지름의 길이를 구하여라.

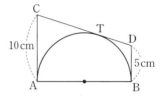

6 오른쪽 그림에서 두 원 O, O′의 반지름의 길이가 각각 9cm, 12cm이고, 중심거리는 15cm이다. 이때, 공통현 AB의 길이를 구하여라.

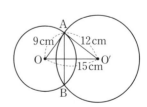

7 두 원 O, O′가 서로 외접할 때의 중심거리는 16cm이고, 서로 내접할 때의 중심거리는 4cm이다. 이때, 큰 원의 반지름의 길이는?

① 8cm   ② 9cm   ③ 10cm

④ 11cm   ⑤ 12cm

8 오른쪽 그림과 같이 반지름의 길이가 각각 5cm, 13cm인 두 원 O, O′의 중심거리가 17cm일 때, 공통외접선 PQ의 길이를 구하여라.

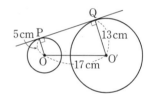

9 오른쪽 그림과 같이 반지름의 길이가 각각 3cm, 5cm인 두 원 O, O′의 중심거리가 10cm일 때, 공통내접선 PQ의 길이를 구하여라.

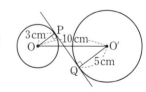

10 다음 두 원의 위치 관계 중 공통접선의 개수가 가장 많은 것은?

① 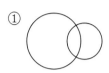   ②   ③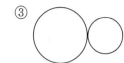

④   ⑤

11 오른쪽 그림과 같이 반지름의 길이가 각각 3, 5인 두 원 O, O′가 외접하고 있다. 두 원의 공통내접선과 공통외접선의 교점을 P라 할 때, $\overline{PT}$의 길이를 구하여라.

(단, A, B, T는 접점이다.)

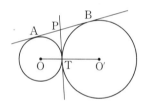

신유형

12 가로의 길이가 16cm, 세로의 길이가 12cm인 직사각형의 내부에 오른쪽 그림과 같이 두 원 O, O′가 있다. 두 원 O, O′과 $\overline{BD}$의 접점을 각각 P, Q라 할 때, $\overline{PQ}$의 길이를 구하여라.

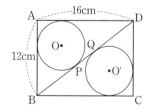

13 오른쪽 그림과 같이 두 변의 길이가 각각 5, 4인 직사각형 ABCD에서 점 C를 중심으로 사분원을 그리고 점 B에서 이 원에 접선을 그어 만나는 점을 E, $\overline{BE}$의 연장선이 $\overline{AD}$와 만나는 점을 F라 할 때, $\overline{AF}$의 길이를 구하여라.

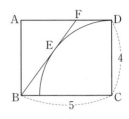

14 오른쪽 그림과 같이 반지름의 길이가 9 cm인 원에 내접하는 △ABC의 내심을 I라 하고 ∠A = 50°일 때, 호 EAD의 길이는?

① 6π cm   ② $\dfrac{13}{2}\pi$ cm   ③ 7π cm

④ $\dfrac{15}{2}\pi$ cm   ⑤ 8π cm

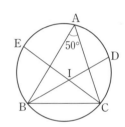

15 오른쪽 그림과 같이 $\overline{AB} = \overline{AC}$인 이등변삼각형 ABC에서 $\overline{AB}$를 지름으로 하는 원 O를 그려 $\overline{AC}$와 만나는 점을 D라 할 때, $\overline{CD}$의 길이를 구하여라. (단, $\overline{AB} = 8$ cm, $\overline{BC} = 6$ cm)

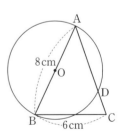

16

오른쪽 그림의 원 O에서 지름을 AB라 하고 그것에 평행한 현을 CD라 하자. 지름 AB 위에 임의의 한 점 P를 잡을 때, 다음 식이 성립함을 설명하여라.

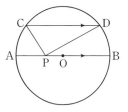

$$\overline{CP}^2 + \overline{DP}^2 = \overline{AP}^2 + \overline{BP}^2$$

17

오른쪽 그림에서 색칠한 두 부분의 넓이의 합은?

(단, $\angle APO = 60°$)

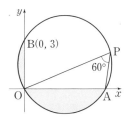

① $\dfrac{9}{2}\pi$　　　② $\dfrac{9}{2}(\pi - \sqrt{3})$　　③ $\dfrac{11}{2}(\pi - \sqrt{3})$

④ $\dfrac{9}{2}\pi - 3$　　⑤ $\dfrac{11}{2}\pi - 3$

18

원에 내접하는 사각형에서 마주 보는 두 각의 크기의 합은 $180°$임을 설명하여라.

19

다음 부등식이 성립함을 오른쪽 그림을 이용하여 설명하여라.
(단, O는 반원의 중심이다.)

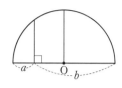

$$a, b가 \text{ 양수일 때, } \frac{a+b}{2} \geq \sqrt{ab}$$

20

오른쪽 그림에서 A, B, P는 원 O 위의 점이다. 원의 반지름의 길이가 6, $\angle OAP=35°$, $\angle OBP=25°$일 때, 부채꼴 OAB의 넓이는?

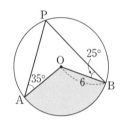

① 6π ② 8π ③ 10π

④ 12π ⑤ 14π

21

오른쪽 그림에서 □ABCD는 원 O에 내접한다.
$\angle BAO=40°$, $\angle BCO=70°$일 때, $\angle ADC$의 크기를 구하여라.

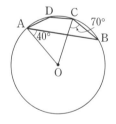

22 오른쪽 그림에서 직선 PA는 원 O와 점 A에서 접하고, 선분 PO의 연장선과 원 O가 만나는 점을 B라 한다. 또, ∠APB의 이등분선이 선분 AB와 만나는 점을 C라 할 때, ∠PCA의 크기를 구하여라.

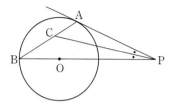

23 한 원에 길이가 각각 10, 14인 두 개의 평행한 현이 그어져 있다. 이들 두 현 사이의 거리가 6일 때, 이들 두 현과 평행하고 두 현의 중간에 있는 현의 길이를 구하여라.

24 오른쪽 그림에서 $\triangle ABC$와 $\triangle A_1B_1C_1$은 동일한 원에 외접하고, $\overline{AB} /\!/ \overline{A_1B_1}$, $\overline{BC} /\!/ \overline{B_1C_1}$, $\overline{CA} /\!/ \overline{C_1A_1}$이다. r_1, r_2, r_3, r는 차례로 $\triangle A_1A_2A_3$, $\triangle B_1B_2B_3$, $\triangle C_1C_2C_3$, $\triangle A_1B_1C_1$의 내접원의 반지름의 길이이다.

이때, $\dfrac{r_1+r_2+r_3}{r}$ 의 값은?

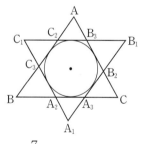

① $\dfrac{5}{6}$ ② $\dfrac{6}{7}$ ③ $\dfrac{7}{8}$

④ $\dfrac{8}{9}$ ⑤ 1

특목고 대비 문제

25

신유형 new

세 개의 원 A, B, C가 오른쪽 그림과 같이 서로 외접하고 한 직선 l에 모두 접하고 있다. 세 원 A, B, C의 반지름의 길이를 차례로 a, b, c라고 할 때, $\dfrac{1}{\sqrt{a}}+\dfrac{1}{\sqrt{b}}$을 c를 사용하여 나타내면?

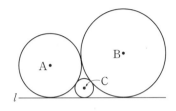

① $\sqrt{c}$ ② c ③ $\dfrac{1}{\sqrt{c}}$

④ $\dfrac{2}{\sqrt{c}}$ ⑤ $2\sqrt{c}$

26

오른쪽 그림에서 $\overleftrightarrow{\mathrm{PT}}$는 원 O의 접선이고, $\angle \mathrm{TPA}=\angle \mathrm{TBA}$, $\overline{\mathrm{AT}}=5$, $\overline{\mathrm{AB}}=10$일 때, $\overline{\mathrm{PT}}$의 길이는?

① $3\sqrt{3}$ ② $3\sqrt{5}$ ③ $4\sqrt{3}$

④ $4\sqrt{5}$ ⑤ $5\sqrt{3}$

27

오른쪽 그림에서 $\overleftrightarrow{\mathrm{PT}}$는 원의 접선이다. $\overline{\mathrm{PA}}=\overline{\mathrm{AQ}}=\overline{\mathrm{QB}}$이고, $\overline{\mathrm{CQ}}=2$, $\overline{\mathrm{QT}}=4$일 때, $\overline{\mathrm{PT}}$의 길이는?

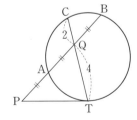

① $3\sqrt{2}$ ② $2\sqrt{2}$ ③ $2\sqrt{5}$

④ $5\sqrt{2}$ ⑤ $2\sqrt{6}$

Super Math

28 오른쪽 그림과 같이 점 T에서 외접하는 두 원 O, O'가 있다. $\overline{PA}=4$, $\overline{AB}=5$, $\overline{PC}=3$일 때, 다음 중 옳지 <u>않은</u> 것은?

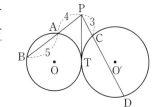

① $\overline{PT}=6$ ② $\overline{PD}=12$
③ $\overline{CD}=10$ ④ $\overline{PA}\cdot\overline{PB}=\overline{PC}\cdot\overline{PD}$
⑤ 네 점 A, B, C, D는 한 원 위에 있다.

신유형 *new*

29 오른쪽 그림에서 원 O는 △ABC의 내접원이고 세 점 D, E, F는 접점이다. $\overline{AD}=3$, $\overline{BD}=6$, $\overline{AC}=7$일 때, △ABC의 넓이를 구하여라.

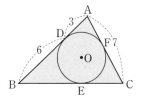

30 오른쪽 그림과 같이 직각삼각형 ABC의 내접원과 빗변의 접점을 D라 하고, $\overline{AD}=p$, $\overline{DC}=q$라 할 때, △ABC의 넓이를 p, q로 나타내어라.

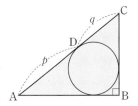

31 점 O는 △ABC의 방심이고, $\overline{AB}=3$, $\overline{BC}=4$, $\overline{AC}=5$일 때, $\overline{BE}$의 길이는?

① 2　　　　② 2.5　　　　③ 3
④ 3.5　　　　⑤ 4

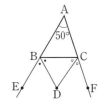

32 오른쪽 그림의 △ABC에서 ∠BAC=50°, ∠B와 ∠C의 외각의 이등분선의 교점을 D라 할 때, ∠BDC의 크기를 구하여라.

33 오른쪽 그림과 같이 원에 내접하는 □ABCD에서 변 AD의 연장선과 변 BC의 연장선이 만나는 점을 E라 하자. ∠AEB=38°, $\widehat{AB}=3\widehat{CD}$일 때, ∠ADB의 크기를 구하여라.

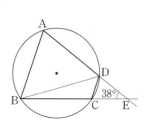

Super Math

34

오른쪽 그림에서 원 O는 △ABC의 내접원이고, 점 E, G, I, K, M, P는 모두 원 O의 접점이다. △ABC의 둘레의 길이가 $1+\sqrt{2}+\sqrt{3}$일 때, 세 삼각형 ADN, BHF, CLJ의 둘레의 길이의 합은?

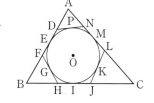

① $1+\sqrt{2}$ ② $1+\sqrt{3}$ ③ $\sqrt{2}+\sqrt{3}$

④ 3 ⑤ $1+\sqrt{2}+\sqrt{3}$

35

세 변의 길이가 각각 3, 4, 5인 삼각형에 오른쪽 그림과 같이 서로 외접하는 두 개의 같은 크기의 원을 내접시킬 때, 그 두 원의 반지름의 길이를 구하여라.

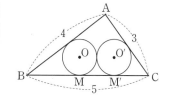

36

오른쪽 그림에서 원 O의 반지름의 길이는 6이고, 원 O′는 $\overline{OB}$를 지름으로 하는 원이다. 점 A에서 원 O′에 그은 접선 AP와 원 O의 교점을 Q라 할 때, $\overline{AQ}$의 길이를 구하여라.

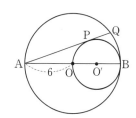

37

오른쪽 그림과 같이 임의의 한 원 O를 그리고 그 원의 원주를 5등분한 후 각 분점을 적당히 연결하여 별 모양의 도형을 그렸다. 이때, $\dfrac{\overline{FE}}{\overline{BF}}$ 의 값을 구하여라.

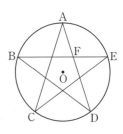

38 오른쪽 그림과 같이 지름의 길이가 18cm인 반원에서 지름을 밑변으로 하는 이등변삼각형 CAB를 그렸을 때, 반원과 만나는 점을 각각 D, E라 하자. ∠ACB=40°일 때, 부채꼴 DOE의 넓이를 구하여라.

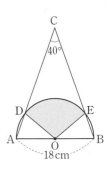

39 오른쪽 그림의 원에서 $\overline{PT}$는 접선이고, $\overline{PT}=2\sqrt{15}$cm, $\overline{BQ}=4$cm, $\overline{CQ}=2$cm, $\overline{QT}=6$cm 이다. 이때, $\overline{PA}$의 길이를 구하여라.

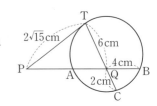

정답 및 해설 p. 63

Super Math

40

오른쪽 그림과 같이 원 O의 지름 AB의 연장선 위에
점 P를 잡고, 점 P에서 원 O에 접선을 그어 만나는 점을
T라 한다. $\overline{AP}=2$, $\overline{PT}=6$일 때, 점 T로부터 지름 AB
까지의 최단 거리를 구하여라.

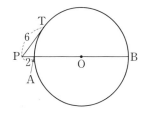

41

오른쪽 그림에서 선분 AB는 원 O의 지름이다. $\overarc{BC}=\overarc{CD}$
가 되게 점 C, D를 잡고 점 B에서 $\overline{OC}$에 내린 수선의 발을
E라 할 때, $\overline{BE}=4$, $\overline{EC}=2$이다. 이때, $\overline{AD}$의 길이를 구하
여라.

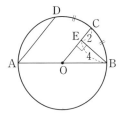

신유형 **NEW**

42

오른쪽 그림과 같이 변 BC가 원 O의 중심을 지나고, 원 O는
△ABC의 외접원, 원 O′는 내접원이다. 외접원과 내접원의
반지름의 길이가 각각 3, 1일 때, △ABC의 넓이를 구하여라.

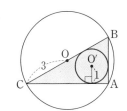

Ⅶ. 원의 성질

157

43 오른쪽 그림과 같이 두 원 O, O'의 반지름의 길이의 비가 3 : 2이고 $\overline{AB}$는 공통내접선이다. $\overline{AC}=4$, $\overline{DB}=3$일 때, 원 O'의 반지름의 길이를 구하여라.

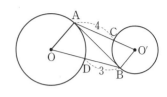

44 삼각형의 세 꼭짓점에서 대변 또는 그 연장선에 내린 세 개의 수선은 한 점에서 만남을 설명하여라.

45 △ABC의 꼭짓점 A에서 변 BC에 내린 수선의 발을 D, 외접원의 지름을 AE라 하면 $\overline{AB}\cdot\overline{AC}=\overline{AD}\cdot\overline{AE}$임을 설명하여라.

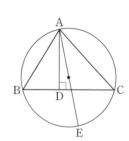

Super Math

46
다음 톨레미의 정리를 설명하여라.

사각형 ABCD가 원에 내접할 때,
$$\overline{AB}\cdot\overline{CD}+\overline{AD}\cdot\overline{BC}=\overline{AC}\cdot\overline{BD}$$

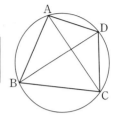

신유형 new

47
볼록사각형 ABCD의 대각선 AC, BD의 교점을 O라
하자. $\overline{OA}=8$, $\overline{OB}=4$, $\overline{OC}=3$, $\overline{OD}=6$, $\overline{AB}=6$일 때,
$\overline{AD}$의 길이를 구하여라.

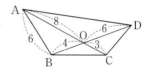

48
오른쪽 그림과 같이 정사각형 ABCD에서 $\overline{AP}=1$,
$\overline{BP}=5$, $\overline{CP}=7$일 때, $\overline{BC}$의 길이는?

① $4\sqrt{2}$ ② $3\sqrt{2}$ ③ $2\sqrt{2}$
④ $2\sqrt{3}$ ⑤ $3\sqrt{3}$

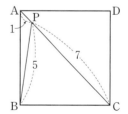

49 △ABC에서 ∠A의 이등분선이 $\overline{BC}$ 및 외접원과 만나는 점을 각각 D, E라 하면 $\overline{AB}\cdot\overline{AC}=\overline{AD}\cdot\overline{AE}$임을 설명하여라.

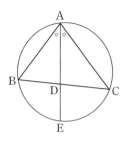

50 오른쪽 그림과 같이 반지름의 길이가 12cm인 원에 내접하는 △ABC의 내심을 I라 하고 ∠A=30°일 때, 호 EAD의 길이를 구하여라.

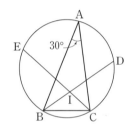

신유형 new

51 오른쪽 그림에서 $\overline{AB}=\overline{AC}$=5cm, $\overline{AD}$=3cm일 때, $\overline{DP}$의 길이를 구하여라.

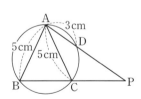

Super Math

52 오른쪽 그림과 같이 원 O의 외부에 있는 한 점 P에서 이 원에 그은 접선과 할선이 원 O와 만나는 점을 각각 T, A, B라 하고, 점 T에서 선분 AB에 내린 수선의 발을 C, 점 B에서 직선 PT에 내린 수선의 발을 D라 한다. $\overline{PA}=4$, $\overline{PB}=9$, $\overline{TC}=3$일 때, $\overline{BD}$의 길이를 구하여라.

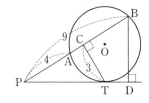

신유형 new

53 지름이 10cm인 원에서 8cm인 현을 한 변으로 하는 내접삼각형의 최대 넓이와 그 때의 삼각형에 내접하는 원의 반지름의 길이를 차례로 구하여라.

54 오른쪽 그림과 같이 중심이 O인 원에 접선 AD와 할선 ABC가 있다. 점 D에서 선분 AO에 내린 수선의 발을 E라고 하면 ∠AEB=∠ACO임을 설명하여라.

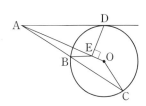

01

오른쪽 그림과 같이 두 원 C_1, C_2가 두 점 M, N에서 만나고 $\overleftrightarrow{PQ}$는 두 원의 공통의 접선이다. 선분 PN의 연장선이 원 C_2와 만나는 점을 R라 할 때, $\overline{MQ}$는 $\angle PMR$을 이등분함을 설명하여라. (단, P, Q는 각각 두 원 C_1, C_2의 접점이다.)

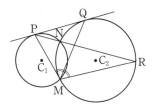

02

두 점에서 만나는 두 원 O_1, O_2의 교점 중 한 점을 P라 하자. 점 P를 지나는 직선(공통현은 포함하지 않음)이 두 원과 만나는 점을 M, N이라 할 때, $\overline{MP} = \overline{NP}$가 되도록 직선을 작도하고 그 과정을 설명하여라.

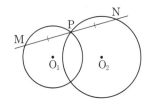

Super Math

03 오른쪽 그림과 같이 △ABC의 꼭짓점 A에서 변 BC에 내린 수선의 발을 F라 하고 $\overline{AF}$를 지름으로 하는 원이 변 AB, AC와 만나는 점을 각각 D, E라 하자. 이때, △ABC 의 외접원의 중심이 △ADE에서 꼭짓점 A에서 $\overline{DE}$에 내린 수선 또는 그 연장선 위에 있음을 설명하여라.

（단, 점 Q는 원의 중심이다.）

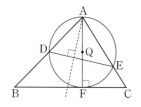

04 세 실수 a, b, c가 $a>0$, $b>0$, $2c>a+b$를 만족할 때, 다음을 설명하여라.

$$c^2>ab, \; c-\sqrt{c^2-ab}<a<c+\sqrt{c^2-ab}$$

01 오른쪽 그림과 같이 정사각형 ABCD의 대각선의 교점이 P이고, $\overline{AB}$를 빗변으로 하는 직각삼각형 AEB를 작도하였을 때, $\overline{EP}$가 ∠AEB의 이등분선임을 설명하여라.

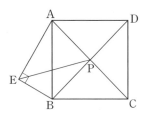

02 다음 두 조건을 만족하는 서로 다른 5개의 점이 평면 위에 있다.

> Ⅰ. 모든 점이 한 직선 위에 있지는 않다.
> Ⅱ. 어떤 네 점도 한 원 위에 있지는 않다.

이때, 5개의 점 중에서 세 점을 지나고, 나머지 두 점 중 한 점은 원의 내부에, 다른 한 점은 원의 외부에 있게 되는 원이 존재함을 설명하여라.

03 오른쪽 그림과 같이 △ABC의 꼭짓점 A에서 변 BC에 내린 수선의 발을 H라 하고, 선분 AH 위의 한 점 P에서 변 AB, AC에 내린 수선의 발을 각각 D, E라 한다. $\overline{AD}=4$, $\overline{DB}=6$, $\overline{CE}=3$일 때, $\overline{AE}$의 길이를 구하여라.

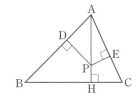

04

오른쪽 그림과 같이 점 P는 정사각형 ABCD의 외접원의
호 DC 위에 있다. 다음을 설명하여라.

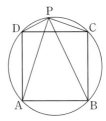

$$(\overline{PB}+\overline{PD}) : (\overline{PA}+\overline{PC})=\overline{PA} : \overline{PB}$$

05

오른쪽 그림과 같이 볼록사각형 ABCD가 지름이 $\overline{AB}$인
반원에 내접하고 있다. $\overline{AC}$와 $\overline{BD}$의 교점을 E라 하고, 선
분 AD의 연장선과 선분 BC의 연장선의 교점을 F라 하
자. 또, $\overleftrightarrow{EF}$가 원과 만나는 교점을 G, $\overline{AB}$와 만나는 점을
H라 할 때, 다음을 설명하여라.

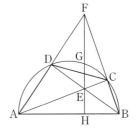

점 E가 $\overline{GH}$의 중점이면 점 G는 $\overline{FH}$의 중점이다.

06

오른쪽 그림과 같이 지름이 $\overline{AB}$인 반원에 대하여
$\overline{OC}\perp\overline{AB}$인 점 C를 잡고, $\overgroup{CB}$ 사이에 임의의 점 P를
잡자. $\overline{CP}$와 $\overline{AB}$의 교점을 Q라 하고, 점 Q를 지나고 직
선 AB에 수직인 직선이 $\overline{AP}$의 연장선과 만나는 점을
R라 하면 $\overline{BQ}=\overline{RQ}$임을 설명하여라.

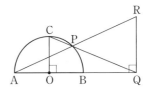

07 두 원 O_1, O_2의 공통현 $\overline{AB}$ 위에 한 점 $P(\overline{AP} \neq \overline{BP})$를 잡고, 점 P를 지나고 $\overline{PO_1}$과 수직인 직선이 원 O_1과 만나는 점을 C, D라 하고, 점 P를 지나고 $\overline{PO_2}$와 수직인 직선이 원 O_2와 만나는 점을 각각 E, F라 하면 네 점 C, D, E, F는 어떤 직사각형의 네 꼭짓점임을 설명하여라.

08 오른쪽 그림과 같이 두 개의 원 C_1, C_2가 서로 다른 두 점 P, Q에서 만난다. 점 P를 지나는 직선이 두 원 C_1, C_2와 만나는 점을 각각 A, B라 하고, 선분 AB의 중점을 X라 하자. 두 점 Q, X를 지나는 직선이 두 원 C_1, C_2와 각각 만나는 점을 Y, Z라 하면, X가 선분 $\overline{YZ}$의 중점임을 설명하여라.

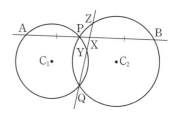

09 오른쪽 그림에서 $\overline{AB}$는 원 O의 현이고, 점 C는 $\overline{AB}$의 연장선 위의 점이다. 점 C를 지나는 원의 접선이 원과 만나는 점을 N이라 하고, ∠C의 이등분선이 $\overline{AN}$, $\overline{BN}$과 만나는 점을 P, Q라 할 때, $\overline{PN} = \overline{QN}$임을 설명하여라.

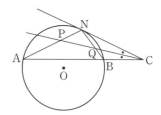

10 오른쪽 그림과 같이 두 개의 원이 A, B에서 직선 l에 접하고, 두 원은 점 P에서 외접하고 있다. 직선 BP가 점 C에서 다른 원과 만날 때 $\overline{CA}$는 직선 l에 수직임을 설명하여라.

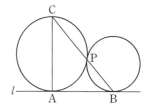

11 오른쪽 그림에서 원 O_1의 반지름 O_1A와 O_1O_3은 서로 직교한다. $\overline{O_1A}$를 지름으로 하는 원 O_2와 $\overline{O_2O_3}$의 교점을 P라 하고, 점 O_3을 중심으로 하여 반지름이 $\overline{O_3P}$인 원 O_3과 원 O_1의 교점을 Q, R라 하자. 원 O_3과 $\overline{O_1Q}$의 교점을 S라 할 때, $\overline{O_1S}$의 길이를 구하여라. (단, $\overline{O_1A}=2$)

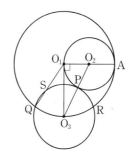

12 오른쪽 그림에서 △ABC는 $\overline{AB}=\overline{AC}$, ∠A=30°인 이등변삼각형이고, 점 O는 △ABC의 외심이다. 호 AC 위에 ∠DOC=30°가 되도록 점 D를 잡는다. 그리고 호 AB 위에 $\overline{DG}=\overline{AC}$, $\overline{AG}<\overline{BG}$가 되게 점 G를 잡고, $\overline{DG}$가 $\overline{AC}$ 및 $\overline{AB}$와 만나는 점을 각각 E, F라 하자. 이때, △AGF는 정삼각형임을 설명하여라.

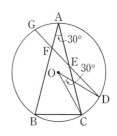

13 오른쪽 그림에서 세 점 E, B, D가 한 직선 위에 있을 때, 네 점 G, C, A, F가 한 원 위에 있음을 보여라.

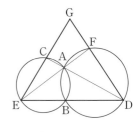

14 위의 **13**번 문제에서 $\overline{AD}=6$, $\overline{AC}=3$, $\overline{AF}=2$, $\overline{DF}=3\sqrt{3}$ 일 때, $\overline{FG}$, $\overline{CG}$, $\overline{AE}$의 길이를 차례로 구하여라.

15 오른쪽 그림과 같이 $\angle A = \angle C = 90°$인 □ABCD의 꼭짓점 B, D에서 대각선 AC에 내린 수선의 발을 각각 E, F라 한다. $\overline{AF}=7$, $\overline{CF}=3$, $\overline{DF}=5$일 때, $\overline{BE}$의 길이를 구하여라.

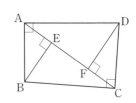

16

$\triangle$AOB는 $\angle$O가 직각이고, $\overline{OA}=\dfrac{\sqrt{3}}{2}$, $\overline{OB}=1$인 직각 삼각형이다. $\triangle$AOB 밖의 한 점 C와 변 AB 위의 한 점 D를 오른쪽 그림과 같이 $\overline{OC}=1$, $\angle AOC=30°$, $\angle OAB=\angle OCD$가 되도록 잡을 때, $\overline{OD}$의 길이를 구하여라.

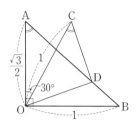

17

오른쪽 그림과 같이 내접사각형 ABCD의 두 대각선이 직교하고, 그 교점을 T라 한다. 원의 중심 O를 지나서 원 위의 점 D, E에서 만날 때, $\overline{AE}=\overline{BC}$임을 보여라.

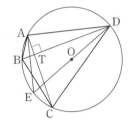

18

오른쪽 그림에서 세 점 A, B, C는 한 원 위에 있고, $\overline{AB}=\overline{AC}$를 만족한다. $\overline{BC}$ 위의 한 점 E를 잡고, $\overline{AE}$의 연장선이 원과 만나는 점을 D라 할 때, $\overline{AE}\cdot\overline{AD}$는 점 E의 위치에 관계없이 일정함을 설명하여라.

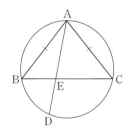

1 오른쪽 그림과 같이 두 원 O, O′가 외접하고 있다.
△ABC는 원 O에 내접하는 정삼각형이고, 세 점 A′, B′, C′는 세 점 A, B, C에서 원 O′에 그은 접선의 접점이다. 이때, $\overline{AA'}$, $\overline{BB'}$, $\overline{CC'}$ 중의 어느 하나의 길이는 다른 두 개의 길이의 합과 같음을 설명하여라.

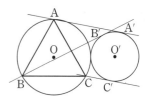

2 오른쪽 그림과 같이 중심이 O인 원에 현 AB가 있다. $\overline{OY} \perp \overline{AB}$이고, $\overline{OY}$와 $\overline{AB}$의 교점을 X라 하자. 호 AB 위의 임의의 한 점 D에 대하여 $\overrightarrow{DX}$가 원과 다시 만나는 교점을 Z, $\overline{ZY}$가 현 AB와 만나는 점을 C라 할 때, $\overline{DX} \le \overline{CY}$임을 설명하여라.

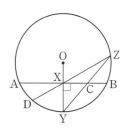

3 오른쪽 그림과 같이 원 O의 두 현 AB와 CD는 점 E에서 만난다. $\overline{EB}$ 사이의 임의의 한 점 M에 대하여, 점 E에서 세 점 D, E, M을 지나는 원에 접하는 접선이 두 직선 BC, AC와 만나는 점을 각각 F, G라 하자. 이때, $t = \dfrac{\overline{AM}}{\overline{AB}}$ 이라 할 때, $\dfrac{\overline{EG}}{\overline{EF}}$ 를 t를 사용하여 나타내어라.

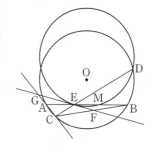

4 오른쪽 그림과 같이 2개의 원 C_1, C_2가 두 점 A, B에서 만난다. 점 C, E는 원 C_1 위에 있고, 점 D, F는 원 C_2 위에 있다. 또, 선분 CD와 EF는 두 원의 교점 A를 지나고, 선분 EC와 DF의 연장선의 교점을 G라고 할 때, 네 점 G, E, B, F가 한 원 위에 있음을 보여라. 또, 네 점 G, D, B, C가 한 원 위에 있음을 보여라.

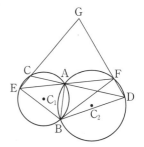

내 탓입니다 *

어떤 촌에 평화스럽고도 단란한 가정이 있었는데 가난하여 아들을 늦게 장가를 들이고 보니 신이 났다.

하루는 새 며느리가 선반에 얹어둔 기름병을 실수로 엎지르고 너무도 부끄러워 우는데

시어머니는 위로하여 "아가, 네 잘못이 아니라 내가 그 곳에 얹은 것이 잘못이다."라고 하였고

시아버지는 이 말을 듣고 "아니, 새 애기나 마누라의 잘못이 아니다. 내가 보고도 치워놓지를 않았으니 내 잘못이다."라고 하니

곁에 있는 아들이 이 말을 듣고 하는 말이 "내 아내 잘못도 아니요, 부모님의 잘못도 아니고, 내가 선반을 높이 매지 못하여서 엎지르게 되었으니 내 잘못입니다."라고 하였다.

이 가정은 늘 화락한 가운데 살았다고 한다.

Chapter VIII

삼각비

1 삼각비 ★★

(1) **삼각비** : 직각삼각형에서 두 변의 길이의 비
(2) $\angle B=90°$인 직각삼각형 ABC에서 $\angle A$, $\angle B$, $\angle C$의
   대변의 길이를 각각 a, b, c라 하면

$$① \sin A=\frac{(높이)}{(빗변의 길이)}=\frac{a}{b}$$

$$② \cos A=\frac{(밑변의 길이)}{(빗변의 길이)}=\frac{c}{b}$$

$$③ \tan A=\frac{(높이)}{(밑변의 길이)}=\frac{a}{c}$$

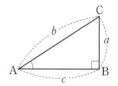

point
$0°$, $90°$의 삼각비
$\sin 0°=0$
$\cos 0°=1$
$\tan 0°=0$
$\sin 90°=1$,
$\cos 90°=0$,
$\tan 90°=$(알 수 없다.)

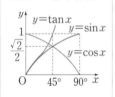

2 특수각의 삼각비의 값 ★★★

삼각비 ＼ A	30°	45°	60°
$\sin A$	$\dfrac{1}{2}$	$\dfrac{\sqrt{2}}{2}$	$\dfrac{\sqrt{3}}{2}$
$\cos A$	$\dfrac{\sqrt{3}}{2}$	$\dfrac{\sqrt{2}}{2}$	$\dfrac{1}{2}$
$\tan A$	$\dfrac{\sqrt{3}}{3}$	1	$\sqrt{3}$

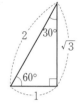

3 예각의 삼각비의 값 ★★

반지름의 길이가 1인 사분원에서 $0°<x<90°$일 때,

$$(1) \sin x=\frac{\overline{AB}}{\overline{OA}}=\frac{\overline{AB}}{1}=\overline{AB}$$

$$(2) \cos x=\frac{\overline{OB}}{\overline{OA}}=\frac{\overline{OB}}{1}=\overline{OB}$$

$$(3) \tan x=\frac{\overline{AB}}{\overline{OB}}=\frac{\overline{CD}}{\overline{OD}}=\frac{\overline{CD}}{1}=\overline{CD}$$

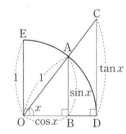

4 여각의 삼각비 ★★★

$0°<\angle A<90°$일 때 $\angle A+\angle C=90°$이므로 $90°-\angle A=\angle C$

$$(1) \sin(90°-A)=\sin C=\frac{c}{b}=\cos A$$

$$(2) \cos(90°-A)=\cos C=\frac{a}{b}=\sin A$$

$$(3) \tan(90°-A)=\tan C=\frac{c}{a}=\frac{1}{\tan A}$$

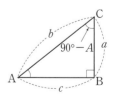

삼각비 사이의 관계 ★★★

직각삼각형 ABC에서
(1) $\sin^2 A + \cos^2 A = 1$
(2) $\tan A = \dfrac{\sin A}{\cos A}$

5 삼각형에서 변의 길이 구하기 ★★★

(1) ∠B=90°인 직각삼각형 ABC에서

① $\sin A = \dfrac{a}{b}$이므로 $a = b \sin A$, $b = \dfrac{a}{\sin A}$

② $\cos A = \dfrac{c}{b}$이므로 $c = b \cos A$, $b = \dfrac{c}{\cos A}$

③ $\tan A = \dfrac{a}{c}$이므로 $a = c \tan A$, $c = \dfrac{a}{\tan A}$

(2) 예각삼각형에서 변의 길이 구하기
① 두 변의 길이가 a, c와 그 끼인각 ∠B의 크기를 알 때,
$$\overline{AC}^2 = \overline{AH}^2 + \overline{CH}^2$$
$$= (c \sin B)^2 + (a - c \cos B)^2$$
$$= a^2 + c^2 - 2ac \cos B$$

② 한 변의 길이 a와 그 양 끝각 ∠B, ∠C의 크기를 알 때,
$$b = \dfrac{a \sin B}{\sin A}, \; c = \dfrac{a \sin C}{\sin A}$$

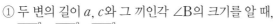
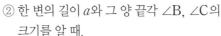
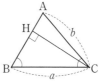
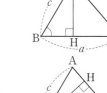

6 삼각형의 넓이 ★★

(1) ∠B가 예각일 때 : $S = \dfrac{1}{2} ac \sin B$

(2) ∠B가 둔각일 때 :
$$S = \dfrac{1}{2} ac \sin(180° - B)$$

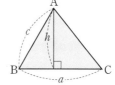
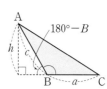

7 사각형의 넓이 ★★

(1) 평행사변형의 넓이 : 이웃하는 두 변의 길이가 a, b와 그 끼인각의 크기 x를 알 때, 평행사변형의 넓이 S는
$$S = ab \sin x$$

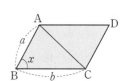

(2) 일반 사각형의 넓이 : 두 대각선의 길이가 a, b와 두 대각선이 이루는 예각의 크기 x를 알 때 사각형의 넓이 S는
$$S = \dfrac{1}{2} ab \sin x$$

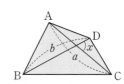

특목고 대비 문제

01

오른쪽 그림과 같은 △ABC에서 ∠B=90°, $\overline{AB}$=12cm, $\overline{BC}$=5cm일 때, sin A+cos B+tan C의 값을 구하여라.

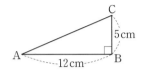

02

오른쪽 그림과 같은 △ABC에서 ∠B=90°, $\overline{AB}$: $\overline{AC}$=4 : 5일 때, sin A×cos A×tan A의 값을 구하여라.

03

∠B=90°인 △ABC에서 sin $A=\frac{2}{3}$일 때, $\cos^2 A+\tan^2 C$의 값은?

① $\frac{65}{36}$　② $\frac{61}{45}$　③ $\frac{61}{20}$

④ $\frac{13}{5}$　⑤ 1

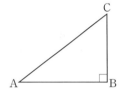

4 오른쪽 그림과 같은 직각삼각형 ABC에서 $\overline{DE}\perp\overline{BC}$, $\overline{FG}\perp\overline{BC}$일 때, $\sin x+\cos y$의 값을 구하여라.

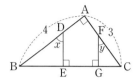

신유형

5 오른쪽 그림과 같이 직선 $y=ax+b$의 그래프와 y축이 이루는 각의 크기를 α라 할 때, $\sin\alpha+\cos\alpha+\tan(90°-\alpha)$의 값을 a를 사용하여 나타내어라.

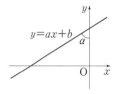

6 오른쪽 그림과 같은 직각삼각형 ABC에서 ∠A의 이등분선과 변 BC의 교점을 D라 할 때, $\overline{BD}:\overline{DC}=4:3$이었다. 이때, $\sin B+\tan D$의 값은? (단, $\overline{AC}=6$)

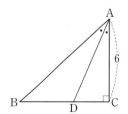

7 $\sin(2x+10°)=\dfrac{1}{2}$, $\cos(3y+10°)=\dfrac{\sqrt{3}}{2}$ 일 때, $\tan(4x+3y)$ 의 값을 구하여라. (단, $0°\le x\le30°$, $0°\le y\le20°$)

신유형　new

8 오른쪽 그래프를 보고 $a+b+2c^2+d$ 의 값을 구하여라.

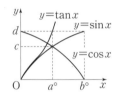

9 오른쪽 그림의 평행사변형 ABCD에서 $\overline{AB}=4$, $\overline{BC}=6$, $\angle B=60°$ 일 때, $\overline{BD}$ 의 길이를 구하여라.

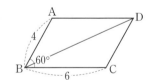

Super Math

10 오른쪽 그림에서 ∠ABC＝∠BCD＝90°, ∠BAC＝60°, ∠BDC＝45°, $\overline{AB}=\sqrt{3}$일 때, $\overline{BD}$의 길이를 구하여라.

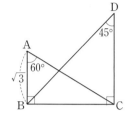

11 오른쪽 그림에서 ∠ABC＝90°, ∠CAB＝60°이고, $\overline{AC}=\overline{CD}=2$ 일 때, tan15°의 값을 구하여라.

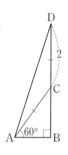

12 오른쪽 그림과 같이 반지름의 길이가 1인 사분원에서 $\overline{AD}$의 길이를 cos x를 사용하여 나타내어라.

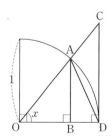

13 $x=55°$일 때, $\sin x$, $\cos x$, $\tan x$의 대소를 비교하여라.

14 오른쪽 그림에서 $\overline{AB}$를 지름으로 하는 원 O 위의 임의의 한 점 C에서 그은 접선과 $\overline{AB}$의 연장선이 만나는 점을 D라 하고, $\angle A=30°$, $\overline{AC}=3$일 때, $\overline{AD}$의 길이를 구하여라.

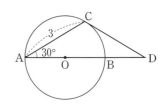

신유형 new

15 오른쪽 그림과 같이 $\angle XOY=\alpha$, $\sin \alpha=\dfrac{3}{5}$이고 반직선 OY 위의 두 점 A, B를 지름의 양끝으로 하는 반원 O′이 반직선 OX에 접할 때, $\dfrac{\overline{AB}}{\overline{OB}}$의 값을 구하여라. (단, T는 원 O′의 접점이다.)

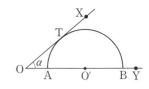

16 ∠C＝90°인 직각삼각형 ABC에 대하여 다음 중 등식이 성립하는 것은?

① $\sin^2 A + \cos^2 B = 1$ ② $\cos A = \sin(90° - B)$

③ $\tan(90° - A) = \tan B$ ④ $\sin(A + B) = \sin A + \sin B$

⑤ $\tan A = \dfrac{\cos A}{\sin A}$

17 오른쪽 그림과 같이 직사각형 ABCD를 대각선 BD를 접는 선으로 하여 꼭짓점 C가 점 C′에 오도록 접었더니 ∠C′ED＝45°가 되었다. 이때, $\tan 67.5°$의 값을 구하여라.

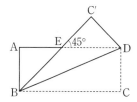

신유형 new

18 $\sin 1° + \sin 2° + \cdots + \sin 45° - \cos 46° - \cos 47° - \cdots - \cos 90° = a$,
$\sin^2 1° + \sin^2 2° + \sin^2 3° + \cdots + \sin^2 90° = b$라 할 때, $2a^2 + 2b$의 값을 구하여라.

19 $\sin x + \cos x = \sqrt{2}$일 때, $\sin x - \cos x$의 값을 구하여라. (단, $0° \le x \le 90°$)

20 오른쪽 그림과 같이 반지름의 길이가 각각 7cm, 3cm이고 중심 사이의 거리가 8cm인 두 바퀴 A, B를 벨트를 이용하여 돌리려고 한다. 이때, 필요한 벨트의 길이를 구하여라.

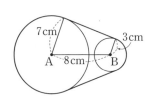

21 오른쪽 그림과 같이 정사각형 ABCD 안에 점 B를 중심으로 하는 사분원이 내접해 있다. 점 B와 선분 CD 위의 임의의 점 R를 연결한 선분과 호 AC가 만나는 점을 P라 하고, 점 P에서 변 BC에 내린 수선의 발을 Q라 하자. 이때, $\angle PBQ = \theta$라 하면 $\dfrac{\overline{QC}}{\overline{PR}}$의 값을 θ를 사용하여 나타내어라.

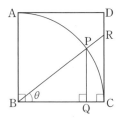

22

오른쪽 그림과 같이 $\overline{AB}=5$, $\overline{BC}=7$, $\overline{AC}=4\sqrt{2}$ 인 $\triangle ABC$에서 $5\sin B + 2\cos C$의 값을 구하여라.

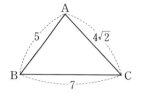

신유형 **new**

23

$\triangle ABC$에서 $\angle A$, $\angle B$가 $2\sin^2 A + 5\cos A - 4 = 0$, $2\cos^2 B - 5\sin B + 1 = 0$을 만족할 때, $\triangle ABC$는 어떤 삼각형인가? (단, $0° \leq \angle A \leq 90°$, $0° \leq \angle B \leq 90°$)

24

좌표평면 위에 두 점 $A(5, 3)$, $B(2, 1)$을 지나는 직선이 x축의 양의 방향과 이루는 각의 크기를 θ라 할 때, $\sin(90°-\theta)$의 값을 구하여라.

25 오른쪽 그림과 같이 한 변의 길이가 2인 정사각형에 내접하는 원 O_1과 원 O_1에 외접하고 정사각형에 내접하는 원 O_2가 있다. 이때, 원 O_2의 반지름의 길이를 구하여라.

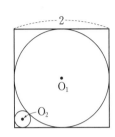

신유형 **new**

26 오른쪽 그림과 같이 원 O의 지름 $\overline{AB}$의 끝 점 A에서 접선 $\overleftrightarrow{TA}$를 긋고 원 O와 $\overleftrightarrow{TA}$ 위에 $\overline{AP}=\overline{AQ}$가 되도록 점 P, Q를 잡아 $\overline{AB}$의 연장선과 $\overline{PQ}$의 연장선의 교점을 R라 하자. $\overline{AO}=3$, $\overline{AP}=4$, $\angle AQP=\alpha$라 할 때, $\tan \alpha$의 값을 구하여라.

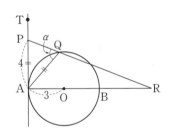

신유형 **new**

27 오른쪽 그림의 직각삼각형 ABC에서 빗변 AC의 삼등분점을 D, E라 한다. $\overline{BD}=\sin x$, $\overline{BE}=\cos x$일 때, 빗변 AC의 길이를 구하여라. (단, $0°<x<90°$)

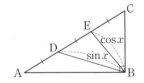

28 강의 양쪽 두 지점 A, C 사이의 거리와 두 지점 B, C 사이의 거리를 재기 위하여 오른쪽 그림과 같이 측량하였다. $\angle CAB = 42°$, $\angle CBA = 64°$, $\overline{AB} = 70m$이고 A, C 사이의 거리를 d_1, B, C 사이의 거리를 d_2라 할 때, 두 거리 d_1, d_2의 합을 구하여라. (단, $\sin 42° = 0.67$, $\sin 64° = 0.9$, $\sin 74° = 0.96$이고, 소수점 아래 첫째 자리에서 반올림하여 일의 자리까지 구한다.)

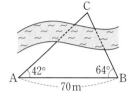

29 오른쪽 그림의 $\triangle ABC$에서 $\angle A = 75°$, $\angle B = 60°$, $\overline{AC} = 6\sqrt{2}$일 때, $\overline{BC}$의 길이 a와 $\overline{AB}$의 길이 c의 합 $a+c$의 값을 구하여라.

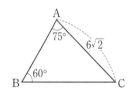

30 오른쪽 그림의 원 O에서 $\angle ABC = 45°$, $\angle AOB = 150°$, $\overline{AC} = 6cm$일 때, $\overline{AB}$의 길이를 구하여라.

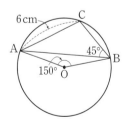

31 오른쪽 그림과 같이 원 O에 내접하는 △ABC에서 점 B를 접점으로 하는 접선 BT를 그을 때, ∠CBT=$x°$라 하면 $\tan x° = \dfrac{4}{3}$이다. $\overline{BC}=8$일 때, 원 O의 반지름의 길이를 구하여라.

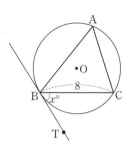

32 오른쪽 그림과 같이 한 모서리의 길이가 a인 정육면체가 있다. 꼭짓점 E에서 $\overline{AG}$에 내린 수선의 발을 H′라 하고, ∠AEH′의 크기를 α라 할 때, $\sin \alpha \times \cos \alpha$의 값을 구하여라.

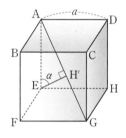

신유형 [new]

33 오른쪽 그림의 직각삼각형 ABC에서 ∠ABC=45°, ∠DBC=30°, ∠AEC=75°, ∠C=90°, $\overline{BE}=a$일 때, $\overline{AD}$의 길이를 a를 사용하여 나타내어라.
(단, $\tan 75° = 2+\sqrt{3}$)

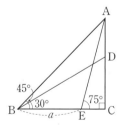

34

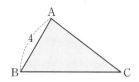

오른쪽 그림과 같은 $\triangle ABC$에서 $\overline{AB}=4$, $\sin B=\dfrac{\sqrt{3}}{2}$,

$\sin C=\dfrac{\sqrt{3}}{3}$ 일 때, $\triangle ABC$의 넓이를 구하여라.

35

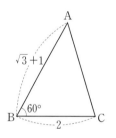

오른쪽 그림의 $\triangle ABC$에서 $\overline{AB}=\sqrt{3}+1$, $\overline{BC}=2$, $\angle B=60°$
일 때, 변 AC의 길이와 $\triangle ABC$의 외접원의 반지름의 길이를
차례로 구하여라.

36

위의 문제 **35**번에서 $\dfrac{1}{\tan A}+\dfrac{1}{\tan C}$ 의 값을 구하여라.

37 오른쪽 그림과 같이 원 O의 지름 AB의 연장선 위에 점 P 를 잡고, 점 P에서 원 O에 접선을 그어 원과의 접점을 T 라 한다. $\overline{PB}=6$, $\angle TPA=30°$일 때, △TPA의 넓이를 구하여라.

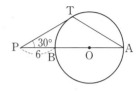

38 오른쪽 그림과 같은 △ABC에서 변 AB, BC, CA를 각 각 $1:2$, $1:3$, $2:3$으로 내분하는 점을 각각 D, E, F라 할 때, △ABC의 넓이를 S라 하면 △DEF의 넓이는?

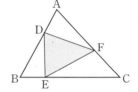

① $\dfrac{1}{2}S$ ② $\dfrac{1}{3}S$ ③ $\dfrac{2}{3}S$

④ $\dfrac{1}{4}S$ ⑤ $\dfrac{3}{4}S$

39 오른쪽 그림의 △ABC에서 $\angle A:\angle B:\angle C=3:4:5$이 고, 외접원 O의 반지름의 길이가 4cm일 때, △ABC의 넓이 를 구하여라.

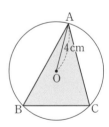

Super Math

40 오른쪽 그림과 같은 정사각형 ABCD에서 $\overline{BC}$, $\overline{CD}$의 중점을 각각 E, F라 하고, $\angle EAF = \alpha$라 할 때, $\sin \alpha + \cos \alpha$의 값을 구하여라.

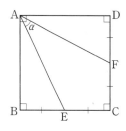

41 오른쪽 그림과 같이 지름의 길이가 50cm인 원 모양의 시계가 1시 정각을 가리키고 있다. 이때, 선분 AB의 길이를 구하여라. (단, $\sin 15° = 0.26$으로 계산한다.)

42 오른쪽 그림과 같이 $\overline{AB}$는 원 O의 지름이고 $\overline{CD}$는 $\overline{AB}$에 평행한 현이고, 점 E는 $\overline{AD}$와 $\overline{BC}$의 교점이다. $\angle AEC = \theta$라 할 때, $\dfrac{\triangle CDE}{\triangle ABE}$의 값을 구하여라. (단, $\cos \theta = 0.6$으로 계산한다.)

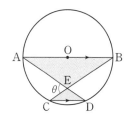

01

$0° < \angle A < 90°$인 $\triangle ABC$가 있다. 변 BC 위에 임의의 한 점 P를 잡고 변 AB, AC에 대한 점 P의 대칭점을 각각 Q, R라 할 때, $\triangle AQR$의 넓이가 최소가 되는 점 P의 위치를 찾아라.

02

오른쪽 그림과 같이 $\angle A = 90°$, $\angle B = 60°$, $\overline{AB} = c$인 직각삼각형 ABC의 외부에 세 꼭짓점을 지나는 정삼각형 DEF를 만들었다. 이때, 정삼각형 DEF의 한 변의 길이를 c를 사용하여 나타내어라. (단, $\angle EAC = 45°$)

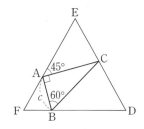

03 오른쪽 그림과 같이 정삼각형 ABC의 내부의 한 점 P에서 세 변 AB, BC, CA에 내린 수선의 발을 각각 D, E, F라 하고, $\overline{PD}=x$, $\overline{PE}=y$, $\overline{PF}=z$라 할 때, △DEF의 넓이를 구하여라. (단, $xy+yz+zx=4\sqrt{3}$)

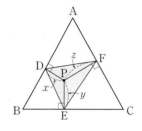

04 오른쪽 그림과 같이 △ABC에서 ∠A, ∠B, ∠C의 대변의 길이를 각각 a, b, c라 하고, 변 BC 위에 임의의 한 점 D를 잡는다. $\overline{AD}=d$, $\overline{BD}=m$, $\overline{CD}=n$이라 하면 등식

$$a(d^2+mn)=b^2m+c^2n$$

이 성립함을 설명하여라.

$$(단, \cos\theta+\cos(180°-\theta)=0)$$

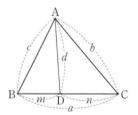

01 직선 $y = 3\cos\theta \cdot x - \sin\theta\cos\theta$가 이차함수의 그래프 $y = x^2 + \cos\theta \cdot x + \sin^2\theta$에 접할 때, $\tan\theta$의 값을 구하여라. (단, $0° < \theta < 90°$)

02 오른쪽 그림과 같이 $\angle B = 90°$인 직각삼각형 ABC에서 $\angle CAB = 60°$이고, 변 BC의 연장선 위에 $\overline{BC} : \overline{CD} = 2 : 1$인 점 D를 잡을 때, $\tan x$의 값을 구하여라. (단, $\angle DAC = \angle x$)

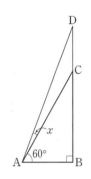

03 오른쪽 그림과 같이 반지름의 길이가 8인 원의 둘레를 $3 : 4 : 5$로 분할하는 점을 각각 A, B, C라고 할 때, $\triangle ABC$의 넓이를 구하여라.

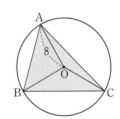

04 오른쪽 그림과 같이 한 변의 길이가 2인 정사면체에서 꼭짓점 A에서 △BCD에 내린 수선의 발을 G라 하고, $\overline{BC}$의 중점을 M이라 한다. ∠AMD=x라 할 때, tan x의 값을 구하여라. (단, G는 △BCD의 무게중심)

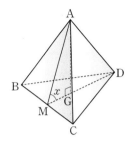

05 오른쪽 그림과 같은 □ABCD에서 두 대각선 AC와 BD의 길이의 합은 11이고, ∠COD=120°, $\overline{OD}=\overline{OC}=2$라고 한다. △AOD의 넓이가 $\dfrac{3\sqrt{3}}{2}$일 때, □ABCD의 넓이를 구하여라.

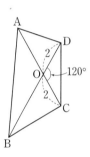

06 세 변의 길이가 각각 a, b, c인 삼각형의 넓이 S는 다음과 같다.

$$S=\sqrt{s(s-a)(s-b)(s-c)}\left(\text{단, } s=\dfrac{a+b+c}{2}\right)$$

이 공식을 이용하여 오른쪽 그림의 직각삼각형의 넓이가 $S=\dfrac{1}{2}ab$임을 유도하여라.

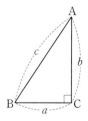

07 오른쪽 그림에서 △ABC와 □CBED를 각각 $\overline{BC}$, $\overline{ED}$를 축으로 회전하여 생기는 입체도형을 각각 O, O′라 하고, O와 O′의 부피가 같을 때, 색칠한 부분을 직선 l을 축으로 회전하여 생기는 입체도형의 부피를 a를 사용하여 나타내어라.
(단, ∠CAB=60°, $\overline{AB}=a$, $\overline{BE}=\overline{EF}$)

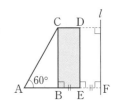

08 오른쪽 그림과 같이 △ABC의 변 AB의 길이를 20% 늘이고, 변 AC의 길이를 10% 줄여서 새로운 △ADE를 만들었다. 이때, △ADE의 넓이는 △ABC의 넓이의 몇 %인가?

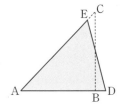

09 오른쪽 그림의 △ABC에서 변 BC의 중점을 M, $\overline{BC}=10$, $\overline{AC}=5$, $\overline{AM}=2\sqrt{5}$일 때, △ABC의 넓이를 구하여라.

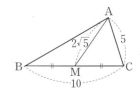

10 오른쪽 그림과 같이 ∠A＝90°인 직각이등변삼각형 ABC의 꼭짓점 A에서 변 BC와 만나도록 직선 l을 긋고, 꼭짓점 B, C에서 직선 l에 내린 수선의 발을 각각 점 D, E라 하면 $\overline{BD}=2$, $\overline{CE}=1$이다. ∠ECF＝x라 할 때, cos x의 값을 구하여라.

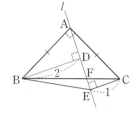

11 오른쪽 그림과 같이 정삼각형 ABC의 내부의 한 점 P에서 세 변 AB, BC, CA에 내린 수선의 발을 각각 Q, R, S라 할 때, $\overline{PQ}+\overline{PR}+\overline{PS}$의 값은 점 P의 위치에 관계없이 항상 일정함을 설명하여라.

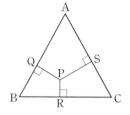

12 오른쪽 그림과 같이 □ABCD가 반지름이 1인 원 O에 외접하고 있다. ∠A＝$2x$, ∠B＝$2y$, ∠C＝$2z$, ∠D＝$2w$라 할 때, □ABCD의 넓이 S를 x, y, z, w를 사용하여 나타내어라.

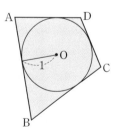

올림피아드 대비 문제

1 다음 그림과 같은 크기의 정사각형 8개를 나란히 붙였을 때,
$\angle AJB + \angle AIB + \angle AGB + \angle AEB = 45°$임을 증명하여라.

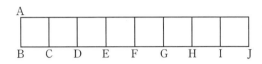

2 다음 그림과 같이 $\angle A = 90°$, $\angle B = 60°$, $\overline{AB} = 2$인 직각삼각형 ABC를 직선 l 위에서 미끄러짐이 없이 $\triangle A_2B_2C_2$까지 1회전 시켰을 때, 변 BC의 중점 M이 지나는 곡선과 직선 l로 둘러싸인 부분의 넓이를 구하여라.

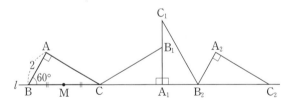

3 오른쪽 그림과 같이 △ABC의 외접원 O의 원주 위의 한
점 A에서의 접선이 변 BC의 연장선과 만나는 점을 D라
하자. 외접원의 반지름의 길이가 1이고, ∠ABC=45°,
$\overline{CD}=2$일 때, 다음 물음에 답하여라.

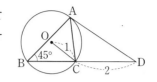

(1) cos (∠ADC)의 값을 구하여라.

(2) $\overline{BC}$의 길이를 구하여라.

4 오른쪽 그림과 같이 □ABCD가 원에 내접하고 있다.
$\overline{AB}=3$, $\overline{BE}=4$, $\overline{ED}=6$, ∠ABE=60°일 때, 다음
물음에 답하여라.

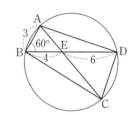

(1) $\overline{AC}$의 길이를 구하여라.

(2) $\overline{CD}$의 길이를 구하여라.

(3) $\overline{AD}$의 길이와 $\overline{BC}$의 길이의 곱을 구하여라.

Take a break

아버지의 사랑*

그날따라 눈도 밤새 많이 내렸고 갑작스런 한파에 길이 온통 꽁꽁 얼었습니다.

저와 제 직장 동료는 무려 30분이나 통근 버스를 기다렸습니다.

너무 추운 상태에서 30분이 지나고 드디어 우리 앞으로 온 통근 버스, 그런데 우리를 못 본 채 그냥 지나칩니다.

너무나 화가 나서 말도 못하고 발만 동동 구르고 서있는데 갑자기 승용차 한대가 서더니 저희 회사까지 태워준다고 합니다.

조금 연세가 드신 분이라 안심하고 탔는데 그분이 저희를 보고 말합니다.

"미안하오, 오늘 내 아들이 저 통근 버스를 처음 운전하는 날이라 염려했는데 역시나 두 분을 못 본 모양이네요, 미안하오, 아들의 잘못을 용서해 주시죠."

Chapter IX

교과서 외의 경시

1 여러 가지 부등식 ★★

(1) 절대부등식

① $a>0$, $b>0$일 때, $a>b$이면 $a^2>b^2$

② $a>b$이고 $b>c$이면 $a>c$

③ $a^2+2ab+b^2\geq0$ (단, 등호는 $a=-b$일 때 성립)

④ $a^2-2ab+b^2\geq0$ (단, 등호는 $a=b$일 때 성립)

⑤ $a^2+b^2+c^2\geq ab+bc+ca$ (단, 등호는 $a=b=c$일 때 성립)

|증명| $a^2+b^2+c^2-ab-bc-ca$

$$=\frac{1}{2}(2a^2+2b^2+2c^2-2ab-2bc-2ca)$$

$$=\frac{1}{2}\{(a^2-2ab+b^2)+(b^2-2bc+c^2)+(c^2-2ca+a^2)\}$$

$$=\frac{1}{2}\{(a-b)^2+(b-c)^2+(c-a)^2\}\geq0$$

(2) 산술평균, 기하평균, 조화평균

① $a>0$, $b>0$일 때, $\dfrac{a+b}{2}\geq\sqrt{ab}\geq\dfrac{2ab}{a+b}$

(단, 등호는 $a=b$일 때 성립)

|증명| 양수이므로 양변을 제곱하여 빼면

$$\frac{(a+b)^2}{4}-ab=\frac{a^2+2ab+b^2-4ab}{4}=\frac{a^2-2ab+b^2}{4}=\frac{(a-b)^2}{4}\geq0$$

$\dfrac{(a+b)^2}{4}\geq ab$이므로 $\dfrac{a+b}{2}\geq\sqrt{ab}$

② $a>0$, $b>0$, $c>0$일 때, $\dfrac{a+b+c}{3}\geq\sqrt[3]{abc}\geq\dfrac{3abc}{ab+bc+ca}$

(단, 등호는 $a=b=c$일 때 성립)

③ $a_1>0$, $a_2>0$, $\cdots$, $a_n>0$일 때,

$$\frac{a_1+a_2+\cdots+a_n}{n}\geq\sqrt[n]{a_1a_2\cdots a_n}\geq\frac{n}{\dfrac{1}{a_1}+\dfrac{1}{a_2}+\cdots+\dfrac{1}{a_n}}$$

(단, 등호는 $a_1=a_2=\cdots=a_n$일 때 성립)

(3) 코시-슈바르츠(Cauchy-Schwartz)의 부등식

① a, b, x, y가 실수일 때, $(a^2+b^2)(x^2+y^2)\geq(ax+by)^2$ $\left(\text{단, 등호는 } \dfrac{x}{a}=\dfrac{y}{b}\text{일 때 성립}\right)$

|증명| 좌변에서 우변을 빼면

$(a^2+b^2)(x^2+y^2)-(ax+by)^2$

$=a^2x^2+a^2y^2+b^2x^2+b^2y^2-(a^2x^2+2abxy+b^2y^2)$

$=a^2y^2-2abxy+b^2x^2=(ay-bx)^2\geq0$

이므로 $(a^2+b^2)(x^2+y^2)\geq(ax+by)^2$

② a, b, c, x, y, z가 실수일 때, $(a^2+b^2+c^2)(x^2+y^2+z^2) \geq (ax+by+cz)^2$

$\left(\text{단, 등호는 } \dfrac{x}{a}=\dfrac{y}{b}=\dfrac{z}{c} \text{일 때 성립}\right)$

③ $a_1, a_2, \cdots, a_n, b_1, b_2, \cdots, b_n$이 실수일 때,

$(a_1^2+a_2^2+\cdots+a_n^2)(b_1^2+b_2^2+\cdots+b_n^2) \geq (a_1b_1+a_2b_2+\cdots+a_nb_n)^2$

$\left(\text{단, 등호는 } \dfrac{b_1}{a_1}=\dfrac{b_2}{a_2}=\cdots=\dfrac{b_n}{a_n} \text{일 때 성립}\right)$

(4) 베르누이의 부등식

$h \geq 0$이고 $n \geq 2$인 자연수일 때, $(1+h)^n \geq 1+nh$

(5) 오목성과 볼록성의 성질

임의의 x, y에 대하여

$f(x)$가 아래로 볼록할 때 $\dfrac{f(x)+f(y)}{2} \geq f\left(\dfrac{x+y}{2}\right)$

$f(x)$가 위로 볼록할 때 $\dfrac{f(x)+f(y)}{2} \leq f\left(\dfrac{x+y}{2}\right)$

$\dfrac{f(x)+f(y)}{2} = f\left(\dfrac{x+y}{2}\right)$이면 $f(x)$는 직선

(6) 삼각부등식

실수 a, b에 대하여 $|a|+|b| \geq |a+b|$ (단, 등호는 $|ab|=ab$일 때 성립)

|증명| 양수이므로 양변을 제곱하여 빼면

$(|a|+|b|)^2 - |a+b|^2$

$= |a|^2+2|a|\cdot|b|+|b|^2-(a^2+2ab+b^2)$

$= a^2+2|ab|+b^2-a^2-2ab-b^2$

$= 2(|ab|-ab) \geq 0$

$ab \geq 0$이면 $2(ab-ab)=0$ (등호 성립)

$ab < 0$이면 $2(-ab-ab)=-4ab > 0$ (부등호 성립)

따라서, $(|a|+|b|)^2 \geq |a+b|^2$

즉, $|a|+|b| \geq |a+b|$

2 여러 가지 부등식의 증명 방법 ★

1. 대소 관계를 비교하여 생각한다.

2. 절대부등식의 성질을 만족하는가?

3. 양수라는 조건이 있으면 산술, 기하평균을 생각해 본다.

4. 실수라는 조건이 있으면 코시-슈바르츠의 부등식을 생각해 본다.

5. 그 외 부등식의 성질을 만족하는가?

1 $a<b$, $x<y$일 때, $ax+by>ay+bx$임을 설명하여라.

2 $m+n=9$를 만족하는 양수 m, n에 대하여 $[mn]$의 최댓값을 구하여라.
(단, $[x]$는 x를 넘지 않는 최대의 정수이다.)

3 다음 부등식을 설명하여라.

(1) $a>0$, $b>0$, $c>0$일 때, $(a+b+c)\left(\dfrac{1}{a}+\dfrac{1}{b}+\dfrac{1}{c}\right)\geq 9$

(2) $a>0$, $b>0$, $c>0$일 때, $\left(\dfrac{a}{b}+\dfrac{b}{a}\right)\left(\dfrac{b}{c}+\dfrac{c}{b}\right)\left(\dfrac{c}{a}+\dfrac{a}{c}\right)\geq 8$

Super Math

4 임의의 실수 a, b, c에 대하여 $a+b+c>0$, $ab+bc+ca=1$일 때, 부등식 $a+b+c \geq \sqrt{3}$이 성립함을 설명하여라.

5 $c>1$일 때, 두 식 $\sqrt{c+1}-\sqrt{c}$와 $\sqrt{c}-\sqrt{c-1}$ 중 어느 한 쪽이 항상 다른 쪽보다 큼을 설명하여라. [국제 수학 올림피아드]

6 어떤 직각삼각형의 빗변의 길이가 c, 나머지 두 변의 길이가 각각 a, b라고 한다. 이때, $\sqrt{2}c \geq a+b$임을 설명하여라. [국제 수학 올림피아드]

7 $\dfrac{x^2+2}{\sqrt{x^2+1}}$ 의 최솟값을 구하여라.

8 $x-2+\dfrac{1}{x-5}$ 의 최솟값을 구하여라. (단, $x>5$)

9 네 자연수 $a,\,b,\,c,\,d$에 대하여 다음 부등식이 성립함을 설명하여라.

$$a^3b+b^3c+c^3d+d^3a\leq a^4+b^4+c^4+d^4$$

Super Math

10 세 변의 길이가 a, b, c이고, $a<b<c$, $c=20$인 둔각삼각형 중 a의 최댓값과 그때의 b의 최댓값의 합을 구하여라. (단, a, b는 자연수)

11 a, b, c가 삼각형의 세 변의 길이일 때, 다음을 설명하여라.

$$\frac{a}{b+c-a}+\frac{b}{c+a-b}+\frac{c}{a+b-c}\geq 3$$

12 다음을 설명하여라.

(1) $a>b>0$, $m>0$일 때, $\dfrac{b}{a}<\dfrac{b+m}{a+m}$ 임을 설명하여라.

(2) x, y, z가 삼각형의 세 변의 길이일 때,
$\left|\dfrac{x-y}{x+y}+\dfrac{y-z}{y+z}+\dfrac{z-x}{z+x}\right|<2$임을 (1)을 이용하여 설명하여라.

13 $abc>0$일 때, 다음 부등식을 설명하여라.

$$\frac{a^3}{bc}+\frac{b^3}{ca}+\frac{c^3}{ab}\geq a+b+c$$

14 $x>0, y>0, z>0$일 때, 다음을 설명하여라.

$$(x^2+y^2+z^2)^2\geq(x^2y+y^2z+z^2x)(x+y+z)$$

15 두 자연수 a, b에 대하여 부등식 $a^ab^b\geq a^bb^a$이 성립함을 설명하여라.

16 임의의 양의 실수 a, b, c에 대하여 부등식 $a^ab^bc^c\geq(abc)^{\frac{a+b+c}{3}}$이 성립함을 설명하여라.

01

오른쪽 그림을 보고, 다음 부등식이 성립함을 설명하여라.

$$\frac{a+b}{2} \geq \sqrt{ab}$$

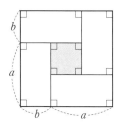

02

오른쪽 그림을 보고, 다음 부등식이 성립함을 설명하여라.

$$\frac{a}{b} < \frac{c}{d} \text{ 이면 } \frac{a}{b} < \frac{a+c}{b+d} < \frac{c}{d}$$

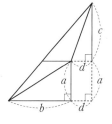

Memo

Super Math

정답 및 해설

I 제곱근과 실수

특목고 대비 문제

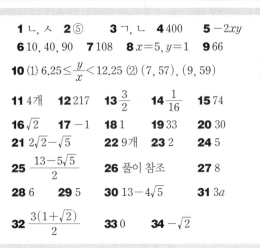

1 ㄴ, ㅅ **2** ⑤ **3** ㄱ, ㄴ **4** 400 **5** $-2xy$

6 10, 40, 90 **7** 108 **8** $x=5, y=1$ **9** 66

10 (1) $6.25 \leq \dfrac{y}{x} < 12.25$ (2) $(7, 57), (9, 59)$

11 4개 **12** 217 **13** $\dfrac{3}{2}$ **14** $\dfrac{1}{16}$ **15** 74

16 $\sqrt{2}$ **17** -1 **18** 1 **19** 33 **20** 30

21 $2\sqrt{2}-\sqrt{5}$ **22** 9개 **23** 2 **24** 5

25 $\dfrac{13-5\sqrt{5}}{2}$ **26** 풀이 참조 **27** 8

28 6 **29** 5 **30** $13-4\sqrt{5}$ **31** $3a$

32 $\dfrac{3(1+\sqrt{2})}{2}$ **33** 0 **34** $-\sqrt{2}$

---

1 ㄱ. [반례] 4는 유리수이지만 $\sqrt{4}=2$는 무리수가 아니다. (거짓)

ㄴ. $x+y$가 유리수라고 가정하면 (유리수)−(유리수)는 유리수이므로 $(x+y)-x=y$에서 y도 유리수가 되어 y가 무리수라는 가정에 모순이다.
따라서, x가 유리수, y가 무리수이면 $x+y$는 무리수이다. (참)

ㄷ. [반례] 0은 유리수, $\sqrt{2}$는 무리수이지만 $0 \times \sqrt{2}=0$은 무리수가 아니다. (거짓)

ㄹ. [반례] $\sqrt{2}, -\sqrt{2}$는 모두 무리수이지만 $\sqrt{2}+(-\sqrt{2})=0$은 무리수가 아니다. (거짓)

ㅁ. [반례] $\sqrt{2}, -\sqrt{2}$는 모두 무리수이지만 $\sqrt{2} \times (-\sqrt{2})=-2$는 무리수가 아니다. (거짓)

ㅂ. [반례] $x=\sqrt{2}+1$일 때, $(\sqrt{2}+1)^2=3+2\sqrt{2}$로 x^2은 유리수가 아니다. (거짓)

ㅅ. $xy=1$에서 $x \neq 0$이므로 $y=\dfrac{1}{x}$

$x=a+\sqrt{b}$(a는 유리수, $\sqrt{b}$는 무리수)로 놓으면

$y=\dfrac{1}{a+\sqrt{b}}=\dfrac{a-\sqrt{b}}{(a+\sqrt{b})(a-\sqrt{b})}=\dfrac{a-\sqrt{b}}{a^2-b}$

따라서, x가 무리수이면 $xy=1$을 만족하는 y는 무리수이다. (참)

따라서, 옳은 것은 ㄴ, ㅅ이다.

2 $\sqrt{a^2}=|a|$이므로

① $|a| \geq a$에서
(i) $a \geq 0$일 때, $|a|=a$
(ii) $a < 0$일 때, $|a|=-a(>0)$이므로 $|a|>a$
(i), (ii)에서 $|a| \geq a$

② $|a|^2=a^2$에서
(i) $a \geq 0$일 때, $|a|=a$이므로 $|a|^2=a^2$
(ii) $a < 0$일 때, $|a|=-a$이므로
$|a|^2=|a||a|=(-a)(-a)=a^2$
(i), (ii)에서 $|a|^2=a^2$

③ $|-a|=|a|$에서
(i) $a \geq 0$일 때, $-a \leq 0$이므로
$|-a|=-(-a)=a$, $|a|=a$
따라서, $|-a|=|a|$
(ii) $a < 0$일 때, $-a > 0$이므로
$|-a|=-a$, $|a|=-a$
따라서, $|-a|=|a|$
(i), (ii)에서 $|-a|=|a|$

④ $|ab|=|a||b|$에서
(i) $a \geq 0, b \geq 0$일 때,
$|a|=a$, $|b|=b$이고 $ab \geq 0$이므로 $|ab|=ab$
따라서, $|ab|=ab=a \cdot b=|a||b|$
(ii) $a \geq 0, b < 0$일 때,
$|a|=a$, $|b|=-b$이고, $ab \leq 0$이므로
$|ab|=-ab$
따라서, $|ab|=-ab=a \cdot (-b)=|a||b|$
(iii) $a < 0, b \geq 0$일 때,
$|a|=-a$, $|b|=b$이고, $ab \leq 0$이므로
$|ab|=-ab$
따라서, $|ab|=-ab=(-a) \cdot b=|a||b|$
(iv) $a < 0, b < 0$일 때,
$|a|=-a$, $|b|=-b$이고, $ab > 0$이므로
$|ab|=ab$
따라서, $|ab|=ab=(-a) \cdot (-b)=|a||b|$
(i)~(iv)에서 $|ab|=|a||b|$

⑤ $|a+b| \geq |a|+|b|$에서 양변 모두 0이상이므로 양변을 제곱하여 부등호가 성립하는지 알아보면
(좌변)$^2=|a+b|^2$은 ②에 의하여
$|a+b|^2=(a+b)^2=a^2+2ab+b^2$ ······ ㉠
(우변)$^2=(|a|+|b|)^2$은 ②에 의하여
$(|a|+|b|)^2=a^2+2|a||b|+b^2$ ······ ㉡
㉠−㉡을 하면
$|a+b|^2-(|a|+|b|)^2=2(ab-|a||b|)$
$\qquad\qquad\qquad\qquad\quad =2(ab-|ab|)$ (④에 의하여)
$\qquad\qquad\qquad\qquad\quad \leq 0$ (①에 의하여)
$|a+b|^2-(|a|+|b|)^2 \leq 0$
$|a+b| \leq |a|+|b|$

따라서, 옳지 않은 것은 ⑤이다.

3 ㄱ. $\sqrt{x}+\sqrt{y}=a\,(a$는 유리수)라 하자.
양변을 제곱하면 $x+y+2\sqrt{xy}=a^2$이므로
$$\sqrt{xy}=\frac{a^2-(x+y)}{2} \qquad \cdots\cdots \text{㉠}$$
이때, $\sqrt{xy}$는 무리수이므로 ㉠의 좌변은 무리수이고
우변은 유리수이어서 모순이다.
따라서, $\sqrt{x}+\sqrt{y}$는 무리수이다.
ㄴ. $\sqrt{\dfrac{y}{x}}=\sqrt{\dfrac{xy}{x^2}}=\dfrac{\sqrt{xy}}{x}$이므로 무리수이다.
ㄷ. [반례] $x=2,\,y=1$이면 $\sqrt{xy}=\sqrt{2}$는 무리수이지만
$\sqrt{x^2y}=\sqrt{4}=2$는 유리수이다.
따라서, 항상 무리수인 것은 ㄱ, ㄴ이다.

4 $A=\sqrt{\dfrac{(2^3)^{10}+(2^2)^{10}}{(2^3)^4+(2^2)^{11}}}=\sqrt{\dfrac{2^{30}+2^{20}}{2^{12}+2^{22}}}$
$=\sqrt{\dfrac{2^{20}(2^{10}+1)}{2^{12}(2^{10}+1)}}=\sqrt{2^8}=2^4=16$
따라서, $(A+4)^2=(16+4)^2=20^2=\mathbf{400}$

5 $xy<0$이므로 x와 y는 서로 다른 부호이고,
$\dfrac{y}{z}>0$이므로 y와 z는 서로 같은 부호이다.
따라서, x와 z는 서로 다른 부호, 즉 $xz<0$
$xy<0$이고 $yz>0$이므로 $xy-yz<0$
$yz>0$이고 $xz<0$이므로 $yz-xz>0$
따라서, $|xy-yz|-\sqrt{(yz-xz)^2}+|xy|+\sqrt{(xz)^2}$
$=-(xy-yz)-(yz-xz)-xy-xz$
$=-xy+yz-yz+xz-xy-xz$
$=\mathbf{-2xy}$

6 $\sqrt{360x}=\sqrt{2^2\times3^2\times2\times5\times x}$이므로 $\sqrt{360x}$가 정수가
되기 위해서는 $x=10t^2\,(t$는 자연수) 꼴이어야 한다.
(ⅰ) $t=1$이면 $x=10$이므로 $\sqrt{360x}=60$
(ⅱ) $t=2$이면 $x=40$이므로 $\sqrt{360x}=120$
(ⅲ) $t=3$이면 $x=90$이므로 $\sqrt{360x}=180$
(ⅰ)~(ⅲ)에서 두 자리 자연수 x는 $\mathbf{10,\ 40,\ 90}$이다.

7 $\sqrt{3x}$가 자연수이므로 $x=3k^2\,(k$는 자연수)라 하면
(ⅰ) $3k^2\leq100,\ k^2\leq\dfrac{100}{3}=33.333\cdots$
따라서, $k=5$일 때 최대이고 $x=3\times5^2=75$
(ⅱ) $3k^2\geq100,\ k^2\geq\dfrac{100}{3}=33.333\cdots$
따라서, $k=6$일 때 최소이고 $x=3\times6^2=108$
(ⅰ)~(ⅱ)에서 100에 가장 가까운 정수 x는 $\mathbf{108}$이다.

8 $\sqrt{980xy}=\sqrt{2^2\times7^2\times5xy}$이므로 $\sqrt{980xy}$가 자연수가
되려면 $5xy$가 제곱수가 되어야 한다.
그런데 최소의 자연수를 구해야 하므로 $xy=5$이고,
$x\geq y$이므로 $\boldsymbol{x=5,\ y=1}$이다.

9 $0.0\dot{3}=\dfrac{3}{99}=\dfrac{1}{33}$이므로
$$\sqrt{\dfrac{2x}{0.0\dot{3}}}=\sqrt{33\times2x}=\sqrt{2\times3\times11\times x}$$
x가 두 자리 자연수이고 $2\times3\times11\times x$가 가장 작은
제곱수가 되려면
$x=2\times3\times11=\mathbf{66}$

10 (1) $2.5\leq\sqrt{\dfrac{y}{x}}<3.5$이므로 각 변을 제곱하면
$$\mathbf{6.25\leq\dfrac{y}{x}<12.25} \qquad \cdots\cdots \text{㉠}$$
(2) ㉠에서 $\dfrac{y}{x}>1$이므로 $y>x$
따라서, $x-y=-50,\ y=x+50$
㉠에 $y=x+50$을 대입하면
$6.25\leq\dfrac{x+50}{x}<12.25,\ 6.25\leq1+\dfrac{50}{x}<12.25$
$5.25\leq\dfrac{50}{x}<11.25,\ \dfrac{1}{11.25}<\dfrac{x}{50}\leq\dfrac{1}{5.25}$
$\dfrac{50}{11.25}<x\leq\dfrac{50}{5.25},\ 4.444\cdots<x\leq9.523\cdots$
따라서, $x=5,\,6,\,7,\,8,\,9$이고, $y=55,\,56,\,57,\,58,\,59$
이다.
그런데 $x,\,y$는 서로소이므로 순서쌍 $(x,\,y)$는
$\mathbf{(7,\,57),\ (9,\,59)}$이다.

11 $\sqrt{500}=\sqrt{x}+\sqrt{y}$이므로 $\sqrt{y}=\sqrt{500}-\sqrt{x}=10\sqrt{5}-\sqrt{x}$
위의 식의 양변을 제곱하면 $y=500-20\sqrt{5x}+x$
y가 정수이려면 $\sqrt{5x}$는 근호를 벗어야 한다.
즉, $5x$는 제곱수이어야 한다.
$x=5t^2\,(t$는 자연수)라 하면
(ⅰ) $t=1$이면 $x=5,\,y=405$
(ⅱ) $t=2$이면 $x=20,\,y=320$
(ⅲ) $t=3$이면 $x=45,\,y=245$
(ⅳ) $t=4$이면 $x=80,\,y=180$
(ⅴ) $t=5$이면 $x=125,\,y=125$
그런데 $x<y$이므로 (ⅰ)~(ⅳ)에서 순서쌍 $(x,\,y)$는
$(5,\,405),\ (20,\,320),\ (45,\,245),\ (80,\,180)$의 **4개**이다.

$\sqrt{x}+\sqrt{y}=\sqrt{500}=10\sqrt{5}=5\sqrt{5}+5\sqrt{5}$이고 $0<x<y$이므로

$0<\sqrt{x}<5\sqrt{5}$

$0<x<125,\ 0<5t^2<125,\ 0<t^2<25,\ 0<t<5$

t는 자연수이므로 $t=1,\ 2,\ 3,\ 4$

따라서, 순서쌍 $(x,\ y)$의 개수는 **4개**이다.

12 $1<\sqrt{2}<\sqrt{3}<2$이므로 $f(1)=f(2)=f(3)=1$

$2<\sqrt{5}<\sqrt{6}<\sqrt{7}<\sqrt{8}<3$이므로

$f(4)=f(5)=f(6)=f(7)=f(8)=2$

$3<\sqrt{10}<\sqrt{11}<\cdots<\sqrt{15}<4$이므로

$f(9)=f(10)=f(11)=\cdots=f(15)=3$

위와 같은 식으로 계산하면

$f(16)=f(17)=\cdots=f(24)=4$,

$f(25)=f(26)=\cdots=f(35)=5$,

$f(36)=f(37)=\cdots=f(48)=6$,

$f(49)=f(50)=7$

따라서, $f(1)+f(2)+f(3)+\cdots+f(50)$

$\quad=1\times3+2\times5+3\times7+4\times9+5\times11+6\times13$

$\quad\quad+7\times2$

$\quad=3+10+21+36+55+78+14$

$\quad=\mathbf{217}$

13 (주어진 식)$=25x+10\sqrt{5}x-15\sqrt{5}y+50y$

$\qquad\qquad\quad=25(x+2y)+5\sqrt{5}(2x-3y)\ \ \cdots\cdots\ \ㄱ$

ㄱ이 유리수가 되려면 $2x-3y=0$이 되어야 한다.

즉, $2x=3y$에서 $\dfrac{x}{y}=\mathbf{\dfrac{3}{2}}$이다.

14 $\dfrac{x+y}{xy}=\dfrac{2}{\sqrt{xy}}$에서 $x+y=2\sqrt{xy}$

그런데 $x+y=\sqrt{2}xy$이므로

$\sqrt{2}xy=2\sqrt{xy}$에서 $xy=2$

따라서, $\dfrac{\sqrt{xy}}{(x+y)^3}=\dfrac{\sqrt{xy}}{(2\sqrt{xy})^3}=\dfrac{1}{8xy}=\mathbf{\dfrac{1}{16}}$

15 (좌변)$=\sqrt{\dfrac{11}{9}\times\dfrac{b}{a}}$, (우변)$=\dfrac{3}{9}+\dfrac{2}{9}=\dfrac{5}{9}$

(좌변)$^2=$(우변)^{2}이므로

$\dfrac{11}{9}\times\dfrac{b}{a}=\dfrac{25}{81},\ \dfrac{b}{a}=\dfrac{25}{81}\times\dfrac{9}{11}=\dfrac{25}{99}$

$a,\ b$는 서로소이므로 $a=99,\ b=25$

따라서, $a-b=\mathbf{74}$

16 $x=\dfrac{\sqrt{3}}{3}$이므로 $1-x>0$

(주어진 식)$=\dfrac{\sqrt{1+x}}{\sqrt{1-x}}-\dfrac{\sqrt{1-x}}{\sqrt{1+x}}$

$\qquad\quad=\dfrac{(\sqrt{1+x})^2-(\sqrt{1-x})^2}{\sqrt{1-x}\sqrt{1+x}}$

$\qquad\quad=\dfrac{(1+x)-(1-x)}{\sqrt{1-x^2}}=\dfrac{2x}{\sqrt{1-x^2}}$

$\qquad\quad=\dfrac{\dfrac{2}{\sqrt{3}}}{\sqrt{1-\dfrac{1}{3}}}=\dfrac{\dfrac{2}{\sqrt{3}}}{\sqrt{\dfrac{2}{3}}}=\dfrac{2}{\sqrt{2}}=\mathbf{\sqrt{2}}$

17 $A^2=\left(\dfrac{\sqrt{\sqrt{10}+3}-\sqrt{\sqrt{10}-3}}{\sqrt{\sqrt{10}-1}}\right)^2$

$\quad=\dfrac{\sqrt{10}+3+\sqrt{10}-3-2\sqrt{10-9}}{\sqrt{10}-1}$

$\quad=\dfrac{2(\sqrt{10}-1)}{\sqrt{10}-1}=2$

이때, $\sqrt{\sqrt{10}+3}>\sqrt{\sqrt{10}-3}$, $\sqrt{\sqrt{10}-1}>0$이므로

$A=\dfrac{\sqrt{\sqrt{10}+3}-\sqrt{\sqrt{10}-3}}{\sqrt{\sqrt{10}-1}}=\sqrt{2}$

$B=\sqrt{3+2\sqrt{2}}=\sqrt{(\sqrt{2}+1)^2}=\sqrt{2}+1$

따라서, $A-B=\sqrt{2}-(\sqrt{2}+1)=\mathbf{-1}$

18 $1<\sqrt{3}<2$에서 $-2<-\sqrt{3}<-1,\ 0<2-\sqrt{3}<1$이므로

$0<(2-\sqrt{3})^{2006}<1$이다.

따라서, $x=(2-\sqrt{3})^{2006},\ y=(2+\sqrt{3})^{2006}$이다.

따라서, $xy=(2-\sqrt{3})^{2006}(2+\sqrt{3})^{2006}$

$\qquad\quad=\{(2-\sqrt{3})(2+\sqrt{3})\}^{2006}$

$\qquad\quad=\mathbf{1}$

19 부등식 $2<\sqrt{3(x-4)}\leq5$의 각 변이 모두 양수이므로

제곱하면 $4<3(x-4)\leq25,\ \dfrac{4}{3}<x-4\leq\dfrac{25}{3}$에서

$\dfrac{16}{3}<x\leq\dfrac{37}{3}$이고,

$32<6x\leq74,\ -5<6x-37\leq37$에서

$-5<A\leq37$이다.

따라서, A의 최댓값은 37, 최솟값은 -4이므로

$37+(-4)=\mathbf{33}$이다.

20 $2<\sqrt{|x-2|}<4$의 각 변을 제곱하면

$4<|x-2|<16$

(ⅰ) $x\geq2$일 때, $4<x-2<16$에서 $6<x<18$

(ⅱ) $x<2$일 때, $4<2-x<16,\ 2<-x<14$에서

$\quad\quad-14<x<-2$

(i), (ii)에서 $a=17$, $b=-13$이므로
$a-b=17-(-13)=\mathbf{30}$

21 $\left(\dfrac{\sqrt{\sqrt{10}+3}+\sqrt{\sqrt{10}-3}}{\sqrt{\sqrt{10}+1}}\right)^2$

$=\dfrac{(\sqrt{\sqrt{10}+3}+\sqrt{\sqrt{10}-3})^2}{(\sqrt{\sqrt{10}+1})^2}$

$=\dfrac{(\sqrt{10}+3)+(\sqrt{10}-3)+2\sqrt{(\sqrt{10}+3)(\sqrt{10}-3)}}{\sqrt{10}+1}$

$=\dfrac{2\sqrt{10}+2}{\sqrt{10}+1}=\dfrac{2(\sqrt{10}+1)}{\sqrt{10}+1}=2$

$\sqrt{\sqrt{10}+3}>0$, $\sqrt{\sqrt{10}-3}>0$, $\sqrt{\sqrt{10}+1}>0$이므로

$\dfrac{\sqrt{\sqrt{10}+3}+\sqrt{\sqrt{10}-3}}{\sqrt{\sqrt{10}+1}}=\sqrt{2}$

$\sqrt{7-2\sqrt{10}}=\sqrt{5}-\sqrt{2}$

따라서, (주어진 식)$=\sqrt{2}-(\sqrt{5}-\sqrt{2})=\mathbf{2\sqrt{2}-\sqrt{5}}$

22 $\sqrt{x^2+4y}$의 정수 부분이 5이므로 $5\le\sqrt{x^2+4y}<6$
각 변을 제곱하면 $25\le x^2+4y<36$
$y=1$이면 $21\le x^2<32$에서 $x=5$
$y=2$이면 $17\le x^2<28$에서 $x=5$
$y=3$이면 $13\le x^2<24$에서 $x=4$
$y=4$이면 $9\le x^2<20$에서 $x=3,\ 4$
$y=5$이면 $5\le x^2<16$에서 $x=3$
$y=6$이면 $1\le x^2<12$에서 $x=1,\ 2,\ 3$
따라서, 순서쌍 $(x,\ y)$는 $(5,\ 1)$, $(5,\ 2)$, $(4,\ 3)$, $(3,\ 4)$
$(4,\ 4)$, $(3,\ 5)$, $(1,\ 6)$, $(2,\ 6)$, $(3,\ 6)$의 **9개**이다.

23 $\sqrt{3x-2}$의 정수 부분이 9이므로 $9\le\sqrt{3x-2}<10$
각 변을 제곱하면 $81\le 3x-2<100$이고,
$83\le 3x<102$, $27.666\cdots\le x<34$이다.
$M=33$, $m=28$에서
$\sqrt{M-m}=\sqrt{33-28}=\sqrt{5}$이고,
$2<\sqrt{5}<3$이므로 $\sqrt{M-m}$의 정수 부분은 **2**이다.

24 $\dfrac{1}{\sqrt{2}-1}=\dfrac{\sqrt{2}+1}{(\sqrt{2}-1)(\sqrt{2}+1)}=\sqrt{2}+1$에서
$1<\sqrt{2}<2$이므로 $2<\sqrt{2}+1<3$
이때, $a=(\sqrt{2}+1)-2=\sqrt{2}-1$이므로
$a^2+2a+4=(\sqrt{2}-1)^2+2(\sqrt{2}-1)+4$
$\qquad\qquad=3-2\sqrt{2}+2\sqrt{2}-2+4$
$\qquad\qquad=\mathbf{5}$

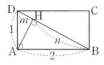
$a=\sqrt{2}-1$에서 $a+1=\sqrt{2}$ ······ ㉠
㉠의 양변을 제곱하면
$a^2+2a+1=2$, $a^2+2a=1$
따라서, $a^2+2a+4=1+4=\mathbf{5}$

25 오른쪽 그림의 꼭짓점 A에서
$\overline{BD}$에 내린 수선의 발을 H,
$\overline{DH}=m$, $\overline{BH}=n$이라 하면
$\overline{AD}^2=\overline{DH}\cdot\overline{DB}$이므로
$1=m(m+n)$ ······ ㉠
$\overline{AB}^2=\overline{BH}\cdot\overline{BD}$이므로 $4=n(m+n)$ ······ ㉡
㉠÷㉡에서 $\dfrac{1}{4}=\dfrac{m}{n}$, $n=4m$ ······ ㉢
㉢을 ㉠에 대입하면 $1=m(m+4m)$
$5m^2=1$, $m^2=\dfrac{1}{5}$
따라서, $m=\dfrac{\sqrt{5}}{5}$, $n=\dfrac{4}{5}\sqrt{5}$
$\overline{BD}=\overline{BE}=m+n=\sqrt{5}$이므로 $x=3+\sqrt{5}$
$2<\sqrt{5}<3$이므로 $5<3+\sqrt{5}<6$
$a=5$, $b=(3+\sqrt{5})-5=\sqrt{5}-2$
따라서, $\dfrac{a-b}{a+b}=\dfrac{5-(\sqrt{5}-2)}{5+(\sqrt{5}-2)}=\dfrac{(7-\sqrt{5})(3-\sqrt{5})}{(3+\sqrt{5})(3-\sqrt{5})}$
$\qquad\qquad=\dfrac{26-10\sqrt{5}}{4}=\mathbf{\dfrac{13-5\sqrt{5}}{2}}$

26 $y\ne 0$이면 $\sqrt{3}=-\dfrac{x}{y}$ ······ ㉠
㉠의 좌변 $\sqrt{3}$은 무리수이고, 우변 $-\dfrac{x}{y}$는 유리수이므로
모순이다.
따라서, $y=0$이고 $x+0\cdot\sqrt{3}=0$에서 $x=0$
즉, $x=y=0$이다.

27 $7^2<57<8^2$이므로 $7<\sqrt{57}<8$
$\sqrt{57}$의 정수 부분이 7이므로 소수 부분 x는
$x=\sqrt{57}-7$이다.
따라서, $x(x+14)=(\sqrt{57}-7)(\sqrt{57}+7)=57-49$
$\qquad\qquad\qquad=\mathbf{8}$

28 $2005^2<2005^2+1<2006^2$
$2005<\sqrt{2005^2+1}<2006$
이때, $x=\sqrt{2005^2+1}-2005$이므로
$(x+2005)^2=(\sqrt{2005^2+1}-2005+2005)^2$
$\qquad\qquad=2005^2+1$
따라서, $(x+2005)^2$의 일의 자리 수는 **6**이다.

29 (i) $x=\sqrt{2+\sqrt{2+\sqrt{2+\cdots}}}$의 양변을 제곱하면

$x^2=2+\sqrt{2+\sqrt{2+\cdots}}$

위의 식에서 ⁓ 부분이 x이므로

$x^2=2+x,\ x^2-x=2$

따라서, $a=2$이다.

(ii) $y=\sqrt{3-\sqrt{3-\sqrt{3-\cdots}}}$의 양변을 제곱하면

$y^2=3-\sqrt{3-\sqrt{3-\cdots}}$

위의 식에서 ⁓ 부분이 y이므로

$y^2=3-y,\ y^2+y=3$

따라서, $b=3$이다.

(i), (ii)에서 $a+b=\mathbf{5}$

30 $\dfrac{4x-y}{3x-2y}=2$에서 $4x-y=2(3x-2y)$

$2x=3y,\ y=\dfrac{2}{3}x$

$\dfrac{x+y}{x-y}=\dfrac{x+\frac{2}{3}x}{x-\frac{2}{3}x}=\dfrac{\frac{5}{3}x}{\frac{1}{3}x}=5$

$\sqrt{\dfrac{x+y}{x-y}}=\sqrt{5}$이고 $2<\sqrt{5}<3$이므로

$\sqrt{\dfrac{x+y}{x-y}}$의 정수 부분 $a=2$, 소수 부분 $b=\sqrt{5}-2$

따라서, $a^2+b^2=2^2+(\sqrt{5}-2)^2$

$\qquad\qquad\quad =\mathbf{13-4\sqrt{5}}$

31 $2<\sqrt{5}<3$이므로 $a=\sqrt{5}-2$에서 $\sqrt{5}=a+2$

또한, $6^2<45<7^2$이므로 $6<\sqrt{45}<7$

따라서, $(\sqrt{45}$의 소수 부분$)=\sqrt{45}-6=3\sqrt{5}-6$

$\qquad\qquad\qquad\qquad\qquad\quad =3(a+2)-6=\mathbf{3a}$

32 □ABCD와 □DAEF는 서로 닮음인 도형이므로 $\overline{\text{AB}}=x$,

$\overline{\text{DF}}=\dfrac{1}{2}x$라 하면

$1:x=\dfrac{1}{2}x:1$

$\dfrac{1}{2}x^2=1,\ x^2=2$

이때, $x>0$이므로 $x=\sqrt{2}$이다.

따라서, (A3, A5 용지의 가로, 세로의 길이의 합)

$=(1+\sqrt{2})+\left(\dfrac{1}{2}+\dfrac{\sqrt{2}}{2}\right)$

$=\dfrac{3}{2}+\dfrac{3}{2}\sqrt{2}$

$=\mathbf{\dfrac{3(1+\sqrt{2})}{2}}$

33 (i) $\dfrac{1}{\sqrt{2}+\dfrac{1}{\sqrt{2}+\dfrac{1}{\sqrt{2}+\cdots}}}=a$에서 ⁓ 부분이 a이므로

$\dfrac{1}{\sqrt{2}+a}=a,\ a(\sqrt{2}+a)=1$

따라서, $a^2+\sqrt{2}a=1$

(ii) $\dfrac{1}{\sqrt{3}-\dfrac{1}{\sqrt{3}-\dfrac{1}{\sqrt{3}-\cdots}}}=b$에서 ⁓ 부분이 b이므로

$\dfrac{1}{\sqrt{3}-b}=b,\ b(\sqrt{3}-b)=1$

따라서, $b^2-\sqrt{3}b=-1$

(i), (ii)에 의하여

$a^2+\sqrt{2}a+b^2-\sqrt{3}b=1+(-1)=\mathbf{0}$

34 $\sqrt{11+\sqrt{72}}=\sqrt{11+2\sqrt{18}}=\sqrt{9}+\sqrt{2}=3+\sqrt{2}$이고

$1<\sqrt{2}<2$에서 $4<3+\sqrt{2}<5$이므로 $a=4$이다.

$\sqrt{11-\sqrt{72}}=\sqrt{11-2\sqrt{18}}=\sqrt{9}-\sqrt{2}=3-\sqrt{2}$이고,

$1<\sqrt{2}<2$에서 $-2<-\sqrt{2}<-1$, $1<3-\sqrt{2}<2$이므로

$b=(3-\sqrt{2})-1=2-\sqrt{2}$이다.

따라서 $\dfrac{1}{a-2+\sqrt{2}}-\dfrac{1}{b}=\dfrac{1}{2+\sqrt{2}}-\dfrac{1}{2-\sqrt{2}}$

$\qquad\qquad\qquad\qquad =\dfrac{(2-\sqrt{2})-(2+\sqrt{2})}{(2+\sqrt{2})(2-\sqrt{2})}$

$\qquad\qquad\qquad\qquad =\dfrac{-2\sqrt{2}}{2}$

$\qquad\qquad\qquad\qquad =\mathbf{-\sqrt{2}}$

참고

이중근호의 풀이

① $a>0$, $b>0$일 때, $\sqrt{a+b+2\sqrt{ab}}=\sqrt{a}+\sqrt{b}$

② $a>b>0$일 때, $\sqrt{a+b-2\sqrt{ab}}=\sqrt{a}-\sqrt{b}$

P. 18~19

특목고 구술·면접 대비 문제

1 풀이 참조   **2** 화요일   **3** 풀이 참조
4 풀이 참조

1 한 변의 길이가 2인 정사각형을 오른쪽 그림과 같이 한 변의 길이가 1인 4개의 정사각형으로 나누면 그 대각선의 길이는 $\sqrt{2}$가 된다. 그런데 큰 정사각형 내부에 임의로 5개의 점을 찍으면

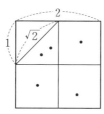

4개의 작은 정사각형 중 어느 한 정사각형 내부에는 반드시 두 점이 찍히게 되고, 그 두 점 사이의 거리는 반드시 $\sqrt{2}$보다 작다.

2 일주일은 7일로 주기적으로 변한다.
따라서, $\langle\sqrt{2020}\rangle^{\langle\sqrt{2020}\rangle}$을 7로 나눈 나머지를 구하면 요일을 구할 수 있다.
$44^2=1936$, $45^2=2025$이므로 $\langle\sqrt{2020}\rangle=45$
$44<\sqrt{2020}<45$
$45=6\times7+3$이므로 45를 7로 나눈 나머지는 3이다.
$45^2=(6\times7+3)^2$이므로 45^2을 7로 나눈 나머지는 3^2을 7로 나눈 나머지와 같아서 2이다.
$45^3=(6\times7+3)^3$이므로 45^3을 7로 나눈 나머지는 3^3을 7로 나눈 나머지와 같아서 6이다.
이와 같은 방법으로 45^{45}을 7로 나눈 나머지는 3^{45}을 7로 나눈 나머지와 같다.
3을 7로 나눈 나머지는 3, 3^2을 7로 나눈 나머지는 2,
3^3을 7로 나눈 나머지는 6, 3^4을 7로 나눈 나머지는 4,
3^5을 7로 나눈 나머지는 5, 3^6을 7로 나눈 나머지는 1,
3^7을 7로 나눈 나머지는 3으로 계속 반복되어 $3^{45}=3^{6\times7+3}$을 7로 나눈 나머지는 6이다.
따라서, 구하는 요일은 **화요일**이다.

3 $\sqrt{5}-\sqrt{3}=x$ (x는 0 아닌 유리수)라 가정하면
$\sqrt{5}=x+\sqrt{3}$ ······ ㉠
㉠의 양변을 제곱하면
$5=x^2+2\sqrt{3}x+3$, $2\sqrt{3}x=2-x^2$
따라서, $\sqrt{3}=\dfrac{2-x^2}{2x}$ ······ ㉡
그런데 ㉡의 좌변은 유리수가 아니고 우변은 유리수이므로 모순이다.

따라서, $\sqrt{5}-\sqrt{3}$은 유리수가 아니다.

4 $\dfrac{n+3}{n+1}=\dfrac{(n+1)+2}{n+1}=1+\dfrac{2}{n+1}\leq2$이므로

(i) $n=1$일 때, $n<\sqrt{3}<\dfrac{n+3}{n+1}$ 과

(ii) $n\geq2$일 때, $\dfrac{n+3}{n+1}<\sqrt{3}<n$임을 설명하면 된다.

(i)에서 $\sqrt{3}-n>0$, $\dfrac{n+3}{n+1}-\sqrt{3}>0$과

(ii)에서 $\sqrt{3}-n<0$, $\dfrac{n+3}{n+1}-\sqrt{3}<0$임을 설명하면

(i), (ii)에서 $\sqrt{3}-n$과 $\dfrac{n+3}{n+1}-\sqrt{3}$의 부호가 서로 같으

므로 $\dfrac{\dfrac{n+3}{n+1}-\sqrt{3}}{\sqrt{3}-n}>0$임을 보이면 된다.

$$\dfrac{\dfrac{n+3}{n+1}-\sqrt{3}}{\sqrt{3}-n}=\dfrac{(n+3)-\sqrt{3}(n+1)}{(n+1)(\sqrt{3}-n)}$$
$$=\dfrac{n-\sqrt{3}n+3-\sqrt{3}}{(n+1)(\sqrt{3}-n)}$$
$$=\dfrac{n(1-\sqrt{3})-\sqrt{3}(1-\sqrt{3})}{(n+1)(\sqrt{3}-n)}$$
$$=\dfrac{(1-\sqrt{3})(n-\sqrt{3})}{-(n+1)(n-\sqrt{3})}$$
$$=-\dfrac{1-\sqrt{3}}{n+1}\ (n\text{은 자연수이므로 }n\neq\sqrt{3})$$
$$=\dfrac{\sqrt{3}-1}{n+1}>0 \qquad \text{······ ㉠}$$

그리고
$$1-\dfrac{\dfrac{n+3}{n+1}-\sqrt{3}}{\sqrt{3}-n}=1-\dfrac{\sqrt{3}-1}{n+1}$$
$$=\dfrac{n+2-\sqrt{3}}{n+1}>0 \qquad \text{······ ㉡}$$

㉠, ㉡에서 $0<\dfrac{\dfrac{n+3}{n+1}-\sqrt{3}}{\sqrt{3}-n}<1$이므로

$\left|\dfrac{n+3}{n+1}-\sqrt{3}\right|<|\sqrt{3}-n|$

따라서, $\sqrt{3}$은 $\dfrac{n+3}{n+1}$에 더 가깝다.

시·도 경시 대비 문제

1 0	**2** 6	**3** 0	**4** 6	**5** $1-b$
6 $17-12\sqrt{2}$		**7** 198	**8** 5	
9 최댓값 : $\dfrac{1}{6}$, $a=3$			**10** 6	
11 $333\cdots333$(3이 n개)			**12** 121	

1 $1<\sqrt{3}<2$에서 $3<2+\sqrt{3}<4$이므로
$[a]=[2+\sqrt{3}]=3$

$\dfrac{a-[a]}{[a]}=\dfrac{(2+\sqrt{3})-3}{3}=\dfrac{\sqrt{3}-1}{3}$

$\dfrac{[a]}{a-[a]+1}=\dfrac{3}{(2+\sqrt{3})-3+1}=\dfrac{3}{\sqrt{3}}=\sqrt{3}$

$\dfrac{a-[a]}{[a]}+\dfrac{[a]}{a-[a]+1}-\sqrt{3}$

$=\dfrac{\sqrt{3}-1}{3}+\sqrt{3}-\sqrt{3}=\dfrac{\sqrt{3}-1}{3}$

그런데 $1<\sqrt{3}<2$에서

$0<\sqrt{3}-1<1$, $0<\dfrac{\sqrt{3}-1}{3}<\dfrac{1}{3}$

따라서, $\left[\dfrac{a-[a]}{[a]}+\dfrac{[a]}{a-[a]+1}-\sqrt{3}\right]=\left[\dfrac{\sqrt{3}-1}{3}\right]=\mathbf{0}$

2 $\{x\}=2$이므로 $2\leq\sqrt{x}<3$이다.
「x」$=\sqrt{x}-2$이므로 $0.3<\sqrt{x}-2<0.5$에서
$2.3<\sqrt{x}<2.5$, $5.29<x<6.25$이다.
따라서, 구하는 자연수 x의 값은 **6**이다.

3 $\sqrt{a+b}+\sqrt{b+c}=\sqrt{c+a}$의 양변을 제곱하면
$(a+b)+(b+c)+2\sqrt{(a+b)(b+c)}=c+a$
$2\sqrt{(a+b)(b+c)}=-2b$
$\sqrt{(a+b)(b+c)}=-b$ $\cdots\cdots$ ㉠
㉠의 양변을 제곱하면
$ab+ac+b^2+bc=b^2$
$ab+bc+ca=0$
따라서, $\dfrac{1}{a}+\dfrac{1}{b}+\dfrac{1}{c}=\dfrac{ab+bc+ca}{abc}=\mathbf{0}$

4 $\dfrac{\sqrt{3}}{\sqrt{3}+2}=\dfrac{\sqrt{3}(2-\sqrt{3})}{4-3}=2\sqrt{3}-3$
$=2\times1.7-3=0.4$

$\dfrac{\sqrt{3}}{\sqrt{3}-2}=\dfrac{-\sqrt{3}(2+\sqrt{3})}{4-3}=-2\sqrt{3}-3$
$=-2\times1.7-3=-6.4$

따라서, (주어진 식)$=\{0.4\}-\{-6.4\}$
$=0-(-6)$
$=\mathbf{6}$

5 $0<x-\sqrt{3}y<1$에서 $0<(x-\sqrt{3}y)^3<1$이므로
$(x-\sqrt{3}y)^3$의 정수 부분은 0
$(x-\sqrt{3}y)^3$의 소수 부분을 a라 하면
$a=(x-\sqrt{3}y)^3-0=(x-\sqrt{3}y)^3$이고,
또, $(x+\sqrt{3}y)^3$의 정수 부분을 c, 소수 부분을 b라 하면
$(x+\sqrt{3}y)^3=c+b$
따라서, $(x-\sqrt{3}y)^3+(x+\sqrt{3}y)^3=a+c+b$
위의 식을 전개하면
$x^3-3\sqrt{3}x^2y+9xy^2-3\sqrt{3}y^3+x^3+3\sqrt{3}x^2y+9xy^2$
$+3\sqrt{3}y^3=2(x^3+9xy^2)=a+c+b$
즉, $a+b=2(x^3+9xy^2)-c$
x, y, c는 자연수이므로 $2(x^3+9xy^2)$은 정수이고, $a+b$도 정수이다.
$0<a<1$, $0\leq b<1$이므로 $0<a+b<2$
이때, $a+b$는 정수이므로 $a+b=1$
따라서, $(x-\sqrt{3}y)^3=a=\mathbf{1-b}$

> **참고**
> **곱셈 공식**
> ① $(a+b)^2=a^2+2ab+b^2$
> ② $(a-b)^2=a^2-2ab+b^2$
> ③ $(a+b)^3=a^3+3a^2b+3ab^2+b^3$
> ④ $(a-b)^3=a^3-3a^2b+3ab^2-b^3$

6 $y^{x^2}\div y^{2\sqrt{3}x-5}=y^{x^2-(2\sqrt{3}x-5)}$
$=y^{x^2-2\sqrt{3}x+5}$ $\cdots\cdots$ ㉠
$x=\sqrt{3}+\sqrt{2}$에서 $x-\sqrt{3}=\sqrt{2}$
양변을 제곱하면 $x^2-2\sqrt{3}x+3=2$
$x^2-2\sqrt{3}x+5=4$ $\cdots\cdots$ ㉡
㉡을 ㉠에 대입하면
(주어진 식)$=y^4=(\sqrt{2}-1)^4=\{(\sqrt{2}-1)^2\}^2$
$=(2-2\sqrt{2}+1)^2=(3-2\sqrt{2})^2$
$=9-12\sqrt{2}+8=\mathbf{17-12\sqrt{2}}$

> **다른풀이**
> $y^{x^2}\div y^{2\sqrt{3}x-5}=y^{x^2-(2\sqrt{3}x-5)}$에서 $x=\sqrt{3}+\sqrt{2}$이므로
> $x^2-2\sqrt{3}x+5=(\sqrt{3}+\sqrt{2})^2-2\sqrt{3}(\sqrt{3}+\sqrt{2})+5$
> $=3+2\sqrt{6}+2-6-2\sqrt{6}+5$
> $=4$
> (주어진 식)$=y^4=(\sqrt{2}-1)^4=(3-2\sqrt{2})^2$
> $=9-12\sqrt{2}+8=\mathbf{17-12\sqrt{2}}$

7 $2(\sqrt{n+1}-\sqrt{n})<\dfrac{1}{\sqrt{n}}<2(\sqrt{n}-\sqrt{n-1})$에

$n=1, 2, 3, \cdots, 9999, 10000$을 차례로 대입하면

$2(\sqrt{2}-1)<1<2(1-0)$

$2(\sqrt{3}-\sqrt{2})<\dfrac{1}{\sqrt{2}}<2(\sqrt{2}-1)$

$2(\sqrt{4}-\sqrt{3})<\dfrac{1}{\sqrt{3}}<2(\sqrt{3}-\sqrt{2})$

$\vdots$

$2(\sqrt{10000}-\sqrt{9999})<\dfrac{1}{\sqrt{9999}}<2(\sqrt{9999}-\sqrt{9998})$

$2(\sqrt{10001}-\sqrt{10000})<\dfrac{1}{\sqrt{10000}}<2(\sqrt{10000}-\sqrt{9999})$

위의 부등식들을 변변끼리 더하면

$2(\sqrt{10001}-1)<A<2(\sqrt{10000}-0)$

$198<A<200$

그런데 $n=1$일 때는 $2(\sqrt{2}-1)<1\le1$이므로

$198<A<199$

따라서, A의 정수 부분은 **198**이다.

8 (i) $x\ge1$일 때,

$(x-1)+(x+2)=2x+1<5$에서

$x<2$이므로 $1\le x<2$

(ii) $-2\le x<1$일 때,

$-(x-1)+(x+2)=3<5$

$-2\le x<1$

(iii) $x<-2$일 때,

$-(x-1)-(x+2)=-2x-1<5$

$x>-3$이므로 $-3<x<-2$

(i)~(iii)에서

$-3<x<2$

따라서, $a=1$, $b=-2$이므로 $a^2+b^2=$**5**

9 $a^2+9>0$이므로 $\dfrac{a}{a^2+9}$가 최댓값을 가지려면 $a>0$이

어야 한다.

$\dfrac{a}{a^2+9}=\dfrac{1}{a+\dfrac{9}{a}}$이고

$a+\dfrac{9}{a}\ge2\sqrt{a\cdot\dfrac{9}{a}}=6$ ······ ㉠

이므로 $\dfrac{a}{a^2+9}\le\dfrac{1}{6}$

따라서, $\dfrac{a}{a^2+9}$의 최댓값은 $\dfrac{1}{6}$이고 ㉠에서 등호가 성립

할 때는 $a=\dfrac{9}{a}$일 때이므로 $a^2=9$이다.

이때, $a>0$이므로 $\boldsymbol{a=3}$

> **참고**
>
> **산술평균과 기하평균의 대소 관계**
> (산술평균)≥(기하평균)
> 즉, $\dfrac{a+b}{2}\ge\sqrt{ab}$
> (단, $a>0$, $b>0$, 등호는 $a=b$일 때 성립)

10 (주어진 식)$=\dfrac{1}{\sqrt{1}+\sqrt{2}}+\dfrac{1}{\sqrt{2}+\sqrt{3}}+\dfrac{1}{\sqrt{3}+\sqrt{4}}+\cdots$

$\qquad+\dfrac{1}{\sqrt{50}+\sqrt{51}}$

$=(\sqrt{2}-\sqrt{1})+(\sqrt{3}-\sqrt{2})+(\sqrt{4}-\sqrt{3})+\cdots$

$\qquad+(\sqrt{51}-\sqrt{50})$

$=\sqrt{51}-1$

$7<\sqrt{51}<8$이고 $7.5=\sqrt{(7.5)^2}=\sqrt{56.25}$이므로

$7<\sqrt{51}<7.5$, $6<\sqrt{51}-1<6.5$

따라서, 구하는 가장 가까운 정수는 **6**이다.

11 $\underbrace{111\cdots111}_{2n개}-\underbrace{222\cdots222}_{n개}$

$=\underbrace{111\cdots111}_{n개}\underbrace{000\cdots000}_{n개}+\underbrace{111\cdots111}_{n개}-\underbrace{222\cdots222}_{n개}$

$=\underbrace{111\cdots111}_{n개}\times\underbrace{1000\cdots000}_{n개}-\underbrace{111\cdots111}_{n개}$

$=\underbrace{111\cdots111}_{n개}\cdot(\underbrace{1000\cdots000}_{n개}-1)$

$=\underbrace{111\cdots111}_{n개}\times\underbrace{999\cdots999}_{n개}$

$=9\cdot(\underbrace{111\cdots111}_{n개}\times\underbrace{111\cdots111}_{n개})$

$=3^2\cdot(\underbrace{111\cdots111}_{n개})^2$

$=\{3\cdot(\underbrace{111\cdots111}_{n개})\}^2$

$=(\underbrace{333\cdots333}_{n개})^2$

따라서, (주어진 식)$=\sqrt{(\underbrace{333\cdots333}_{})^2}$

$\qquad\qquad=$**333···333 (3이 n개)**

12 $\overline{BE}=x$, $\overline{DE}=y$라 하면

$\triangle ABE : \triangle ADE=x : y$이므로

$36 : \triangle ADE=x : y$

$\triangle ADE=\dfrac{36y}{x}$

$\triangle BCE : \triangle CDE=x : y$이므로

$\triangle BCE : 25=x : y$

$\triangle BCE=\dfrac{25x}{y}$

$\square ABCD=\triangle ABE+\triangle CDE+\triangle ADE+\triangle BCE$

$\qquad =35+25+\dfrac{36y}{x}+\dfrac{25x}{y}$

그런데 $\dfrac{36y}{x}+\dfrac{25x}{y}\geq 2\sqrt{\dfrac{36y}{x}\cdot\dfrac{25x}{y}}=60$이므로

$\square ABCD\geq 36+25+60=121$

따라서, $\square ABCD$의 넓이의 최솟값은 **121**이다.

올림피아드 **대비 문제**

P. 24~25

| 1 $\sqrt{2006}-\sqrt{2005}<\sqrt{2004}-\sqrt{2003}$ | 2 ④ |
| 3 7 | 4 $5(\sqrt{6}-2)$cm |

1 $\sqrt{2006}-\sqrt{2005}$

$=\dfrac{(\sqrt{2006}-\sqrt{2005})(\sqrt{2006}+\sqrt{2005})}{\sqrt{2006}+\sqrt{2005}}$

$=\dfrac{1}{\sqrt{2006}+\sqrt{2005}}$이고,

$\sqrt{2004}-\sqrt{2003}$

$=\dfrac{(\sqrt{2004}-\sqrt{2003})(\sqrt{2004}+\sqrt{2003})}{\sqrt{2004}+\sqrt{2003}}$

$=\dfrac{1}{\sqrt{2004}+\sqrt{2003}}$이다.

그런데 $\sqrt{2006}>\sqrt{2004}$, $\sqrt{2005}>\sqrt{2003}$이므로

$\sqrt{2006}+\sqrt{2005}>\sqrt{2004}+\sqrt{2003}$이고

$\dfrac{1}{\sqrt{2006}+\sqrt{2005}}<\dfrac{1}{\sqrt{2004}+\sqrt{2003}}$

따라서, $\sqrt{2006}-\sqrt{2005}<\sqrt{2004}-\sqrt{2003}$

2 $\dfrac{1}{x+\sqrt{2}+x\sqrt{3}+\sqrt{6}}$

$=\dfrac{1}{x(\sqrt{3}+1)+\sqrt{2}(\sqrt{3}+1)}$

$=\dfrac{1}{(x+\sqrt{2})(\sqrt{3}+1)}$

$=\dfrac{(x-\sqrt{2})(\sqrt{3}-1)}{(x+\sqrt{2})(x-\sqrt{2})(\sqrt{3}+1)(\sqrt{3}-1)}$

$=\dfrac{x\sqrt{3}-x-\sqrt{6}+\sqrt{2}}{(x^2-2)\cdot 2}$

$=\dfrac{1}{2(x^2-2)}(-x+\sqrt{2}+x\sqrt{3}-\sqrt{6})$

따라서, $\boldsymbol{a=-\dfrac{x}{2(x^2-2)}}$이다.

참고

무리수가 서로 같을 조건

① a, b, c, d가 유리수이고, $\sqrt{m}$이 무리수일 때,

$a+b\sqrt{m}=0$이면 $a=0$, $b=0$

$a+b\sqrt{m}=c+d\sqrt{m}$이면 $a=c$, $b=d$

② a, b가 유리수이고, $\sqrt{m}$, $\sqrt{n}$이 무리수일 때,

$a+\sqrt{m}=b+\sqrt{n}$이면 $a=b$, $m=n$

③ a, b, c가 유리수이고, $\sqrt{l}$, $\sqrt{m}$, $\sqrt{n}$이 무리수일 때,

$a\sqrt{l}+b\sqrt{m}+c\sqrt{n}=0$이면 $a=0$, $b=0$, $c=0$

3 $a+b=(2+\sqrt{3})+(2-\sqrt{3})=4$

$ab=(2+\sqrt{3})(2-\sqrt{3})=1$

$R_n=\dfrac{1}{2}(a^n+b^n)$ $\qquad\qquad$ …… ㉠

㉠의 양변에 $(a+b)$를 곱하면

$(a+b)R_n=\dfrac{1}{2}(a+b)(a^n+b^n)$

$\qquad\quad =\dfrac{1}{2}(a^{n+1}+ab^n+a^nb+b^{n+1})$

$\qquad\quad =\dfrac{1}{2}(a^{n+1}+b^{n+1})+\dfrac{1}{2}ab(a^{n-1}+b^{n-1})$

$\qquad\quad =R_{n+1}+abR_{n-1}$

$a+b=4$, $ab=1$이므로 $4R_n=R_{n+1}+R_{n-1}$이다.

$R_{n+1}=4R_n-R_{n-1}$

$R_{n+2}=4R_{n+1}-R_n$

$\qquad =4(4R_n-R_{n-1})-R_n$

$\qquad =15R_n-4R_{n-1}$

$R_{n+3}=4R_{n+2}-R_{n+1}$

$\qquad =4(15R_n-4R_{n-1})-(4R_n-R_{n-1})$

$\qquad =56R_n-15R_{n-1}$

$R_{n+4}=4R_{n+3}-R_{n+2}$

$\qquad =4(56R_n-15R_{n-1})-(15R_n-4R_{n-1})$

$\qquad =209R_n-56R_{n-1}$

$R_{n+5}=4R_{n+4}-R_{n+3}$
$=4(209R_n-56R_{n-1})-(56R_n-15R_{n-1})$
$=780R_n-209R_{n-1}$
$=780R_n-210R_{n-1}+R_{n-1}$
$=10(78R_n-21R_{n-1})+R_{n-1}$

따라서, R_{n+5}와 R_{n-1}의 일의 자릿수는 같다.

$R_0=\frac{1}{2}(a^0+b^0)=\frac{1}{2}\cdot(1+1)=\underline{1}$

$R_1=\frac{1}{2}(a+b)=\frac{1}{2}\cdot4=\underline{2}$

$R_2=4R_1-R_0=4\cdot2-1=\underline{7}$

$R_3=4R_2-R_1=4\cdot7-2=2\underline{6}$

$R_4=4R_3-R_2=4\cdot26-7=9\underline{7}$

$R_5=4R_4-R_3=4\cdot97-26=36\underline{2}$

$R_6=4R_5-R_4=4\cdot362-97=135\underline{1}$

$R_7=4R_6-R_5=4\cdot1351-362=504\underline{2}$

$R_8=4R_7-R_6=4\cdot5042-1351=1881\underline{7}$

$R_9=4R_8-R_7=4\cdot18817-5042=7022\underline{6}$

R_1, R_2, R_3, R_4, R_5, R_6의 일의 자릿수는 차례로 2, 7, 6, 7, 2, 1이고 R_n의 일의 자릿수는 이 6개의 수가 순환한다.

따라서, (R_{2006}의 일의 자릿수)=($R_{6\times334+2}$의 일의 자릿수)
=(R_2의 일의 자릿수)=**7**

4 두 정삼각형의 한 변의 길이를 각각 x cm, y cm ($x<y$)라 하면
두 삼각형의 세 변의 길이의 합이 15cm이므로
$3x+3y=15$, $x+y=5$ ······ ㉠
두 삼각형의 넓이의 비가 2 : 3이므로
$\frac{\sqrt{3}}{4}x^2:\frac{\sqrt{3}}{4}y^2=2:3$, $x:y=\sqrt{2}:\sqrt{3}$ ······ ㉡
㉡에서 $\sqrt{2}y=\sqrt{3}x$
$y=\frac{\sqrt{3}}{\sqrt{2}}x=\frac{\sqrt{6}}{2}x$ ······ ㉢
㉢을 ㉠에 대입하면
$x+\frac{\sqrt{6}}{2}x=5$, $\frac{\sqrt{6}+2}{2}x=5$

따라서, $x=\frac{10}{\sqrt{6}+2}=\frac{10(\sqrt{6}-2)}{2}=\mathbf{5(\sqrt{6}-2)(cm)}$

Ⅱ 식의 계산

P. 29~33

특목고 대비 문제

1 8개　　**2** 2개　　**3** 40　　**4** 이등변삼각형
5 $3abc(a-b)(b-c)(c-a)$　　　**6** a^3
7 y　　**8** $(x+4)(x-5)$　　**9** 36
10 z가 빗변인 직각삼각형　　**11** 33
12 $3-\sqrt{2}$　　　　**13** 1
14 (1) $(x^2+2x+2)(x^2-2x+2)$
　　(2) $(x^2+xy-y^2)(x^2-xy-y^2)$
　　(3) $(x^2+8x+6)(x^2+4x+6)$
　　(4) $(a+b+c)(ab+bc+ca)$
15 18　　**16** $\frac{1}{3}$　　**17** 55

1 $x^2+4x-n=(x+a)(x+b)$
$=x^2+(a+b)x+ab$
$a+b=4$, $ab=-n$이므로 표로 나타내면 다음과 같다.

a	-1	-2	-3	-4	-5	-6	-7	-8
b	5	6	7	8	9	10	11	12
n	5	12	21	32	45	60	77	96

따라서, 모두 **8개**이다.

2 $x^4+x^2-n=(x^2+A)(x^2-B)$
$=x^4+(A-B)x^2-AB$
$A-B=1$에서 $A=B+1$, $AB=n(1\leq n\leq10)$이므로 표로 나타내면 다음과 같다.

B	1	2
A	2	3
n	2	6

따라서, 구하는 다항식은 x^4+x^2-2와 x^4+x^2-6의 **2개**이다.

3 $\frac{1}{a}-\frac{1}{b}=2$, $\frac{b-a}{ab}=2$
$a-b=-2ab$ ······ ㉠

$\frac{1}{a^2}+\frac{1}{b^2}=3$, $\frac{a^2+b^2}{a^2b^2}=3$, $a^2+b^2=3a^2b^2$
$(a-b)^2+2ab=3a^2b^2$ ······ ㉡
㉠을 ㉡에 대입하면

$(-2ab)^2+2ab=3a^2b^2$, $a^2b^2+2ab=0$

$ab(ab+2)=0$

이때, $ab\neq0$이므로 $ab=-2$ $\qquad\cdots\cdots\boxdot$

$\boxdot$을 $\boxdot$에 대입하면 $a-b=4$

따라서, $a^3-b^3=(a-b)^3+3ab(a-b)$

$\qquad\qquad\quad=4^3+3\cdot(-2)\cdot4$

$\qquad\qquad\quad=\mathbf{40}$

4 $a(b^3-c^3)+b(c^3-a^3)+c(a^3-b^3)$

$=ab^3-ac^3+bc^3-ba^3+ca^3-cb^3$

$=a^3(c-b)-(c^3-b^3)a+bc(c^2-b^2)$

$=a^3(c-b)-(c-b)(c^2+bc+b^2)a+bc(c-b)(c+b)$

$=(c-b)\{a^3-(c^2+bc+b^2)a+bc(c+b)\}$

$=(c-b)(a^3-ac^2-abc-ab^2+bc^2+b^2c)$

$=(c-b)\{b^2(c-a)+(c^2-ac)b-a(c^2-a^2)\}$

$=(c-b)\{b^2(c-a)+c(c-a)b-a(c-a)(c+a)\}$

$=(c-b)(c-a)(b^2+bc-ac-a^2)$

$=(c-b)(c-a)\{(b-a)c+(b-a)(b+a)\}$

$=(c-b)(c-a)(b-a)(c+b+a)$

$=(a-b)(b-c)(c-a)(a+b+c)=0$

$a+b+c\neq0$이므로 $a=b$ 또는 $b=c$ 또는 $c=a$

따라서, **이등변삼각형**이다.

5 $a^3(b-c)^3+b^3(c-a)^3+c^3(a-b)^3$

$=\{a(b-c)\}^3+\{b(c-a)\}^3+\{c(a-b)\}^3$

$a(b-c)=A$, $b(c-a)=B$, $c(a-b)=C$라 하면

$3ABC=3a(b-c)b(c-a)c(a-b)$

$\qquad\quad=3abc(a-b)(b-c)(c-a)$

$A+B+C=a(b-c)+b(c-a)+c(a-b)$

$\qquad\qquad\quad=ab-ac+bc-ab+ac-bc$

$\qquad\qquad\quad=0$

따라서, (주어진 식)

$\qquad=A^3+B^3+C^3-3ABC+3ABC$

$\qquad=(A+B+C)(A^2+B^2+C^2-AB-BC$

$\qquad\qquad-CA)+3ABC$

$\qquad=3ABC$

$\qquad=\mathbf{3abc(a-b)(b-c)(c-a)}$

6 (주어진 식)$=a(ad+be+df)+(be+ce)(c+f)$

$\qquad\qquad\quad+(d+e+f)f^2$

$\qquad\qquad=a(ad+be+df)+(b+c)e(c+f)$

$\qquad\qquad\quad+(d+e+f)f^2$

$\qquad\qquad=a(ad+be+df)+ae(c+f)+af^2$

$\qquad\qquad=a(ad+be+df)+a(ce+ef+f^2)$

$\qquad\qquad=a\{ad+(b+c)e+(d+e+f)f\}$

$\qquad\qquad=a(ad+ae+af)$

$\qquad\qquad=a^2(d+e+f)$

$\qquad\qquad=\mathbf{a^3}$

7 $\sqrt{x+A}=\sqrt{x+\dfrac{2xy}{y^2+1}}=\sqrt{\dfrac{xy^2+x+2xy}{y^2+1}}$

$\qquad\qquad=\sqrt{\dfrac{x(y^2+2y+1)}{y^2+1}}=\dfrac{\sqrt{x}(y+1)}{\sqrt{y^2+1}}$

$y\geq1$에서 $\sqrt{(y-1)^2}=|y-1|=y-1$이므로

$\sqrt{x-A}=\sqrt{x-\dfrac{2xy}{y^2+1}}=\sqrt{\dfrac{xy^2+x-2xy}{y^2+1}}$

$\qquad\qquad=\sqrt{\dfrac{x(y^2-2y+1)}{y^2+1}}=\dfrac{\sqrt{x}(y-1)}{\sqrt{y^2+1}}$

따라서, (주어진 식)$=\dfrac{\dfrac{\sqrt{x}}{\sqrt{y^2+1}}\{(y+1)+(y-1)\}}{\dfrac{\sqrt{x}}{\sqrt{y^2+1}}\{(y+1)-(y-1)\}}$

$\qquad\qquad\qquad\quad=\dfrac{2y}{2}=\boldsymbol{y}$

8 철이는 상수항을 바르게 보았으므로

$(x+2)(x-10)=x^2-8x-20$에서 상수항은 -20

미애는 x의 계수를 바르게 보았으므로

$(x+6)(x-7)=x^2-x-42$에서 x항은 $-x$

따라서, 주어진 이차식은 x^2-x-20이므로

$x^2-x-20=\boldsymbol{(x+4)(x-5)}$

9 $a^2+b^2=(a+b)^2-2ab=9-6=3$

$x^2+y^2=(x+y)^2-2xy=16-8=8$

따라서, (주어진 식)$=abx^2+a^2xy+b^2xy+aby^2$

$\qquad\qquad\qquad\quad=ab(x^2+y^2)+(a^2+b^2)xy$

$\qquad\qquad\qquad\quad=3\times8+3\times4=\mathbf{36}$

10 (주어진 식)$=x^4+2x^2y^2+y^4-(x^2+y^2)z^2$

$\qquad\qquad=(x^2+y^2)^2-(x^2+y^2)z^2$

$\qquad\qquad=(x^2+y^2)(x^2+y^2-z^2)$

$\qquad\qquad=0$

$x^2+y^2\neq0$이므로 $x^2+y^2=z^2$

따라서, **z가 빗변인 직각삼각형**이다.

11 $x^2+y^2=(x+y)^2-2xy=9-2\times2=5$

$x^3+y^3=(x+y)^3-3xy(x+y)$

$\qquad\qquad=27-3\times2\times3=9$

따라서, $x^5+y^5=(x^2+y^2)(x^3+y^3)-x^2y^3-x^3y^2$
$\qquad\qquad =(x^2+y^2)(x^3+y^3)-(xy)^2(x+y)$
$\qquad\qquad =5\times 9-4\times 3$
$\qquad\qquad =\boldsymbol{33}$

12 $a-b=-1$ $\qquad\qquad\qquad\cdots\cdots\,\ominus$
$\quad\,b-c=\sqrt{2}$ $\qquad\qquad\qquad\cdots\cdots\,\bigcirc$
$\ominus+\bigcirc$을 하면 $a-c=\sqrt{2}-1$, $c-a=1-\sqrt{2}$
따라서, $a^2+b^2+c^2-ab-bc-ca$
$\qquad =\dfrac{1}{2}(2a^2+2b^2+2c^2-2ab-2bc-2ca)$
$\qquad =\dfrac{1}{2}\{(a^2-2ab+b^2)+(b^2-2bc+c^2)$
$\qquad\qquad +(c^2-2ca+a^2)\}$
$\qquad =\dfrac{1}{2}\{(a-b)^2+(b-c)^2+(c-a)^2\}$
$\qquad =\dfrac{1}{2}\{(-1)^2+(\sqrt{2})^2+(1-\sqrt{2})^2\}$
$\qquad =\dfrac{1}{2}(1+2+3-2\sqrt{2})$
$\qquad =\boldsymbol{3-\sqrt{2}}$

13 $x^3+y^3+z^3-3xyz$
$\quad =(x+y+z)(x^2+y^2+z^2-xy-yz-zx)$
$\quad 3xyz=x^3+y^3+z^3$이므로
$\quad x^3+y^3+z^3-3xyz=0$,
$\quad (x+y+z)(x^2+y^2+z^2-xy-yz-zx)=0$
$\quad x+y+z\neq 0$이므로 $x^2+y^2+z^2-xy-yz-zx=0$
$\quad x^2+y^2+z^2=xy+yz+zx$
따라서, $\dfrac{xy+yz+zx}{x^2+y^2+z^2}=\dfrac{xy+yz+zx}{xy+yz+zx}=\boldsymbol{1}$

14 (1) $x^4+4=x^4+4x^2+4-4x^2$
$\qquad\qquad\;\; =(x^2+2)^2-(2x)^2$
$\qquad\qquad\;\; =\boldsymbol{(x^2+2x+2)(x^2-2x+2)}$
$\quad$(2) $x^4-3x^2y^2+y^4=x^4-2x^2y^2+y^4-x^2y^2$
$\qquad\qquad\qquad\quad\;\; =(x^2-y^2)^2-(xy)^2$
$\qquad\qquad\qquad\quad\;\; =\boldsymbol{(x^2+xy-y^2)(x^2-xy-y^2)}$
$\quad$(3) $(x+1)(x+2)(x+3)(x+6)-3x^2$
$\qquad =\{(x+1)(x+6)\}\{(x+2)(x+3)\}-3x^2$
$\qquad =(x^2+7x+6)(x^2+5x+6)-3x^2$
$\qquad x^2+6x+6=t$라 하면
$\qquad$(주어진 식)$=(t+x)(t-x)-3x^2$
$\qquad\qquad\qquad\;\; =t^2-x^2-3x^2$
$\qquad\qquad\qquad\;\; =t^2-4x^2$
$\qquad\qquad\qquad\;\; =(t+2x)(t-2x)$
$\qquad\qquad\qquad\;\; =\boldsymbol{(x^2+8x+6)(x^2+4x+6)}$

$\quad$(4) $a+b+c=t$라 하면
$\qquad$(주어진 식)$=(t-c)(t-a)(t-b)+abc$
$\qquad\qquad\qquad\;\; =t^3-(a+b+c)t^2+(ab+bc+ca)t$
$\qquad\qquad\qquad\quad -abc+abc$
$\qquad\qquad\qquad\;\; =t\{t^2-(a+b+c)t+ab+bc+ca\}$
$\qquad\qquad\qquad\;\; =t(t^2-t^2+ab+bc+ca)$
$\qquad\qquad\qquad\;\; =t(ab+bc+ca)$
$\qquad\qquad\qquad\;\; =\boldsymbol{(a+b+c)(ab+bc+ca)}$

15 (주어진 식)$=32\left(1-\dfrac{1}{2}\right)\left(1+\dfrac{1}{2}\right)\left(1-\dfrac{1}{3}\right)\left(1+\dfrac{1}{3}\right)$
$\qquad\qquad\quad \left(1-\dfrac{1}{4}\right)\left(1+\dfrac{1}{4}\right)\cdots\left(1-\dfrac{1}{8}\right)\left(1+\dfrac{1}{8}\right)$
$\qquad =32\times\dfrac{1}{2}\times\dfrac{3}{2}\times\dfrac{2}{3}\times\dfrac{4}{3}\times\dfrac{3}{4}\times\dfrac{5}{4}\times\cdots$
$\qquad\qquad \times\dfrac{7}{8}\times\dfrac{9}{8}$
$\qquad =32\times\dfrac{1}{2}\times\dfrac{9}{8}$
$\qquad =\boldsymbol{18}$

16 $(a+b+c)^2=a^2+b^2+c^2+2(ab+bc+ca)$
$\quad$이므로 $3^2=13+2(ab+bc+ca)$
$\quad ab+bc+ca=-2$
$\quad a^3+b^3+c^3-3abc$
$\quad =(a+b+c)(a^2+b^2+c^2-ab-bc-ca)$
$\quad$이므로 $27-3abc=3\times(13+2)$
$\quad abc=-6$
따라서, $\dfrac{1}{a}+\dfrac{1}{b}+\dfrac{1}{c}=\dfrac{ab+bc+ca}{abc}=\dfrac{-2}{-6}=\boldsymbol{\dfrac{1}{3}}$

17 연속한 네 자연수를 x, $x+1$, $x+2$, $x+3$이라 하면
$\quad x(x+1)(x+2)(x+3)+1=k^2(k$는 자연수)이므로
$\quad \{x(x+3)\}\{(x+1)(x+2)\}+1$
$\quad =(x^2+3x)(x^2+3x+2)+1$
$\quad x^2+3x=A$로 치환하면
$\quad A(A+2)+1=A^2+2A+1=(A+1)^2$
$\qquad\qquad\qquad\qquad\quad =(x^2+3x+1)^2=k^2$
따라서, 연속한 네 자연수의 곱에 1을 더한 수는 어떤 자연수의 제곱이 된다.
또한, 위의 성질을 이용하면
$6\times 7\times 8\times 9+1=(6^2+3\times 6+1)^2=\boxed{55}^2$

특목고 구술·면접 대비 문제

---

1 7   **2** $\sqrt{3}+\sqrt{2}$ **3** 풀이 참조

4 $a=b$인 이등변삼각형

---

1 x^2+8x+k는 a, b가 자연수이므로 $(x+1)(x+7)$, $(x+2)(x+6)$, $(x+3)(x+5)$, $(x+4)(x+4)$으로 인수분해된다. 이때, k의 값은 7, 12, 15, 16이다. 따라서, k의 최솟값은 **7**이다.

2 $a=\sqrt{3}+\sqrt{2}$, $b=\sqrt{3}-\sqrt{2}$라 하면 $ab=1$

$$\sqrt{X}=\sqrt{\left(\frac{a^n+b^n}{2}\right)^2}=\frac{a^n+b^n}{2}$$

$$\sqrt{X-1}=\sqrt{\left(\frac{a^n+b^n}{2}\right)^2-1}$$
$$=\sqrt{\frac{a^{2n}+2+b^{2n}}{4}-1}$$
$$=\sqrt{\frac{a^{2n}-2+b^{2n}}{4}}$$
$$=\sqrt{\left(\frac{a^n-b^n}{2}\right)^2}=\frac{a^n-b^n}{2}$$

$$\sqrt{X}-\sqrt{X-1}=\frac{a^n+b^n}{2}-\frac{a^n-b^n}{2}=b^n$$

따라서, $\dfrac{1}{(\sqrt{x}-\sqrt{x-1})^{\frac{1}{n}}}=\dfrac{1}{(b^n)^{\frac{1}{n}}}=\dfrac{1}{b}$

$$=\frac{1}{\sqrt{3}-\sqrt{2}}=\sqrt{3}+\sqrt{2}$$

3 $(a+b+c)^2=a^2+b^2+c^2+2(ab+bc+ca)$
$a^2+b^2+c^2=-2(ab+bc+ca)$
위의 식의 양변을 제곱하면
$(a^2+b^2+c^2)^2=4(ab+bc+ca)^2$ ······㉠
(㉠의 좌변)
$=a^4+b^4+c^4+2(a^2b^2+b^2c^2+c^2a^2)$ ······㉡
(㉠의 우변)
$=4\{a^2b^2+b^2c^2+c^2a^2+2abc(a+b+c)\}$
$=4(a^2b^2+b^2c^2+c^2a^2)$ ······㉢
㉡=㉢이므로
$a^4+b^4+c^4+2(a^2b^2+b^2c^2+c^2a^2)$
$=4(a^2b^2+b^2c^2+c^2a^2)$
따라서, $a^4+b^4+c^4=2(a^2b^2+b^2c^2+c^2a^2)$
위의 식의 양변에 2를 곱하면
$2(a^4+b^4+c^4)=4(a^2b^2+b^2c^2+c^2a^2)$
$\qquad\qquad\quad=$ (㉠의 우변)

$=\{2(ab+bc+ca)\}^2$
따라서, a, b, c가 정수이므로
$\{2(ab+bc+ca)\}^2$은 제곱수이다.
그러므로 $2(a^4+b^4+c^4)$은 제곱수이다.

4 차수가 가장 낮은 문자 c에 대하여 내림차순으로 정리하면
(주어진 식)$=-c^2(a-b)+2bc(a-b)+a^2(a-b)$
$\qquad\qquad\quad-b^2(a-b)$
$=(a-b)(-c^2+2bc+a^2-b^2)$
$=(a-b)\{a^2-(b^2-2bc+c^2)\}$
$=(a-b)\{a^2-(b-c)^2\}$
$=(a-b)(a+b-c)(a-b+c)$
$=0$
그런데 a, b, c는 삼각형의 세 변의 길이이므로
$a+b-c>0$, $a-b+c>0$
따라서, $a-b=0$에서 $a=b$이므로
$a=b$인 이등변삼각형이다.

시·도 경시 대비 문제

---

1 $(x-y-1)(x^2+y^2+1+xy-y+x)$
2 27   **3** $(1, 36)$, $(2, 18)$, $(3, 12)$, $(4, 9)$, $(6, 6)$
4 -1 **5** -4 또는 0 **6** 19   **7** $\dfrac{9}{2}$
8 $\dfrac{1}{3}$

---

1 $x^3-y^3-1-3xy$
$=x^3+(-y)^3+(-1)^3-3\times x\times(-y)\times(-1)$
$=(x-y-1)(x^2+y^2+1+xy-y+x)$

 참고

$a^3+b^3+c^3-3abc$
$=(a+b+c)(a^2+b^2+c^2-ab-bc-ca)$

2 $b-a$의 값은 두 다항식의 뺄셈에서의 x^4의 계수와 같다.
$7x^3+5x^2+3x+1=t$라 하면
$(9x^4+7x^3+5x^2+3x+1)^3-(7x^3+5x^2+3x+1)^3$
$=(9x^4+t)^3-t^3$
$=(9x^4+t-t)\{(9x^4+t)^2+(9x^4+t)t+t^2\}$
$=9x^4(81x^8+18tx^4+t^2+9tx^4+t^2+t^2)$
$=9x^4(81x^8+27tx^4+3t^2)$

그런데 (　) 안의 상수항은 t^2에 있는 1, 즉
$(7x^3+5x^2+3x+1)^2$의 1뿐이므로 x^4의 계수는
$3 \times 9 = $ **27**

3　Ⅰ. $x^2+y^2=A$
　Ⅱ. $x^3+y^3=B(x+y)$
$$B=\frac{x^3+y^3}{x+y}=\frac{(x+y)(x^2-xy+y^2)}{x+y}$$
$$=x^2-xy+y^2\ (x>0,\ y>0\text{이므로})$$
　Ⅲ. $A-B=36$이므로
$$(x^2+y^2)-(x^2-xy+y^2)=xy=36$$
따라서, 순서쌍 (x,y)는 $(1,36),(2,18),(3,12),$
$(4,9),(6,6)$이다.

4　$x-1=a,\ y+3=b$라 하면
(주어진 식)$=\dfrac{ab}{4a^2+b^2}=-\dfrac{1}{4}$에서
$$4a^2+b^2=-4ab$$
$$4a^2+4ab+b^2=0$$
$$(2a+b)^2=0$$
그런데 $2a+b=2(x-1)+y+3=2x+y+1$
이므로 $(2x+y+1)^2=0$
따라서, $2x+y=$**-1**이다.

5　$x^2+4x+9=(x+2)^2+5=k^2$ (k는 정수)라 하면
$$k^2-(x+2)^2=5$$
$$(k+x+2)(k-x-2)=5$$
x와 k는 모두 정수이므로

$k+x+2$	1	5	-1	-5
$k-x-2$	5	1	-5	-1
k	3	3	-3	-3
x	-4	0	0	-4

$x=-4$ 또는 $x=0$일 때, k의 값은 -3 또는 3이다.
따라서, x^2+4x+9가 어떤 정수의 제곱이 되도록 하는
정수 x는 **-4 또는 0**이다.

6　주어진 식을 a에 관하여 정리하면
$$a(bc+2b+2c+4)+2(bc+2b+2c+4)-8=447$$
$$(a+2)(bc+2b+2c+4)=447+8$$
$$(a+2)\{b(c+2)+2(c+2)\}=455$$
$$(a+2)(b+2)(c+2)=5\times7\times13$$
a,b,c가 서로 바뀌어도 일반성을 가지므로
$a=3,b=5,c=11$이다.

따라서, $a+b+c=$**19**이다.

7　$2x-3=a,\ 2y-3=b$라 하면 주어진 식은
$\dfrac{ab}{a^2+4b^2}=-\dfrac14$에서 $a^2+4b^2=-4ab$
$$a^2+4ab+4b^2=0,\ (a+2b)^2=0$$
$$a+2b=0$$
$$2x-3+2(2y-3)=0,\ 2x+4y=9$$
따라서, $x+2y=$**$\dfrac92$**이다.

8　$\dfrac{x}{y}=\dfrac{2y}{x-z}$에서 $x^2-zx=2y^2$
$$x^2-2y^2=zx\qquad\cdots\cdots\text{㉠}$$
또, $\dfrac{x}{y}=\dfrac{2x+y}{z}$에서 $2xy+y^2=zx\quad\cdots\cdots\text{㉡}$
㉠$-$㉡을 하면
$$x^2-2xy-3y^2=0,\ (x-3y)(x+y)=0$$
$x>0,y>0$이므로 $x+y\ne0,\ x=3y$
따라서, $\dfrac yx=\dfrac{y}{3y}=$**$\dfrac13$**이다.

P. 40~41
올림피아드 대비 문제

1 9	**2** 2701	**3** 48	**4** 3

1　Ⅱ에서
$$x^2\left(\frac1y+\frac1z\right)+y^2\left(\frac1z+\frac1x\right)+z^2\left(\frac1x+\frac1y\right)+3=0$$
$$x^2\left(\frac1y+\frac1z\right)+y^2\left(\frac1z+\frac1x\right)+z^2\left(\frac1x+\frac1y\right)+(x+y+z)$$
$$=0\ (\text{Ⅰ에서 }x+y+z=3\text{이므로})$$
$$x^2\left(\frac1y+\frac1z+\frac1x\right)+y^2\left(\frac1z+\frac1x+\frac1y\right)+z^2\left(\frac1x+\frac1y+\frac1z\right)$$
$$=0$$
$$(x^2+y^2+z^2)\left(\frac1x+\frac1y+\frac1z\right)=0$$
이때, $xyz\ne0$에서 $x^2+y^2+z^2\ne0$이므로
$$\frac1x+\frac1y+\frac1z=0$$
$$\frac{xy+yz+zx}{xyz}=0\text{이므로 }xy+yz+zx=0$$
따라서, $x^2+y^2+z^2=(x+y+z)^2-2(xy+yz+zx)$
$$=3^2-2\times0=\textbf{9}$$

2 $x=2+\sqrt{3}, y=2-\sqrt{3}$이라 하면

$0<y<1$이므로 $0<y^2<1$ ······㉠

$x^6=(2+\sqrt{3})^6=\{(2+\sqrt{3})^2\}^3$

   $=(7+4\sqrt{3})^3=(7+4\sqrt{3})(7+4\sqrt{3})^2$

   $=(7+4\sqrt{3})(97+56\sqrt{3})$

   $=1351+780\sqrt{3}$

$y^6=(2-\sqrt{3})^6=1351-780\sqrt{3}$

$x^6+y^6=2702$에서 $x^6=2701+(1-y^6)$

㉠에서 $-1<-y^2<0$이므로 $0<1-y^6<1$

따라서, $x^6=2701.\times\times\times\cdots$이므로

$[x^6]=[(2+\sqrt{3})^6]=\mathbf{2701}$

3 $a-b=-4, b-c=-4, c-a=8$

$a^3+b^3+c^3-3abc$

$=(a+b+c)(a^2+b^2+c^2-ab-bc-ca)$

$=(a+b+c)\cdot\dfrac{1}{2}\{(a-b)^2+(b-c)^2+(c-a)^2\}$

$=(a+b+c)\cdot\dfrac{1}{2}\{(-4)^2+(-4)^2+8^2\}$

$=48(a+b+c)$

따라서, $a^3+b^3+c^3-3abc$는 $a+b+c$의 48배가 되므로

$k=\mathbf{48}$이다.

4 $a=3^n-9, b=9^n-3$이라 하면 주어진 식은

$a^3+b^3=(a+b)^3=a^3+3ab(a+b)+b^3$에서

$3ab(a+b)=0$이다.

따라서, $a=0$ 또는 $b=0$ 또는 $a+b=0$이다.

(i) $a=0$일 때, $3^n-9=0$

    $3^n=9=3^2$

    따라서, $n=2$이다.

(ii) $b=0$일 때, $9^n-3=0$

    $9^n=3^{2n}=3$

    따라서, $n=\dfrac{1}{2}$이다.

    그런데 n은 자연수라는 조건을 만족하지 않는다.

(iii) $a+b=0$일 때, $3^n+9^n-12=0$

    $(3^n)^2+3^n-12=0, (3^n+4)(3^n-3)=0$

    $3^n+4>0$이므로 $3^n=3$이므로 $n=1$이다.

(i)~(iii)에서 자연수 n은 1과 2이다.

따라서 모든 자연수 n의 값의 합은 $1+2=\mathbf{3}$이다.

Ⅲ 이차방정식

특목고 대비 문제

1 ③   **2** ①   **3** -4 **4** $m=8, -10$

5 -1 **6** $15, 12, -3, 0$ **7** -2

8 $\sqrt{2}$ **9** $x^2+7x-6=0, x=\dfrac{-7\pm\sqrt{73}}{2}$

10 $x=0, -4, -2\pm\sqrt{6}$ **11** 0 또는 5

12 풀이 참조   **13** $400\pi\,\mathrm{m}^2$

14 $p=-25, q=156$ **15** 15   **16** 1

17 (1) $x=-1, 2, -\dfrac{1}{2}$ (2) $x=-\dfrac{1}{2}, -\dfrac{1}{3}, 2, 3$

18 10   **19** ⑤   **20** $x^2-2x-1=0$

21 $-8+2\sqrt{5}$ **22** 28   **23** $x=\pm7$

24 $p=\pm3, q=2$ **25** 116   **26** 32

27 (1) $4x+26$ (2) 11 (3) 320장   **28** ④

29 -2 **30** ①   **31** $a=c$인 이등변삼각형

32 6개   **33** $a=-6$, 두 근은 2, 4   **34** $\dfrac{2}{3}$

35 50일   **36** 1   **37** $-\dfrac{1}{3}$ **38** ②   **39** 320

40 ④   **41** -5 **42** -1

43 $2 : (-1+\sqrt{5})$ 또는 $(1+\sqrt{5}) : 2$ **44** ②

1 이차방정식의 근과 계수의 관계에 의하여

$\alpha+\beta=4, \alpha\beta=1$이므로

$(\sqrt{\alpha}+\sqrt{\beta})^2=\alpha+\beta+2\sqrt{\alpha\beta}=4+2\sqrt{1}=6$

그런데 $\sqrt{\alpha}+\sqrt{\beta}>0$이므로 $\sqrt{\alpha}+\sqrt{\beta}=\sqrt{6}$

2 이차방정식의 근과 계수의 관계에 의하여

$\alpha+\beta=-\dfrac{3}{2}, \alpha\beta=-1$이므로

$(\alpha+1)+(\beta+1)=(\alpha+\beta)+2=-\dfrac{3}{2}+2=\dfrac{1}{2}$

$(\alpha+1)(\beta+1)=\alpha\beta+(\alpha+\beta)+1$

              $=-1-\dfrac{3}{2}+1=-\dfrac{3}{2}$

따라서, $x^2-\dfrac{1}{2}x-\dfrac{3}{2}=0$이므로

$b=-\dfrac{1}{2}, c=-\dfrac{3}{2}$

따라서, $b+c=\mathbf{-2}$이다.

3 $x=2$가 이차방정식 $ax^2+bx+c=0$의 근이므로 $x=2$

를 $ax^2+bx+c=0$에 대입하면

$4a+2b+c=0$ ......㉠

$(-1, 2)$를 $y=ax^2$, $y=-bx-c$에 각각 대입하면

$a=2$, $b-c=2$ ......㉡

㉠, ㉡을 연립하여 풀면 $a=2$, $b=-2$, $c=-4$

따라서, $a+b+c=\mathbf{-4}$

4 두 근의 차가 1이므로 두 근을 p, $p+1$이라 하면

$(x-p)(x-p-1)=0$, $x^2-(2p+1)x+p^2+p=0$

$p^2+p=20$, $(p+5)(p-4)=0$

$p=-5$ 또는 $p=4$

(i) $p=-5$일 때, $-(2p+1)=9=1+m$

 따라서, $m=8$

(ii) $p=4$일 때, $-(2p+1)=-9=1+m$

 따라서, $m=-10$

(i), (ii)에서

$\mathbf{m=8}$ **또는** $\mathbf{m=-10}$

5 $x+y=t$라 하면 $t(t-4)-5=0$

$t^2-4t-5=0$, $(t+1)(t-5)=0$

$t=-1$ 또는 $t=5$

그런데 $x<0$, $y<0$이므로 $x+y<0$

따라서, $x+y=\mathbf{-1}$

6 주어진 이차방정식의 두 정수해를 α, $\beta\,(\alpha\neq\beta)$라 하면

$\alpha+\beta=k+2$ ......㉠

$\alpha\beta=4k$ ......㉡

$D=(k+2)^2-16k>0$ ......㉢

㉢에서 $k^2-12k+4>0$

$k^2-12k+4=0$의 근이 $k=6\pm\sqrt{32}$이므로

$k^2-12k+4>0$에서 $k<6-\sqrt{32}$ 또는 $k>6+\sqrt{32}$

또한, ㉠$\times 4-$㉡을 하면

$4\alpha+4\beta-\alpha\beta=8$, $\alpha(4-\beta)-4(4-\beta)=8-16$

$(\alpha-4)(4-\beta)=-8$, $(\alpha-4)(\beta-4)=8$

$\alpha-4$	1	2	4	8	-1	-2	-4	-8
$\beta-4$	8	4	2	1	-8	-4	-2	-1

α	5	6	8	12	3	2	0	-4
β	12	8	6	5	-4	0	2	3
$\alpha\beta$	60	48	48	60	-12	0	0	-12

따라서, $k=\dfrac{\alpha\beta}{4}$이므로 k의 값은 $\mathbf{15}$, $\mathbf{12}$, $\mathbf{-3}$, $\mathbf{0}$

7 주어진 이차방정식의 한 근이 2이므로 $x=2$를

$(a-4)x^2-a^2x+32=0$에 대입하면

$4(a-4)-2a^2+32=0$, $2a^2-4a-16=0$

$a^2-2a-8=0$, $(a+2)(a-4)=0$

$a=-2$ 또는 $a=4$

그런데 $a=4$이면 이차방정식이 아니므로 $a=\mathbf{-2}$

8 한 근이 다른 근의 3배이므로 두 근을 k, $3k\,(k>0)$라 하면

(i) $k+3k=4k=\dfrac{4a}{a^2+1}$

 $k=\dfrac{a}{a^2+1}$ ......㉠

 $k>0$이므로 $a>0$ ......㉡

(ii) $k\times 3k=3k^2=\dfrac{2}{a^2+1}$ ......㉢

(iii) $\dfrac{D}{4}=(2a)^2-2(a^2+1)>0$

 $4a^2-2a^2-2>0$

 $2(a+1)(a-1)>0$

 $a<-1$ 또는 $a>1$ ......㉣

한편, ㉠을 ㉢에 대입하면

$3\left(\dfrac{a}{a^2+1}\right)^2=\dfrac{2}{a^2+1}$, $\dfrac{3a^2}{a^2+1}=2$

$2a^2+2=3a^2$, $a^2=2$

$a=\pm\sqrt{2}$ ......㉤

㉡, ㉣, ㉤에서 $a=\sqrt{2}$

9 보아가 구한 근으로부터

$(x-2)(x+3)=0$, $x^2+x-6=0$

보아는 x의 계수 a를 잘못 보았으므로 상수항 b는 옳게 보았다.

따라서, $b=-6$

혜성이가 구한 근으로부터

$(x-1)(x+8)=0$, $x^2+7x-8=0$

혜성이는 상수항 b를 잘못 보았으므로 x의 계수 a는 옳게 보았다.

따라서, $a=7$

그러므로 원래의 이차방정식은 $\mathbf{x^2+7x-6=0}$

따라서, $x=\dfrac{-7\pm\sqrt{49+24}}{2}=\dfrac{\mathbf{-7\pm\sqrt{73}}}{\mathbf{2}}$

10 $(x-1)(x+1)(x+3)(x+5)+15=0$

$\{(x-1)(x+5)\}\{(x+1)(x+3)\}+15=0$

$(x^2+4x-5)(x^2+4x+3)+15=0$

$x^2+4x=A$라 하면

$(A-5)(A+3)+15=0$, $A^2-2A=0$

$A(A-2)=0$, $A=0$ 또는 $A-2=0$

(i) $x^2+4x=0$에서 $x(x+4)=0$

 $x=0$ 또는 $x=-4$

(ii) $x^2+4x-2=0$에서 $x=-2\pm\sqrt{6}$

(i), (ii)에서

$$x=0, -4, -2\pm\sqrt{6}$$

11 $x^2-6xy+9y^2+x-3y-6=0$

$(x-3y)^2+(x-3y)-6=0$

$x-3y=X$라 하면

$X^2+X-6=0,\ (X+3)(X-2)=0$

$(x-3y+3)(x-3y-2)=0$ $\qquad\qquad\cdots\cdots$ ㉠

$x-3y=(a+6\sqrt{3})-3(1+2\sqrt{3})=a-3$ $\quad\cdots\cdots$ ㉡

㉡을 ㉠에 대입하면

$(a-3+3)(a-3-2)=0,\ a(a-5)=0$

따라서, $a=0$ **또는** $a=5$

12 $x^2-2ax+a^2=x^2-2bx+b^2$

$2ax-2bx-a^2+b^2=0$

$2x(a-b)-(a-b)(a+b)=0$

$(a-b)\{2x-(a+b)\}=0$

따라서, $a\ne b$이면 $x=\dfrac{a+b}{2}$, $a=b$이면 해가 무수히

많다.

13 수영장의 반지름의 길이를 $r\,\mathrm{m}$라 하면 콘크리트 벽의 넓이는

$\pi(r+2)^2-\pi r^2=\pi(r^2+4r+4)-\pi r^2=4\pi(r+1)$

벽의 넓이가 수영장의 넓이의 21%이므로

$\dfrac{21}{100}\pi r^2=4\pi(r+1),\ 21r^2-400r-400=0$

$(21r+20)(r-20)=0$

이때, $r>0$이므로 $r=20\,(\mathrm{m})$

따라서, 수영장의 넓이는 $\pi\cdot20^2=\mathbf{400\pi\,(m^2)}$

14 주어진 이차방정식의 두 근이 연속하는 양의 정수이므로 두 근을 $\alpha,\ \alpha+1$이라 하면

(i) $\alpha+(\alpha+1)=2\alpha+1=-p$

(ii) $\alpha\times(\alpha+1)=\alpha^2+\alpha=q$

그런데 두 근의 제곱의 차가 25이므로

$(\alpha+1)^2-\alpha^2=25,\ 2\alpha=24,\ \alpha=12$

따라서, $\boldsymbol{p=-(2\alpha+1)=-25},\ \boldsymbol{q=\alpha^2+\alpha=156}$

15 $a-b=t$라 하면 $t^2-3t-18=0$

인수분해하면 $(t-6)(t+3)=0,\ t=6$ 또는 $t=-3$

따라서, $a-b=6$ 또는 $a-b=-3$

그런데 $a>b$이므로 $a-b>0$

따라서, $a-b=6$ $\qquad\qquad\cdots\cdots$ ㉠

주어진 조건에서 $a+b=8$ $\qquad\cdots\cdots$ ㉡

㉠, ㉡을 연립해서 풀면 $a=7,\ b=1$

따라서, $2a+b=\mathbf{15}$

16 공통근을 α라 하면

$\alpha^2+a^2\alpha+b^2-2a=0$ $\qquad\qquad\cdots\cdots$ ㉠

$\alpha^2-2a\alpha+a^2+b^2=0$ $\qquad\qquad\cdots\cdots$ ㉡

㉠-㉡을 하면 $(a^2+2a)\alpha-(a^2+2a)=0$

$(a^2+2a)(\alpha-1)=0$

$a^2+2a=0$ 또는 $\alpha=1$

그런데 $a^2+2a=0$일 때 $a^2=-2a$이므로 두 방정식이 일치하게 되어 오직 하나의 공통근을 가진다는 문제의 뜻에 맞지 않는다.

따라서, $\boldsymbol{\alpha=1}$이다.

17 (1) $f(x)=2x^3-x^2-5x-2$라 하면

$f(-1)=-2-1+5-2=0$이므로

$f(x)$는 $x+1$을 인수로 갖는다.

따라서, $f(x)$를 $x+1$로 나눈 몫을 오른쪽과 같이 조립제법으로 구한다.

$$\begin{array}{r|rrrr} -1 & 2 & -1 & -5 & -2 \\ & & -2 & 3 & 2 \\ \hline & 2 & -3 & -2 & 0 \end{array}$$

$f(x)=(x+1)(2x^2-3x-2)$

$\qquad=(x+1)(x-2)(2x+1)$

따라서, 주어진 방정식은

$(x+1)(x-2)(2x+1)=0$

따라서, $\boldsymbol{x=-1}$ **또는** $\boldsymbol{x=2}$ **또는** $\boldsymbol{x=-\dfrac{1}{2}}$

(2) $x\ne0$이므로 양변을 x^2으로 나누면

$6x^2-25x+12+\dfrac{25}{x}+\dfrac{6}{x^2}=0$

$6\left(x^2+\dfrac{1}{x^2}\right)-25\left(x-\dfrac{1}{x}\right)+12=0$

$x-\dfrac{1}{x}=t$라 하면 $x^2+\dfrac{1}{x^2}=t^2+2$이므로

$6(t^2+2)-25t+12=0$

$6t^2-25t+24=0,\ (2t-3)(3t-8)=0$

$t=\dfrac{3}{2}$ 또는 $t=\dfrac{8}{3}$

(i) $t=\dfrac{3}{2}$일 때, $x-\dfrac{1}{x}=\dfrac{3}{2}$

$2x^2-3x-2=0,\ (2x+1)(x-2)=0$

$x=-\dfrac{1}{2}$ 또는 $x=2$

(ii) $t=\dfrac{8}{3}$일 때, $x-\dfrac{1}{x}=\dfrac{8}{3}$

$3x^2-8x-3=0,\ (3x+1)(x-3)=0$

$x=-\dfrac{1}{3}$ 또는 $x=3$

(i), (ii)에서 $x=-\dfrac{1}{2}$ 또는 $x=-\dfrac{1}{3}$ 또는 $x=2$
또는 $x=3$

18 $x\neq0$이므로 양변을 x로 나누면

$x-3+\dfrac{1}{x}=0,\ x+\dfrac{1}{x}=3$

양변을 제곱하면 $x^2+\dfrac{1}{x^2}+2=9,\ x^2+\dfrac{1}{x^2}=7$

따라서, $x^2+x+\dfrac{1}{x^2}+\dfrac{1}{x}=\left(x^2+\dfrac{1}{x^2}\right)+\left(x+\dfrac{1}{x}\right)$
$$=7+3=\mathbf{10}$$

19 이차방정식 $x^2+2ax+b=0$이 중근을 가질 조건은

$\dfrac{D}{4}=a^2-b=0$ $\quad\cdots\cdots$ ㉠

한 개의 주사위를 두 번 던져서 차례로 나온 눈의 수
$(a,\,b)$는 $(1,\,1)$에서 $(6,\,6)$까지 36가지이다.

이 중에서 ㉠을 만족시키는 경우는 $(1,\,1),\,(2,\,4)$의 2

가지이므로 구하는 확률은 $\dfrac{2}{36}=\dfrac{\mathbf{1}}{\mathbf{18}}$

20 $x^2+ax+b=0$의 두 근을 $\alpha,\,\beta$라 하면

$\alpha+\beta=-a,\ \alpha\beta=b$

$\alpha+1,\ \beta+1$이 $x^2-a^2x+ab=0$의 두 근이므로

(i) $(\alpha+1)+(\beta+1)=(\alpha+\beta)+2=-a+2=a^2$

$a^2+a-2=0,\ (a+2)(a-1)=0$

이때, $a\neq1$이므로 $a=-2$

(ii) $(\alpha+1)(\beta+1)=\alpha\beta+(\alpha+\beta)+1$
$$=b-a+1=ab$$

$b+2+1=-2b,\ 3b=-3,\ b=-1$

따라서, 원래의 방정식은 $x^2-2x-1=0$

21 $\sqrt{5}$의 정수 부분은 2, 소수 부분은 $\sqrt{5}-2$이다.

따라서, x^2의 계수가 2이고 두 근이 2, $\sqrt{5}-2$인 이차방
정식은 $2(x-2)\{x-(\sqrt{5}-2)\}=0$

$2x^2-2\sqrt{5}x+4\sqrt{5}-8=0$

따라서, $p=-2\sqrt{5},\ q=4\sqrt{5}-8$이므로

$p+q=\mathbf{-8+2\sqrt{5}}$

22 $(x+y)^2<(x+y)^2+3x+y=1996<45^2$이므로

$x+y\leq44$

만일 $x+y=44$라면

$(x+y)^2+3x+y=(x+y)^2+3(x+y)-2y$
$$=1936+132-2y=1996$$

이므로 $y=36$

만일 $x+y\leq43$이라면

$2y=(x+y)^2+3(x+y)-1996$
$$\leq43^2+129-1996=-18$$

에서 $y\leq-9$, 즉 y의 값이 음수가 되므로 문제의 조건에
적합하지 않다.

따라서, y의 값은 36 하나 뿐이다.

$y=36$을 주어진 방정식에 대입하면

$(x+36)^2+3x+36=1996$

$x^2+72x+3x+36^2+36-1996=0$

$x^2+75x-664=0,\ (x+83)(x-8)=0$

이때, $x>0$이므로 $x=8$

따라서, y의 값과 x의 값의 차는 **28**이다.

23 (주어진 식)
$$=\left(\dfrac{1}{x-5}-\dfrac{1}{x-4}\right)+\left(\dfrac{1}{x-4}-\dfrac{1}{x-3}\right)+\cdots$$
$$+\left(\dfrac{1}{x+3}-\dfrac{1}{x+4}\right)+\left(\dfrac{1}{x+4}-\dfrac{1}{x+5}\right)$$
$$=\dfrac{1}{x-5}-\dfrac{1}{x+5}=\dfrac{10}{(x-5)(x+5)}=\dfrac{5}{12}$$

$(x-5)(x+5)=24,\ x^2=49$

따라서, $x=\pm\mathbf{7}$이다.

참고

부분분수 분해

$$\dfrac{C}{AB}=\dfrac{C}{B-A}\left(\dfrac{1}{A}-\dfrac{1}{B}\right)$$

24 이차방정식의 두 근을 $\alpha,\ \alpha+1$(α는 정수) 이라 하면

$\alpha+(\alpha+1)=2\alpha+1=-p,\ \alpha=\dfrac{-p-1}{2}$ $\quad\cdots\cdots$ ㉠

$\alpha(\alpha+1)=q$ $\quad\cdots\cdots$ ㉡

㉠을 ㉡에 대입하여 정리하면

$p^2-4q=1$ $\quad\cdots\cdots$ ㉢

㉡으로부터 q는 짝수임을 알 수 있고 q는 소수이므로
$q=2$

$q=2$를 ㉢에 대입하면 $p^2=9,\ p=\pm3$

(i) $p=-3,\ q=2$일 때, $x^2-3x+2=0$

$(x-1)(x-2)=0$에서 $x=1$ 또는 $x=2$

이것은 두 근이 연속하는 정수라는 조건을 만족한다.

(ii) $p=3,\ q=2$일 때, $x^2+3x+2=0$

$(x+2)(x+1)=0$에서 $x=-2$ 또는 $x=-1$

이것은 두 근이 연속하는 정수라는 조건을 만족한다.

(i), (ii)에서 $p=\pm\mathbf{3},\ q=\mathbf{2}$

25 작은 직사각형 한 개의 가로, 세로의 길이를 각각 $x,\,y$라
하면 $\overline{AD}=5x,\ \overline{BC}=4y$이고 $\overline{AD}=\overline{BC}$이므로

$5x=4y$, $y=\dfrac{5}{4}x$ ······㉠

또한, 카드 한 장의 넓이는 xy이므로 카드 9장의 넓이의 합은 $9xy$이다.

따라서, $9xy=720$, $xy=80$ ······㉡

㉠을 ㉡에 대입하여 풀면

$x=8$, $y=10$

따라서, 사각형 ABCD의 둘레의 길이는
$$2(\overline{AB}+\overline{AD})=2(y+x+5x)=2(6x+y)$$
$$=2(6\times8+10)=\mathbf{116}$$

26 에스컬레이터의 높이를 나타내는 총 계단의 수를 x라 하면 A는 24계단을 내려왔으므로 A가 내려올 때 실제로 에스컬레이터가 내려온 계단 수는 $(x-24)$이다.

B는 16계단을 내려왔으므로 B가 내려올 때 실제로 에스컬레이터가 내려온 계단 수는 $(x-16)$이다.

에스컬레이터가 1계단 내려오는 데 소요되는 시간을 단위 시간으로 하면 A와 B가 계단을 내려오는 속력은 각각 $\dfrac{24}{x-24}$, $\dfrac{16}{x-16}$이다.

이 두 사람의 속력의 비는 3 : 1이므로

$$\dfrac{24}{x-24}:\dfrac{16}{x-16}=3:1,\ \dfrac{24}{x-24}=\dfrac{48}{x-16}$$

$24(x-16)=48(x-24)$, $x-16=2(x-24)$

따라서, $x=\mathbf{32}$이다.

27 (1) C의 부분에서 세로의 길이가 x, 가로의 길이가 $x+11$이므로 B의 부분의 색종이의 개수는
$$2x+2(x+11)+4=\mathbf{4x+26}$$

(2) A의 부분에서 색종이의 개수는
$$2(x+2)+2(x+13)+4=4x+34$$
따라서,
$$C+B+A=x(x+11)+(4x+26)+(4x+34)$$
$$=390$$
$$x^2+19x-330=0,\ (x+30)(x-11)=0$$
이때, $x>0$이므로 $\mathbf{x=11}$

(3) 하얀색 색종이가 붙어 있는 부분은 A와 C이므로 전체 색종이의 개수에서 B 부분의 색종이의 개수를 빼면 된다.

따라서, $390-(4x+26)=390-70=\mathbf{320(장)}$

28 두 그래프의 교점을 $P(\alpha, 3\alpha+b)$, $Q(\beta, 3\beta+b)$라 하면
$$\overline{PQ}=\sqrt{(\beta-\alpha)^2+(3\beta+b-3\alpha-b)^2}$$
$$=\sqrt{(\beta-\alpha)^2+(3\beta-3\alpha)^2}=\sqrt{10(\alpha-\beta)^2}$$
$$=\sqrt{10(\alpha+\beta)^2-40\alpha\beta}=4\sqrt{10}$$
$10(\alpha+\beta)^2-40\alpha\beta=160$, $(\alpha+\beta)^2-4\alpha\beta=16$······㉠

또한, α, β는 $x^2+ax+4=3x+b$, 즉
$x^2+(a-3)x+4-b=0$의 두 근이므로
$\alpha+\beta=-a+3$, $\alpha\beta=4-b$ ······㉡

㉡을 ㉠에 대입하면
$$(-a+3)^2-4(4-b)=16,\ 4b=-(a-3)^2+32$$
$$b=-\dfrac{1}{4}(a-3)^2+8$$

따라서, $a=3$일 때 b의 최댓값은 8이다.

29 $2(x+y)^2=8xy-3x+3y+2$에서
$$2x^2+2y^2-4xy+3x-3y-2=0$$
$$2(x^2+y^2-2xy)+3(x-y)-2=0$$
$$2(x-y)^2+3(x-y)-2=0$$
$x-y=t$라 하면 $2t^2+3t-2=0$
$$(t+2)(2t-1)=0$$
$$t=-2\ \text{또는}\ t=\dfrac{1}{2}$$
이때, $x-y<0$이므로 $t=x-y=\mathbf{-2}$

30 세 개의 이차방정식의 근을 구하면
$x^2-(1+p)x+p=0$, $(x-1)(x-p)=0$에서
$x=1$ 또는 $x=p$ ······㉠
$x^2-(q-1)x-q=0$, $(x+1)(x-q)=0$에서
$x=-1$ 또는 $x=q$ ······㉡
$x^2-2(p+2q)x+8pq=0$, $(x-2p)(x-4q)=0$에서
$x=2p$ 또는 $x=4q$ ······㉢
세 개의 이차방정식의 공통근이 음수이므로
㉠에서 공통근은 $x=p$
㉢에서 $2p\ne p$이므로 공통근은 $x=4q$
㉡에서 $q\ne4q$이므로 공통근은 $x=-1$
$p=4q=-1$
따라서, $p-4q=\mathbf{0}$

31 $(a+b-c)(ab-bc+ca)+abc=2bc^2$를 전개하여 정리하면 $a^2b+a^2c+ab^2-b^2c-bc^2-ac^2=0$
$$a^2b-bc^2+a^2c-ac^2+ab^2-b^2c=0$$
$$b(a^2-c^2)+ac(a-c)+b^2(a-c)=0$$
$$(a-c)\{b(a+c)+ac+b^2\}=0$$
$$(a-c)(ab+bc+ac+b^2)=0$$
a, b, c는 삼각형의 변의 길이이므로 양수이다.

따라서, $a-c=0$이므로 $\mathbf{a=c}$**인 이등변삼각형**이다.

32 $36[x]$는 짝수, $36[x]-45$는 홀수이므로 $4x^2$은 홀수이어야 한다.

따라서, $4x^2=2m-1$이라 하면 $x=\dfrac{\sqrt{2m+1}}{2}$

(단, m은 음이 아닌 정수)

$$4\left(\frac{\sqrt{2m+1}}{2}\right)^2 - 36\left[\frac{\sqrt{2m+1}}{2}\right] + 45 = 0$$

$$(2m+1) - 36\left[\frac{\sqrt{2m+1}}{2}\right] + 45 = 0$$

$$36\left[\frac{\sqrt{2m+1}}{2}\right] = 2m+46, \quad \left[\frac{\sqrt{2m+1}}{2}\right] = \frac{m+23}{18}$$

$$\frac{m+23}{18} \le \frac{\sqrt{2m+1}}{2} < \frac{m+23}{18} + 1 = \frac{m+41}{18}$$

$$\underbrace{\frac{m+23}{9}}_{\text{(i)}} \le \underbrace{\sqrt{2m+1} < \frac{m+41}{9}}_{\text{(ii)}}$$

(i)에서 $m+23 \le 9\sqrt{2m+1}$

양변을 제곱하면

$$m^2 + 46m + 23^2 \le 81(2m+1)$$
$$m^2 - 116m + 23^2 \le 9^2$$
$$m^2 - 116m + 58^2 \le 9^2 + 58^2 - 23^2$$
$$\qquad = 9^2 + (58+23)(58-23)$$
$$\qquad = 9^2 + 81 \times 35$$
$$\qquad = 9^2(1+35)$$
$$\qquad = 9^2 \times 6^2 = 54^2$$
$$(m-58)^2 \le 54^2, \quad (m-58)^2 - 54^2 \le 0$$
$$(m-58+54)(m-58-54) \le 0$$
$$(m-4)(m-112) \le 0$$
$$4 \le m \le 112$$

(ii)에서 $9\sqrt{2m+1} < m+41$

양변을 제곱하면

$$81(2m+1) < m^2 + 82m + 1681$$
$$m^2 - 80m + 1600 > 0, \quad (m-40)^2 > 0$$
$$m \ne 40$$

(i), (ii)에서 $4 \le m < 40, \ 40 < m \le 112$

이 중에서 $\frac{m+23}{18}$이 정수인 것은

$m = 13, 31, 49, 67, 85, 103$일 때이다.

$$x = \frac{\sqrt{27}}{2}, \ \frac{\sqrt{63}}{2}, \ \frac{\sqrt{99}}{2}, \ \frac{\sqrt{135}}{2}, \ \frac{\sqrt{171}}{2}, \ \frac{\sqrt{207}}{2}$$

따라서, 실수 x의 개수는 **6개**이다.

참고

이차부등식의 풀이

① $(x-\alpha)(x-\beta) > 0 \Rightarrow x < \alpha$ 또는 $x > \beta$

② $(x-\alpha)(x-\beta) < 0 \Rightarrow \alpha < x < \beta$

　(단, $\alpha < \beta$)

33 주어진 이차방정식의 두 근을 $\alpha, \beta(\alpha, \beta$는 자연수)라 하면 근과 계수의 관계에 의하여

$$\alpha + \beta = -a \qquad \cdots\cdots \ \text{㉠}$$
$$\alpha\beta = 2 - a \qquad \cdots\cdots \ \text{㉡}$$

㉡$-$㉠을 하면

$$\alpha\beta - \alpha - \beta = 2, \ \alpha(\beta-1) - (\beta-1) = 2+1$$
$$(\alpha-1)(\beta-1) = 3 \qquad \cdots\cdots \ \text{㉢}$$

α, β가 자연수이므로 $\alpha-1, \beta-1$은 0 또는 자연수이다.

따라서, ㉢을 만족하는 경우는

$$\begin{cases} \alpha-1=1 \\ \beta-1=3 \end{cases} \text{또는} \begin{cases} \alpha-1=3 \\ \beta-1=1 \end{cases}$$

$$\begin{cases} \alpha=2 \\ \beta=4 \end{cases} \text{또는} \begin{cases} \alpha=4 \\ \beta=2 \end{cases}$$

따라서, $a = -(\alpha+\beta)$이므로 $a = \mathbf{-6}$

34 $\dfrac{a}{2b-c} = \dfrac{2b}{3a+c} = \dfrac{a}{b} = k(k>0)$라 하면

$$a = k(2b-c), \ 2b = k(3a+c)$$

두 식을 더하면 $a + 2b = k(3a+2b)$

양변을 b로 나누면 $\dfrac{a}{b} + 2 = k\left(\dfrac{3a}{b} + 2\right)$

$\dfrac{a}{b} = k$이므로 $k+2 = k(3k+2)$

$$3k^2 + k - 2 = 0, \ (k+1)(3k-2) = 0$$

이때, $k>0$이므로 $k = \dfrac{a}{b} = \mathbf{\dfrac{2}{3}}$

35 댐의 저수량을 x, 하루의 유입량을 y, 하루의 배수량을 z라 하고 원래의 배수량대로 물을 배수할 때 댐의 물을 t일 동안 쓸 수 있다고 하자.

(저수량)$+$(유입량)$=$(배수량)이므로

$$x + 40y = 40z \qquad \cdots\cdots \ \text{㉠}$$
$$x + 40(1+0.2)y = 40(1+0.1)z \qquad \cdots\cdots \ \text{㉡}$$
$$x + (1+0.2)yt = zt \qquad \cdots\cdots \ \text{㉢}$$

㉡$-$㉠에서 $z = 2y \qquad \cdots\cdots \ \text{㉣}$

㉣을 ㉠에 대입하면 $x = 40y \qquad \cdots\cdots \ \text{㉤}$

㉣, ㉤을 ㉢에 대입하면 $40y + 1.2yt = 2yt$

$$40y = 0.8yt, \ t = 50$$

따라서, 댐의 물을 **50일** 동안 쓸 수 있다.

36 주어진 이차방정식의 한 근이 2이므로 $x=2$를 주어진 방정식에 대입한 후 정리하면

$$m^2 + 2m + 1 = 0, \ (m+1)^2 = 0, \ m = -1$$

따라서, $m = -1$을 주어진 방정식에 대입한 후 정리하면

$$x^2 - 3x + 2 = 0, \ (x-1)(x-2) = 0$$
$$x = 1 \text{ 또는 } x = 2$$

따라서, 다른 한 근은 **1**이다.

37 정의에 따라서 주어진 식을 전개한다.

$(2x-1)^2-(2x-1)x+x^2=2-x$

$3x^2-2x-1=0$, $(3x+1)(x-1)=0$

이때, $x<0$이므로 $x=-\dfrac{1}{3}$

38 세 자연수 a, b, c 중 어느 두 수가 홀수이므로 b 또는 c 중 어느 하나는 홀수이다.

그러므로 $b-1$ 또는 $c-1$ 중 어느 하나는 짝수이고, 따라서 $(b-1)^2(c-1)^3$은 항상 짝수이다.

그런데 3^a은 항상 홀수이므로 $3^a+(b-1)^2(c-1)^3$은 **항상 홀수이다.**

39 ㉠의 좌변을 인수분해하면 $(2x-y)(x-y)=0$

$y=2x$ 또는 $y=x$

(i) $y=2x$를 ㉡에 대입하면

$5x^2-(2x)^2=16$, $x^2=16$

따라서, $x=\pm4$, $y=\pm8$ (복부호동순)

(ii) $y=x$를 ㉡에 대입하면

$5x^2-x^2=16$, $x^2=4$

따라서, $x=\pm2$, $y=\pm2$ (복부호동순)

(i), (ii)에서 $a=64$, $b=256$

따라서, $a+b=$**320**

40 ㄱ. 이차방정식이 중근을 가질 때에는 계수가 허수일지라도 $D=0$은 성립한다.

ㄴ. 이차방정식의 판별식은 계수가 실수일 때 한하여 의미가 있다.

ㄷ, ㄹ 이차방정식의 근과 계수의 관계는 계수가 허수라도 이용할 수 있다.

따라서, 옳은 것은 **ㄱ, ㄷ, ㄹ**이다.

41 이차방정식 $x^2+x-1=0$의 두 근이 α, β이므로

$\alpha^2+\alpha-1=0$, $\alpha^2+\alpha=1$

$\alpha^2=1-\alpha$ ……㉠

$\beta^2+\beta-1=0$, $\beta^2+\beta=1$

$\beta^2=1-\beta$ ……㉡

또한, 근과 계수의 관계에 의하여

$\alpha+\beta=-1$, $\alpha\beta=-1$

$\alpha^3=\alpha\times\alpha^2=\alpha(1-\alpha)=\alpha-\alpha^2$

$\qquad=\alpha-(1-\alpha)=2\alpha-1$ ……㉢

같은 방법으로 $\beta^3=2\beta-1$ ……㉣

㉠, ㉡, ㉢, ㉣에 의하여

$(1+\alpha+\alpha^2+\alpha^3)(1+\beta+\beta^2+\beta^3)$

$=(1+1+2\alpha-1)(1+1+2\beta-1)$

$=(2\alpha+1)(2\beta+1)$

$=4\alpha\beta+2(\alpha+\beta)+1$

$=-4-2+1=$**-5**

42 $x^2-ax+b+1=0$이 실근을 가지므로

$D=a^2-4(b+1)\geq0$

$-1\leq a\leq2$이므로 $0\leq a^2\leq4$

(i) $a^2=0$일 때, $-4(b+1)\geq0$, $b\leq-1$이므로

b의 최댓값은 -1이다.

(ii) $a^2=4$일 때, $-4b\geq0$, $b\leq0$

따라서, b의 최댓값은 0이다.

따라서, $-1\leq M\leq0$에서 $p+q=-1+0=$**-1**

43 가로의 길이를 a, 세로의 길이를 b라 하면

$a:b=(a+b):a$

$a^2=b(a+b)$, $a^2-ab-b^2=0$

$1-\dfrac{b}{a}-\left(\dfrac{b}{a}\right)^2=0$, $\left(\dfrac{b}{a}\right)^2+\left(\dfrac{b}{a}\right)-1=0$

$\dfrac{b}{a}=\dfrac{-1\pm\sqrt{5}}{2}$

그런데 $\dfrac{b}{a}>0$이므로 $\dfrac{b}{a}=\dfrac{-1+\sqrt{5}}{2}$

따라서, $a:b=2:(-1+\sqrt{5})$

다 른 풀 이

가로의 길이를 a, 세로의 길이를 b라 하면

$a:b=(a+b):a$

$a^2=b(a+b)$, $a^2-ab-b^2=0$

따라서, $a=\dfrac{b\pm\sqrt{b^2+4b^2}}{2}=\dfrac{b\pm\sqrt{5}b}{2}$

그런데 $a>0$이므로 $a=\dfrac{b+\sqrt{5}b}{2}=\dfrac{1+\sqrt{5}}{2}b$

따라서, $a:b=\dfrac{1+\sqrt{5}}{2}b:b=\dfrac{1+\sqrt{5}}{2}:1=(1+\sqrt{5}):2$

44 주어진 식의 좌변을 인수분해하면

$a^3c-a^2bc+ac(b^2+c^2)-bc(b^2+c^2)$

$=a^2c(a-b)+c(b^2+c^2)(a-b)$

$=c(a-b)(a^2+b^2+c^2)=0$

$c>0$, $a^2+b^2+c^2>0$이므로 $a-b=0$, 즉 $a=b$가 되어

$a=b$인 이등변삼각형이다.

P. 60~61

특목고 구술·면접 대비 문제

1 (1) 풀이 참조 (2) $-1, -\dfrac{1}{2}, 0, 1$ **2** $\dfrac{7}{36}$

3 9쪽, 10쪽 **4** (1) 풀이 참조

(2) 풀이 참조 (3) $a=6+5\sqrt{3}, b=-4$

---

1 (1) 주어진 이차방정식이 유리근 $\dfrac{q}{p}, \dfrac{s}{r}$ (p와 q, r와 s는

서로소)를 갖고

$P(x)=(a-3)x^2+(a-1)x+(a+1)$이라 하면

$P(x)=(a-3)x^2+(a-1)x+(a+1)$

$\qquad =(px-q)(rx-s)$

$\qquad =prx^2-(ps+qr)x+qs$

그런데 a가 짝수이면 $(a-3), (a-1), (a+1)$이

모두 홀수이므로 $pr, ps+qr, qs$가 모두 홀수가 되어

야 한다.

pr, qs가 홀수이려면 p, q, r, s가 모두 홀수이어야

한다.

따라서, p, q, r, s가 모두 홀수이면 $ps+qr$는 짝수이

므로 $ps+qr$가 홀수임에 위배된다.

따라서, a가 짝수이면 $P(x)=0$은 유리수를 근으로

갖지 않는다.

(2) $a=2k+1$(k는 정수)이라 하면

$P(x)=(2k-2)x^2+2kx+2k+2$

$\qquad =2\{(k-1)x^2+kx+(k+1)\}=0$

$D=k^2-4(k-1)(k+1)\geq 0$

$k^2-4k^2+4\geq 0, 3k^2-4\leq 0$

$(\sqrt{3}k+2)(\sqrt{3}k-2)\leq 0$

$-\dfrac{2}{\sqrt{3}}\leq k\leq \dfrac{2}{\sqrt{3}} \Rightarrow -1.\times\times\times\leq k\leq 1.\times\times\times$

k는 정수이므로 $k=-1, 0, 1$

$k=1$일 때는 일차방정식이 되므로 $k=-1$ 또는

$k=0$일 때 유리근을 갖는다

(ⅰ) $k=-1$일 때 $a=-1$이므로

$-4x^2-2x=0, -2x(2x+1)=0$

$x=0$ 또는 $-\dfrac{1}{2}$

(ⅱ) $k=0$일 때 $a=1$이므로

$-2x^2+2=0, x^2=1$

$x=-1$ 또는 $x=1$

(ⅰ), (ⅱ)에서

$\boldsymbol{x=-1, -\dfrac{1}{2}, 0, 1}$

2 이차방정식의 정수근을 α, β라 하면

$x^2-ax+b=(x-\alpha)(x-\beta)$이고, a, b는 모두 주사위

의 눈의 수이므로 1이상 6 이하의 자연수이다.

$a=1$일 때 b의 값은 존재하지 않는다.

$a=2$일 때 $b=1$이므로

$x^2-2x+1=(x-1)^2$

$a=3$일 때 $b=2$이므로

$x^2-3x+2=(x-1)(x-2)$

$a=4$일 때 $b=3, 4$이므로

$x^2-4x+3=(x-1)(x-3), x^2-4x+4=(x-2)^2$

$a=5$일 때 $b=4, 6$이므로

$x^2-5x+4=(x-1)(x-4),$

$x^2-5x+6=(x-2)(x-3)$

$a=6$일 때 $b=5$이므로

$x^2-6x+5=(x-1)(x-5)$

그러므로 두 근이 모두 정수가 되는 순서쌍 (a, b)는

$(2, 1), (3, 2), (4, 3), (4, 4), (5, 4), (5, 6), (6, 5)$

따라서, 구하는 확률은 $\dfrac{\boldsymbol{7}}{\boldsymbol{36}}$

3 n쪽의 책이라면 모든 쪽수의 합은

$1+2+3+\cdots+n=\dfrac{n(n+1)}{2}$

만일 찢겨 나간 쪽수가 k와 $k+1$이었다면 남은 쪽수의

합이 1256이므로

$\dfrac{n(n+1)}{2}=1256+k+(k+1)$ ······㉠

$k\geq 1$이므로

$\dfrac{n(n+1)}{2}\geq 1256+1+2$에서 $n^2+n\geq 2518$

따라서, $n\geq 50$ ······㉡

$k\leq n-1$이므로

$\dfrac{n(n+1)}{2}\leq 1256+(n-1)+n$에서 $n^2-3n\leq 2510$

따라서, $n\leq 51$ ······㉢

㉡, ㉢에서 $n=50, 51$

(ⅰ) $n=50$일 때, ㉠에서 $\dfrac{50\times 51}{2}=1256+k+(k+1)$

$1275=1256+2k+1$에서 $k=9, k+1=10$

(ⅱ) $n=51$일 때, ㉠에서 $\dfrac{51\times 52}{2}=1256+k+(k+1)$

$1326=1256+k+(k+1)$에서 $k=\dfrac{69}{2}$

그런데 쪽수는 자연수이므로 찢겨 없어진 쪽수는 **9쪽,**

10쪽이다.

4 (1) 공통근이 α이므로

$\alpha^2+a\alpha+b=0$ ······㉢

$\alpha^2+b\alpha+1=0$ ······㉣

ⓔ의 양변을 α로 나누면

$\alpha+b+\dfrac{1}{\alpha}=0,\ b=-\left(\alpha+\dfrac{1}{\alpha}\right)$ ······ ⓜ

산술·기하평균에 의하여

$\alpha+\dfrac{1}{\alpha}\geq2\sqrt{\alpha\times\dfrac{1}{\alpha}}=2$이므로 $b\leq-2$

ⓜ을 ⓒ에 대입하면 $\alpha^2+a\alpha-\alpha-\dfrac{1}{\alpha}=0$

위의 식의 양변을 α로 나누면

$\alpha+a-1-\dfrac{1}{\alpha^2}=0,\ a=1-\alpha+\dfrac{1}{\alpha^2}$ ······ ⓗ

따라서, $a\geq1$

(2) ⓐ의 두 근을 α, β, ⓑ의 두 근을 α, γ라 하면
ⓐ에서 $\alpha\beta=b$이고 이것을 ⓜ에 대입하면

$\alpha\beta=-\alpha-\dfrac{1}{\alpha}$

위의 식의 양변을 α로 나누면 $\beta=-\left(1+\dfrac{1}{\alpha^2}\right)$

ⓑ에서 $\alpha\gamma=1$이므로 $\gamma=\dfrac{1}{\alpha}$

(i) $0<\alpha<1$

(ii) $0<\alpha^2<1$, $\dfrac{1}{\alpha^2}>1$이므로 $\beta=-\left(1+\dfrac{1}{\alpha^2}\right)<-2$

(iii) $\dfrac{1}{\alpha}>1$이므로 $\gamma=\dfrac{1}{\alpha}>1$

(i)~(iii)에서 $\beta<\alpha<\gamma$

따라서, ⓐ, ⓑ의 근을 크기 순으로 나타내면

$$-\left(1+\dfrac{1}{\alpha^2}\right),\ \alpha,\ \dfrac{1}{\alpha}$$

(3) $b\geq-4$, $a>0$이므로 ⓔ에서

$\alpha^2-4\alpha+1\leq0$

위의 식의 양변을 α^2으로 나누면

$\left(\dfrac{1}{\alpha}\right)^2-4\left(\dfrac{1}{\alpha}\right)+1\leq0$

$\left(\dfrac{1}{\alpha}\right)^2-4\left(\dfrac{1}{\alpha}\right)+1=0$에서 $\dfrac{1}{\alpha}=2\pm\sqrt{3}$이므로

$2-\sqrt{3}\leq\dfrac{1}{\alpha}\leq2+\sqrt{3}$

ⓐ, ⓑ의 근 가운데 최대인 것이 $\dfrac{1}{\alpha}$이고 이것의 최댓
값은 $2+\sqrt{3}$이므로

$\boldsymbol{a}=1-\alpha+\dfrac{1}{\alpha^2}=1-\dfrac{1}{2+\sqrt{3}}+(2+\sqrt{3})^2$

$\quad=\boldsymbol{6+5\sqrt{3}}$

$\boldsymbol{b}=-\left(\alpha+\dfrac{1}{\alpha}\right)=-\left(\dfrac{1}{2+\sqrt{3}}+2+\sqrt{3}\right)$

$\quad=\boldsymbol{-4}$

참고

① $a=1-\alpha+\dfrac{1}{\alpha^2}$에서 $a\geq1$인 이유

$\quad 1-\alpha+\dfrac{1}{\alpha^2}=1-\left(\alpha-\dfrac{1}{\alpha^2}\right)$

$\qquad\qquad\qquad=1-\dfrac{\alpha^3-1}{\alpha^2}$

$\qquad\qquad\qquad=1-\dfrac{(\alpha-1)(\alpha^2+\alpha+1)}{\alpha^2}$

여기에서 $\alpha^2>0$, $\alpha^2+\alpha+1>0$이고,

$0<\alpha\leq1$에서 $-1<\alpha-1\leq0$, $0\leq-(\alpha-1)<1$이므로

$1-\dfrac{(\alpha-1)(\alpha^2+\alpha+1)}{\alpha^2}=1-\alpha+\dfrac{1}{\alpha^2}=a\geq1$

② $b\geq-4$, $a>0$에서 $\alpha^2-4\alpha+1\leq0$인 이유

$b=-\left(\alpha+\dfrac{1}{\alpha}\right)\geq-4$에서 $\alpha+\dfrac{1}{\alpha}\leq4$

양변에 $\alpha(\alpha>0)$를 곱하면

$\alpha^2+1\leq4\alpha$이므로

$\alpha^2-4\alpha+1\leq0$

P. 62~63

시·도 경시 대비 문제

1 풀이 참조	2 풀이 참조
3 $x=0$ 또는 $x=1$	4 $-6:-1:6$
5 $x=y=z=1$	6 $-2, -1, 1, 2$
7 2006	

1 (i) $x=2n(n$은 정수$)$을 해로 갖는다고 하면

$\quad a(2n)^2+b(2n)+c=4an^2+2bn+c$

$\qquad\qquad\qquad\qquad\quad=2(2an^2+bn)+c=0$

에서 $c=-2(2an^2+bn)$

그런데 c는 짝수가 되어 가정에 모순이므로 방정식
$ax^2+bx+c=0$의 a, b, c가 모두 홀수이면 정수해
를 갖지 않는다.

(ii) $x=2n+1(n$은 정수$)$을 해로 갖는다고 하면

$\quad a(2n+1)^2+b(2n+1)+c$

$\quad=2(2an^2+2an+bn)+a+b+c=0$

에서 $a+b+c=-2(2an^2+2an+bn)$

그러므로 $a+b+c$는 짝수이다.

그러므로 a, b, c는 모두 홀수라는 가정에 모순이므로
방정식 $ax^2+bx+c=0$의 a, b, c가 모두 홀수이면
정수해를 갖지 않는다.

2 $f(x)=x^2+px+q$, $g(x)=x^2+px+q+k(2x+p)$
라 하면 $f(x)=0$이 서로 다른 두 실근을 가지므로
$D=p^2-4q>0$

$f(x)=0$의 서로 다른 두 실근을 x_1, x_2라 하면

$x_1+x_2=-p$, $x_1x_2=q$

$g(x)=x^2+(p+2k)x+(q+kp)=0$의 판별식 D'는

$D'=(p+2k)^2-4(q+kp)$
$=p^2+4k^2-4q>0$ ($p^2-4q>0$이므로)

따라서, 방정식 $g(x)=0$도 서로 다른 두 실근을 갖는다.

또한, $x^2+px+q=0$이므로

$g(x_1)=k(2x_1+p)$, $g(x_2)=k(2x_2+p)$

$g(x_1)\times g(x_2)=k^2\{4x_1x_2+2p(x_1+x_2)+p^2\}$
$=k^2(4q-2p^2+p^2)$
$=-k^2(p^2-4q)<0$ ($p^2-4q>0$이므로)

따라서, 이차방정식 $g(x)=0$의 한 근이 이차방정식 $f(x)=0$의 두 근 x_1, x_2 사이에 있다.

> **참고**
>
> 이차방정식 $g(x)=0$의 한 근이 두 수 x_1과 x_2 사이에 있을 경우
> $$g(x_1)\times g(x_2)<0$$

3 $f(x)=0$이면 $f(x^2)=0$, $f(x^4)=0$이 된다. 이 방정식의 해는 많아야 2개이므로 x, x^2, x^4 중 어느 2개는 같아야 한다.

(ⅰ) $x=x^2$에서 $x(x-1)=0$이므로 $x=0$, 1

(ⅱ) $x^2=x^4$에서 $x^2(x^2-1)=0$이므로 $x=-1$, 0, 1

(ⅲ) $x^4=x$에서 $x(x^3-1)=0$이므로 $x=0$, 1

(ⅰ)~(ⅲ)에서 $x=-1$, 0, 1

$f(k^2)+f(k)f(k+1)=0$에

$k=0$을 대입하면 $f(0)+f(0)f(1)=0$ ······㉠

$f(0)\{1+f(1)\}=0$

$f(0)=0$ 또는 $f(1)=-1$

$k=1$을 대입하면 $f(1)+f(1)f(2)=0$

$f(1)\{1+f(2)\}=0$

$f(1)=0$ 또는 $f(2)=-1$

$k=-1$을 대입하면 $f(1)+f(-1)f(0)=0$

여기에서 $f(-1)=0$이면 $f(1)=0$인데 이것은 ㉠에 의하여 $f(0)=0$이 되므로 모순이다. 왜냐하면 이차방정식이 -1, 0, 1의 3개의 근을 가질 수 없기 때문이다.

따라서, $f(x)=0$의 두 근은 **$x=0$ 또는 $x=1$**이다.

> **참고**
>
> $f(x)=ax(x-1)$이라 하면 $f(x^2)+f(x)f(x+1)$이므로
> $ax^2(x^2-1)+ax(x-1)\cdot a(x+1)x$
> $=ax^2(x^2-1)+a^2x^2(x^2-1)=ax^2(x^2-1)(1+a)=0$
> 이때, $a\neq0$이므로 $a=-1$
> 따라서, $f(x)=-x(x-1)$이므로 $x=0$, 1이다.
> $f(x^2)+f(x)f(x+1)=-x^2(x^2-1)+x(x-1)(x+1)x$
> $=-x^2(x^2-1)+x^2(x^2-1)=0$
> 이고 이 조건을 만족시키는 근은 0, 1 뿐이다.

4 $f(x)=a(x+1)(x+2)+b(x+2)(x+3)$
$\quad\quad\quad +c(x+3)(x+1)$

이라 하면 $x=0$, 1이 방정식 $f(x)=0$의 근이므로

$f(0)=2a+6b+3c=0$ ······㉠

$f(1)=6a+12b+8c=0$ ······㉡

㉡$\div 2-$㉠을 하면 $a+c=0$

$a=-c$

$a=-c$를 ㉠에 대입하면 $6b+c=0$

$b=-\dfrac{1}{6}c$

따라서, $a:b:c=-c:-\dfrac{c}{6}:c=\mathbf{-6:-1:6}$

5 $x^2+y^2+z^2=xy+yz+zx$에서

$x^2+y^2+z^2-xy-yz-zx=0$ ······㉠

㉠의 양변에 2를 곱하면

$2x^2+2y^2+2z^2-2xy-2yz-2zx=0$

$(x^2-2xy+y^2)+(y^2-2yz+z^2)+(z^2-2zx+x^2)$
$=0$

$(x-y)^2+(y-z)^2+(z-x)^2=0$

x, y, z가 실수이므로

$x-y=0$, $y-z=0$, $z-x=0$

따라서, $x=y=z$이므로

$x+y^2+z^3=x+x^2+x^3=3$

$x^3+x^2+x-3=0$에서 $x=1$이면 성립하므로 조립제법을 이용하여 좌변을 인수분해하면

$$\begin{array}{r|rrrr} 1 & 1 & 1 & 1 & -3 \\ & & 1 & 2 & 3 \\ \hline & 1 & 2 & 3 & 0 \end{array}$$

$(x-1)(x^2+2x+3)=0$

이때, x는 실수이므로

$x=1$

$\boldsymbol{x=y=z=1}$

6 a, b가 $x^2-x+1=0$의 두 근이므로

$a+b=1$, $ab=1$

$a^2-a+1=0$, $b^2-b+1=0$

$a\neq-1$이므로 $a^2-a+1=0$의 양변에 $(a+1)$을 곱하면

$(a+1)(a^2-a+1)=0$, $a^3+1=0$, $a^3=-1$

같은 방법으로 $b^3=-1$

$f(n)=a^n+b^n$에서

(ⅰ) $n=3k$($k>0$인 정수)

$f(3k)=a^{3k}+b^{3k}=(a^3)^k+(b^3)^k$
$=(-1)^k+(-1)^k=2(-1)^k$

따라서, k가 짝수이면 2, k가 홀수이면 -2이다.

(ⅱ) $n=3k+1$($k\geq0$인 정수)

$f(3k+1)=a^{3k+1}+b^{3k+1}=a(a^3)^k+b(b^3)^k$
$=a(-1)^k+b(-1)^k$

$= (a+b)(-1)^k = (-1)^k \ (\because a+b=1)$

따라서, k가 짝수이면 1, k가 홀수이면 -1이다.

(iii) $n=3k+2$ ($k\geq 0$인 정수)

$\begin{aligned}
f(3k+2) &= a^{3k+2}+b^{3k+2}=a^2(a^3)^k+b^2(b^3)^k \\
&= (a^2+b^2)(-1)^k \\
&= \{(a+b)^2-2ab\}(-1)^k = (-1)^{k+1}
\end{aligned}$

따라서, k가 짝수이면 -1, k가 홀수이면 1이다.

(i)~(iii)에서 $f(n)$의 값으로 가능한 것은 -2, -1, 1, 2이다.

7 $(2006x)^2-2005\times 2007x-1=0$ ......㉠

㉠에 $x=1$을 대입하면

$2006^2-1-2005\times 2007$

$= (2006-1)(2006+1)-2005\times 2007$

$= 0$

따라서, ㉠의 한 근을 1, 다른 한 근을 a라 하면 근과 계수의 관계에 의하여

$1\times a = \dfrac{-1}{2006^2}$

따라서, $a=a=-\dfrac{1}{2006^2}$

$x^2+2005x-2006=0$ ......㉡

$(x+2006)(x-1)=0$

$x=-2006$ 또는 $x=1$

따라서, $b=-2006$

$ab = \left(-\dfrac{1}{2006^2}\right)\times(-2006) = \dfrac{1}{2006}$이므로

$\dfrac{1}{ab} = \mathbf{2006}$

1 $x^2-1154x+1=0$의 두 근은

$x=577\pm\sqrt{577^2-1}$

$\begin{aligned}
577^2-1 &= (577-1)(577+1) \\
&= 576\times 578 \\
&= (4\times 144)\times(2\times 289) \\
&= (2\times 12)^2\times 2\times 17^2
\end{aligned}$

이므로 $x=577\pm 2\times 12\times 17\sqrt{2}$

또한, $577=289+288=17^2+2\times 12^2$이므로

$\begin{aligned}
577\pm 2\times 12\times 17\sqrt{2} &= 17^2+(12\sqrt{2})^2\pm 2\times 17\times 12\sqrt{2} \\
&= (17\pm 12\sqrt{2})^2 \\
&= (17\pm 2\sqrt{72})^2 \\
&= (\sqrt{9}\pm\sqrt{8})^4 \\
&= (3\pm 2\sqrt{2})^4
\end{aligned}$

$\alpha=(3+2\sqrt{2})^4$, $\beta=(3-2\sqrt{2})^4$이라 하면

$\sqrt[4]{\alpha}+\sqrt[4]{\beta} = (3+2\sqrt{2})+(3-2\sqrt{2}) = \mathbf{6}$

근과 계수의 관계에 의하여 $\alpha+\beta=1154$, $\alpha\beta=1$이므로

$(\sqrt{\alpha}+\sqrt{\beta})^2 = \alpha+\beta+2\sqrt{\alpha\beta} = 1154+2 = 1156 = 34^2$

이때, $\sqrt{\alpha}>0$, $\sqrt{\beta}>0$이므로

$\sqrt{\alpha}+\sqrt{\beta}=34$

$(\sqrt[4]{\alpha}+\sqrt[4]{\beta})^2 = \sqrt{\alpha}+\sqrt{\beta}+2 = 34+2 = 36$

이때, $\sqrt[4]{\alpha}>0$, $\sqrt[4]{\beta}>0$이므로

$\sqrt[4]{\alpha}+\sqrt[4]{\beta} = \mathbf{6}$

2 주어진 방정식에서 x^3을 제외한 나머지 항은 2의 배수이므로 x는 2의 배수이어야 한다.

$x=2k$라 하면 $8k^3+2y^3+4z^3+16kyz=0$

$4k^3+y^3+2z^3+8kyz=0$

위의 식에서도 y^3을 제외한 나머지 항은 2의 배수이므로 y는 2의 배수이어야 한다.

$y=2m$이라 하면 $4k^3+8m^3+2z^3+16kmz=0$

$2k^3+4m^3+z^3+8kmz=0$

위의 식에서도 z^3을 제외한 나머지 항은 2의 배수이므로 z는 2의 배수이어야 한다.

$z=2p$라 하면 $2k^3+4m^3+8p^3+16kmp=0$

$k^3+2m^3+4p^3+8kmp=0$

이것은 처음 방정식과 같은 꼴의 식이 되므로 임의의 자연수 n에 대하여

$x=2^n k$, $y=2^n m$, $z=2^n p$를 만족하고, 이것을 만족하는 해 (x, y, z)는 $(0, 0, 0)$뿐이다.

3 쌍둥이 소수를 $6k-1$, $6k+1$이라고 하면

$n=(6k-1)(6k+1)$ ......㉠

n의 약수는 1, $6k-1$, $6k+1$, $36k^2-1$

따라서, $s(n)=1+(6k-1)+(6k+1)+(36k^2-1)$

$\qquad\qquad = 36k^2+12k$

n과 서로소인 것들의 개수는

$36k^2-1$과 $6k-1$의 배수 $6k$개, $6k+1$의 배수 $(6k-2)$개, 즉 $1+6k+(6k-2)=12k-1$이므로

총 $(12k-1)$개를 제외한 수이다.

따라서, $p(n)=n-(12k-1)$

㉠에서 $n=36k^2-1$, $36k^2=n+1$

$6k=\sqrt{n+1}$, $12k=2\sqrt{n+1}$

따라서,

$$s(n)p(n)=(n+1+2\sqrt{n+1})(n+1-2\sqrt{n+1})$$
$$=(n+1)^2-(2\sqrt{n+1})^2$$
$$=n^2+2n+1-4n-4$$
$$=n^2-2n-3$$
$$=\boldsymbol{(n+1)(n-3)}$$

4 조건 Ⅱ에서

$$x^2\left(\frac{1}{y}+\frac{1}{z}\right)+y^2\left(\frac{1}{z}+\frac{1}{x}\right)+z^2\left(\frac{1}{x}+\frac{1}{y}\right)+3=0$$

$x+y+z=3$이므로

$$x^2\left(\frac{1}{y}+\frac{1}{z}\right)+y^2\left(\frac{1}{z}+\frac{1}{x}\right)+z^2\left(\frac{1}{x}+\frac{1}{y}\right)+x+y+z=0$$

$$x^2\left(\frac{1}{x}+\frac{1}{y}+\frac{1}{z}\right)+y^2\left(\frac{1}{y}+\frac{1}{z}+\frac{1}{x}\right)+z^2\left(\frac{1}{z}+\frac{1}{x}+\frac{1}{y}\right)$$
$$=0$$

$$\left(\frac{1}{x}+\frac{1}{y}+\frac{1}{z}\right)(x^2+y^2+z^2)=0$$

$xyz\neq0$이므로 $x^2+y^2+z^2\neq0$

따라서, $\dfrac{1}{x}+\dfrac{1}{y}+\dfrac{1}{z}=0$

$\dfrac{xy+yz+zx}{xyz}=0$에서 $xyz\neq0$이므로

$xy+yz+zx=0$

따라서, $x^2+y^2+z^2=(x+y+z)^2-2(xy+yz+zx)$
$$=3^2-2\times0=\boldsymbol{9}$$

Ⅳ 이차함수

P. 70~85

특목고 대비 문제

1 $\frac{1}{16}<a<4$	**2** 29	**3** $n=2$일 때 최솟값 2
4 ②	**5** -2 **6** -4	**7** $a<0, b>0, c>0$
8 ①, ④	**9** ③	**10** 128 **11** $-\frac{1}{2}$ **12** $(4, 8)$
13 ⑤	**14** $\left(\frac{-3+\sqrt{33}}{4}, \frac{21-3\sqrt{33}}{8}\right)$	**15** 9
16 $\frac{10+\sqrt{6}}{2}$	**17** $-\frac{1}{2}$	**18** ④ **19** -12
20 $\frac{9}{4}$	**21** ② **22** 2	**23** $\frac{4}{25}\leq a\leq\frac{4}{9}$
24 1127 **25** 9	**26** 풀이 참조	**27** $-\frac{1}{5}$
28 풀이 참조	**29** $x=\pm\sqrt{2}$	**30** 15 cm
31 3	**32** ⑤ **33** $\frac{9}{2}$	**34** $\frac{3}{4}\pi$ **35** ③
36 ②	**37** 4	**38** 20 **39** 16
40 2, 8, 18	**41** 16	**42** 5 **43** 10079
44 $f(x)=\frac{x^2}{2015}$ 또는 $f(x)=\frac{(x-2015)^2}{2015}$		
45 $\frac{13}{11}$	**46** 풀이 참조	**47** $\frac{2}{27}$

1 이차함수 $y=ax^2(a>0)$의 그래프가 정사각형 ABCD 둘레 위의 서로 다른 두 개의 점에서 만나려면 $y=ax^2$의 그래프가 점 B와 D 사이를 지나야 한다.

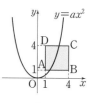

점 $B(4, 1)$을 지날 때는 $1=16a$이므로 $a=\dfrac{1}{16}$

또, 점 $D(1, 4)$를 지날 때는 $4=a$이므로 $a=4$

따라서, $\dfrac{1}{16}<a<4$

2 $y=x^2$의 그래프를 x축의 방향으로 -5만큼, y축의 방향으로 -7만큼 평행이동한 그래프가 $y=ax^2+bx+c$의 그래프와 일치한다. 그러므로

$y+7=(x+5)^2$에서 $y=x^2+10x+18$

따라서, $a=1, b=10, c=18$이므로

$a+b+c=\boldsymbol{29}$

$y=ax^2+bx+c$의 그래프를 x축의 방향으로 5만큼, y축의 방향으로 7만큼 평행이동하면

$y-7=a(x-5)^2+b(x-5)+c$

위의 식을 정리하면

$y=ax^2+(b-10a)x+25a-5b+c+7$

따라서, $a=1$, $b-10a=0$, $25a-5b+c+7=0$

$a=1$이므로 $b=10a=10$

$c=5b-25a-7=50-25-7=18$

따라서, $a+b+c=$**29**

3 $f(n)=2n^2-7n+8$

$\qquad =2\left(n^2-\dfrac{7}{2}n+\dfrac{49}{16}\right)-\dfrac{49}{8}+8$

$\qquad =2\left(n-\dfrac{7}{4}\right)^2+\dfrac{15}{8}$

이차함수의 그래프는 대칭축에 대하여 좌우 대칭이므로

$n=\dfrac{7}{4}$에 가장 가까운 자연수 **$n=2$**일 때 최소이며 그 때의 최솟값은 $f(2)=8-14+8=$**2**

4 $h=-5t^2+25t+20$

$\qquad =-5\left(t^2-5t+\dfrac{25}{4}\right)+\dfrac{125}{4}+20$

$\qquad =-5\left(t-\dfrac{5}{2}\right)^2+\dfrac{205}{4}$

$t=\dfrac{5}{2}$(초)일 때, 최댓값이 $\dfrac{205}{4}$m이므로

$a=\dfrac{5}{2}$, $b=\dfrac{205}{4}$

따라서, $a+b=\dfrac{215}{4}$

5 $y=(a+x)^2+2(a+1)x+6$

$\quad =a^2+2ax+x^2+2ax+2x+6$

$\quad =x^2+2(2a+1)x+a^2+6$

$\quad =\{x^2+2(2a+1)+(2a+1)^2\}-(2a+1)^2+a^2+6$

$\quad =(x+2a+1)^2-3a^2-4a+5$

꼭짓점의 좌표가 $(-2a-1,\ -3a^2-4a+5)$이므로

(i) $-2a-1=3$이면

$\qquad a=-2$

(ii) $-3a^2-4a+5=1$이면

$\qquad 3a^2+4a-4=0$, $(a+2)(3a-2)=0$

$\qquad a=-2$ 또는 $a=\dfrac{2}{3}$

(i), (ii)에서 $a=$**-2**

주어진 이차함수를 전개하면

$y=a^2+2ax+x^2+2ax+2x+6$

$=x^2+2(2a+1)x+a^2+6$ $\qquad$ ……㉠

㉠의 꼭짓점의 좌표가 $(3,1)$이고, x^2의 계수가 1이므로 구하는 이차함수는

$y=1\cdot(x-3)^2+1=x^2-6x+10$ $\qquad$ ……㉡

㉠=㉡이므로

(i) $2(2a+1)=-6$에서 $2a+1=-3$이므로 $a=-2$

(ii) $a^2+6=10$에서 $a^2=4$이므로 $a=-2$ 또는 $a=2$

(i), (ii)에서 $a=$**-2**

6 주어진 이차함수의 그래프가 점 $(2,0)$을 지나므로

$4k-2k-2a-bk+b=0$, $(2-b)k-2a+b=0$

k의 값에 관계없이 성립하므로

$2-b=0$, $-2a+b=0$

따라서, $a=1$, $b=2$이므로

$y=kx^2-(k+1)x-2(k-1)$ $\qquad$ ……㉠

㉠의 그래프가 점 (m,n)을 지나므로

$n=km^2-(k+1)m-2(k-1)$

$km^2-km-m-2k+2-n=0$

$(m^2-m-2)k-m-n+2=0$

k의 값에 관계없이 성립하므로

(i) $m^2-m-2=0$, $(m+1)(m-2)=0$

$\qquad m=-1$ 또는 $m=2$

(ii) $-m-n+2=0$, $n=-m+2$

$\qquad n=3$ 또는 $n=0$

그런데 $(2,0)$과 (m,n)은 서로 다른 점이므로

$m=-1$, $n=3$

따라서, $m-n=$**-4**

$y=kx^2-(k+a)x-b(k-1)$을 k에 관하여 정리하면

$k(x^2-x-b)+b-ax-y=0$

위의 식은 k의 값에 관계없이 성립하므로

$x^2-x-b=0$ $\qquad$ ……㉠

$b-ax-y=0$ $\qquad$ ……㉡

㉠의 두 근이 $x=2$ 또는 $x=m$이므로 근과 계수의 관계에서

$2+m=1$, $2m=-b$

따라서, $m=-1$, $b=2$

$b=2$를 ㉡에 대입하면 $ax+y=2$ $\qquad$ ……㉢

㉢의 해가 $(2,0)$이므로

$2a+0=2$, $a=1$

따라서, $x+y=2$에 $x=m=-1$, $y=n$을 대입하면

$-1+n=2$, $n=3$

따라서, $m-n=-1-3=$**-4**

7 $y=ax^2+bx+c$의 그래프가 위로 볼록하므로 $a<0$

$x=0$일 때 $y=c$, 즉 그래프가 y축과 만나는 점이 원점보다 위에 있으므로 $c>0$

한편, $y=ax^2+bx+c=a\left(x+\dfrac{b}{2a}\right)^2-\dfrac{b^2}{4a}+c$ 에서

대칭축이 $x=-\dfrac{b}{2a}$ 이므로 $-\dfrac{b}{2a}>0$

여기서 $a<0$ 이므로 $b>0$

따라서, **$a<0,\ b>0,\ c>0$**

8 ① $a>0,\ -\dfrac{b}{2a}>0$ 에서 $b<0,\ c<0$

② ①에서 $ab<0,\ c<0$ 이므로 $ab+c<0$

③ $f(x)=ax^2+bx+c$ 라 하면 $f(1)=a+b+c<0$

④ $f(-1)=a-b+c=0$

⑤ 이차함수의 그래프가 x축과 두 점에서 만나므로
   $b^2-4ac>0$

9 $a<0,\ b<0,\ c>0$ 이므로 $bc<0,\ ca<0,\ ab>0$

따라서, 이차함수 $y=bcx^2+cax+ab$ 의 그래프의 모양
은 ③이다.

10 $x=4$ 일 때 $y=-2\times4^2=-32$ 이므로
   $A(-4,\ -32),\ B(4,\ -32)$

따라서, $\triangle OAB=\dfrac{1}{2}\times8\times32=$ **128**

11 점 Q의 좌표를 $(m,\ 0)$ 이라 하면 점 P, R의 좌표는 각각
   $(m,\ m^2),\ (m,\ am^2)$

$\overline{PQ}=m^2,\ \overline{QR}=-am^2\ (a<0$ 이므로$)$ 이고,

$\overline{PQ}:\overline{QR}=2:1$ 이므로

$m^2:(-am^2)=2:1,\ m^2=-2am^2$

$1=-2a\ (m\neq0$ 이므로$)$

따라서, $a=-\dfrac{1}{2}$ 이다.

12 점 P의 좌표를 $(x,\ y)$ 라 하면
   $$\triangle POA=\dfrac{1}{2}\times\overline{OA}\times y$$
   $$=\dfrac{1}{2}\times6\times\dfrac{1}{2}x^2=24$$

$\dfrac{3}{2}x^2=24,\ x^2=16,\ x=\pm4$

그런데 점 P가 제1사분면 위에 있으므로 $x>0$

따라서, 점 P의 좌표는 **$(4,\ 8)$**

13 $f(x)=-2x^2-4mx+3m^2+10m$
   $$=-2(x^2+2mx+m^2)+2m^2+3m^2+10m$$
   $$=-2(x+m)^2+5m^2+10m$$

따라서, $f(x)$ 의 최댓값은 $g(m)=5m^2+10m$ 이다.

$g(m)=5m^2+10m=5(m+1)^2-5$ 이므로

$g(m)$의 최솟값은 -5

14 두 점 A, B의 좌표는 $x^2=-2x+3$ 에서
   $x^2+2x-3=0,\ (x+3)(x-1)=0$
   $x=-3$ 또는 $x=1$
   따라서 A$(-3,\ 9)$, B$(1,\ 1)$ 이다.
   점 P의 좌표를 $(p,\ p^2)$ 이라 하고 $\overline{AP}$ 를 지나는 직선의
   식을 $y=mx+n$ 이라 하면 직선 AP의 기울기는
   $$m=\dfrac{p^2-9}{p-(-3)}=\dfrac{(p+3)(p-3)}{p+3}$$
   $$=p-3\ (p>0$ 이므로$)$
   따라서, $y=(p-3)x+n$
   점 A$(-3,\ 9)$ 를 위의 식에 대입하면
   $9=-3p+9+n$
   $n=3p$
   따라서, $y=(p-3)x+3p$ 이므로 D$(0,\ 3p)$
   D$(0,\ 3p)$, O$(0,\ 0)$, P$(p,\ p^2)$ 이므로
   $$\triangle DOP=\dfrac{1}{2}\times3p\times p=\dfrac{3}{2}p^2$$
   A$(-3,\ 9)$, D$(0,\ 3p)$, C$(0,\ 3)$ 이므로
   $$\triangle ADC=\dfrac{1}{2}\times(3-3p)\times3=\dfrac{3}{2}(3-3p)$$
   $\triangle DOP=\dfrac{1}{2}\triangle ADC$ 이므로
   $$\dfrac{3}{2}p^2=\dfrac{1}{2}\times\dfrac{3}{2}(3-3p),\ 2p^2+3p-3=0$$
   이때, $p>0$ 이므로
   $$p=\dfrac{-3+\sqrt{33}}{4},\ p^2=\dfrac{21-3\sqrt{33}}{8}$$
   따라서, 점 P의 좌표는 $\left(\dfrac{-3+\sqrt{33}}{4},\ \dfrac{21-3\sqrt{33}}{8}\right)$

15 (i) $x^2+4x+3=0$ 에서
   $(x+3)(x+1)=0$
   $x=-3$ 또는 $x=-1$
   따라서, D$(-1,\ 0)$,
   C$(-1,\ -3)$
   (ii) $x^2+4x=0$ 에서
   $x(x+4)=0$ 이므로 $x=-4$ 또는 $x=0$
   따라서, B$(-4,\ 0)$, A$(-4,\ 3)$
   (i), (ii)에서 □ABCD는 평행사변형이므로
   □ABCD$=\overline{AB}\times\overline{BD}=3\times3=$ **9**

16 $y=ax^2+bx+c$ 가 두 점 $(-1,\ 2),\ (1,\ 6)$ 을 지나므로
   $a-b+c=2$ ······㉠

$a+b+c=6$ ...... ⓒ

ⓒ-㉠을 하면 $2b=4$, $b=2$

$b=2$를 ㉠에 대입하여 정리하면

$a+c=4$, $c=4-a$

$b=2$, $c=4-a$를 주어진 이차함수에 대입하면

$y=ax^2+bx+c=ax^2+2x+4-a$

$=a\left(x^2+\dfrac{2}{a}x+\dfrac{1}{a^2}\right)-\dfrac{1}{a}+4-a$

$=a\left(x+\dfrac{1}{a}\right)^2-\dfrac{1}{a}+4-a$

최댓값이 $-3a$이므로 $a<0$이고,

$-\dfrac{1}{a}+4-a=-3a$

$2a^2+4a-1=0$

이때, $a<0$이므로 $a=\dfrac{-2-\sqrt{6}}{2}$

따라서, $c=4-\dfrac{-2-\sqrt{6}}{2}=\dfrac{\mathbf{10+\sqrt{6}}}{\mathbf{2}}$

17 $2a^2(t+1)x^2+(t^2+t-3a)x+(t^2-at+1)=0$

을 t에 관하여 정리하면

$(x+1)t^2+(2a^2x^2+x-a)t+(2a^2x^2-3ax+1)=0$

위의 식이 어떤 실수 t에 대해서도 성립하므로

$x+1=0$, $2a^2x^2+x-a=0$, $2a^2x^2-3ax+1=0$

따라서, $x=-1$, $2a^2-a-1=0$, $2a^2+3a+1=0$

(i) $2a^2-a-1=0$에서

$\quad (2a+1)(a-1)=0$

$\quad a=-\dfrac{1}{2}$ 또는 $a=1$

(ii) $2a^2+3a+1=0$에서

$\quad (a+1)(2a+1)=0$

$\quad a=-1$ 또는 $a=-\dfrac{1}{2}$

(i), (ii)에서 $a=-\dfrac{\mathbf{1}}{\mathbf{2}}$

18 문제에서 색칠한 부분의 넓이는 오른쪽 그림에서 색칠한 부분의 넓이와 같다.

$A\left(-1, \dfrac{3}{2}\right)$, $B\left(-1, -\dfrac{1}{2}\right)$

$C(2, 1)$, $D(2, 3)$이고,

□ABCD는 평행사변형이므로

$□ABCD=\left\{\dfrac{3}{2}-\left(-\dfrac{1}{2}\right)\right\}\times\{2-(-1)\}=\mathbf{6}$

19 $y=-2x^2+4x+a$

$=-2(x^2-2x+1)+2+a$

$=-2(x-1)^2+2+a$

꼭짓점이 $(1, 2+a)$이므로 꼭짓점의 x좌표가 x의 값의 범위에 포함된다. 따라서, $x=1$일 때, 최댓값을 가지므로

$2+a=-1$, $a=-3$

$x=-1$일 때, 최솟값을 가지므로

$-8+2+a=b$, $b=-9$

따라서, $a+b=\mathbf{-12}$

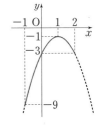

20 $y=x^2-2ax+2a^2-a-1$

$=(x-a)^2+a^2-a-1$

꼭짓점의 좌표가

(a, a^2-a-1)이므로

$Y=a^2-a-1$

$=\left(a^2-a+\dfrac{1}{4}\right)-\dfrac{1}{4}-1$

$=\left(a-\dfrac{1}{2}\right)^2-\dfrac{5}{4}$

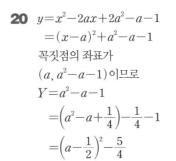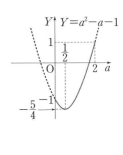

Y의 꼭짓점이 $\left(\dfrac{1}{2}, -\dfrac{5}{4}\right)$이므로 꼭짓점의 x좌표가

$0\le a\le 2$의 범위에 있다.

따라서, $a=\dfrac{1}{2}$일 때 최솟값이 $-\dfrac{5}{4}$이고, $a=2$일 때 최

댓값이 1이다.

따라서, $M=1$, $m=-\dfrac{5}{4}$이므로 $M-m=\dfrac{\mathbf{9}}{\mathbf{4}}$

21 $f(x)=-2x^2+4ax+a$

$=-2(x-a)^2+2a^2+a$

x의 값의 범위가 $0\le x\le 3$임에 주의하여 축 $x=a$를 좌우로 움직이며 최댓값과 최솟값을 구한다.

② $a>0$이라는 조건으로는 최댓값을 정할 수 없다.

(i) $a\ge 3$이면 최댓값은 $f(3)$이다.

(ii) $0<a<3$이면 최댓값은 $f(a)=2a^2+a$이다.

22 이차함수 $y=x^2-4x+3$의 그래프와 직선

$mx-4y-13=0$, 즉 $y=\dfrac{m}{4}x-\dfrac{13}{4}$이 한 점에서 만

나므로 $x^2-4x+3=\dfrac{m}{4}x-\dfrac{13}{4}$이 중근을 갖는다.

$4x^2-(16+m)x+25=0$에서

$D=(16+m)^2-4\times4\times25=0$

$m^2+32m-144=0$, $(m+36)(m-4)=0$

이때, $m>0$이므로 $m=4$

$4x^2-20x+25=0$, $(2x-5)^2=0$

따라서, $x=\dfrac{5}{2}$, $y=-\dfrac{3}{4}$

따라서, 교점 P의 좌표는 $\left(\dfrac{5}{2},\ -\dfrac{3}{4}\right)$

$4x-4y-13=0$을 x축의 방향으로 1만큼, y축의 방향으로 -1만큼 평행이동하면

$4(x-1)-4(y+1)-13=0$에서

$4x-4y-21=0$

따라서, $y=x-\dfrac{21}{4}$ ······㉠

㉠과 직선 $y=ax-\dfrac{1}{4}$이 수직이므로 두 직선의 기울기의 곱은 -1이다.

따라서, $a=-1$이다.

또한, $y=x-\dfrac{21}{4}$과 $y=-x-\dfrac{1}{4}$의 교점은

$x-\dfrac{21}{4}=-x-\dfrac{1}{4}$에서 $x=\dfrac{5}{2},\ y=-\dfrac{11}{4}$

따라서, 점 Q의 좌표는 $\left(\dfrac{5}{2},\ -\dfrac{11}{4}\right)$이므로

$\overline{PQ}=\left|-\dfrac{11}{4}-\left(-\dfrac{3}{4}\right)\right|=2$

23 $y=ax^2+2ax+a-2$
$=a(x^2+2x+1)-2$
$=a(x+1)^2-2$

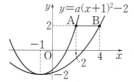

(i) 이차함수의 그래프가 점 A$(2,2)$를 지날 때,
$2=9a-2,\ a=\dfrac{4}{9}$

(ii) 이차함수의 그래프가 점 $(4,2)$를 지날 때,
$2=25a-2,\ a=\dfrac{4}{25}$

(i), (ii)에서 a의 값의 범위는
$\dfrac{4}{25}\le a\le\dfrac{4}{9}$

24 $869-744=125$, $996-869=127$,
$1127-996=131$, $1256-1127=129$,
$1389-1256=133$, $1524-1389=135$,
$1661-1524=137$

이 중 일정한 값으로 증가하지 않는 **1127**이 잘못된 함숫값이고 $996+129=1125$가 옳은 함숫값이다.

25 $f(x+g(y))=ax+y+1$에 $y=0$을 대입하면
$f(x+1)=ax+1\ (g(0)=1$이므로$)$
$x+1=t$라 하면 $x=t-1$이므로
$f(t)=a(t-1)+1=at-a+1$
위의 식에 $t=0$을 대입하면 $f(0)=-a+1$
$f(0)=-2$이므로 $-a+1=-2,\ a=3$
따라서, $f(t)=3t-2$, $f(x+g(y))=3x+y+1$이므로
$f(x+g(y))=3(x+g(y))-2=3x+y+1$에서

$g(y)=\dfrac{1}{3}y+1$

따라서, $f(3)+g(3)=(3\cdot3-2)+\left(\dfrac{1}{3}\cdot3+1\right)=\mathbf{9}$

26 Ⅱ에서
$f(x)=8x^2-8x+2$
$=8\left(x^2-x+\dfrac{1}{4}\right)-2+2$
$=8\left(x-\dfrac{1}{2}\right)^2$

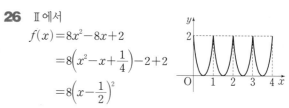

Ⅰ에서
$f(x)=f(x-1)$이므로 $y=f(x)$의 그래프를 x축의 방향으로 1만큼 평행이동해도 그 그래프는 같다.

참고

주기함수
함수 $f(x)$의 정의역에 속하는 모든 x에 대하여 $f(x+p)=f(x)$가 성립하는 0이 아닌 상수 p가 존재할 때, 함수 $f(x)$를 주기함수라 하고, 최소의 양수 p를 함수 $f(x)$의 주기라 한다.
위의 문제 Ⅰ에서 $f(x)=f(x-1)$이므로 주기는 1이다.

27 $f(x+2)=\dfrac{f(x)-1}{f(x)+1}$에 $x=3$을 대입하면

$f(5)=\dfrac{f(3)-1}{f(3)+1}=\dfrac{5-1}{5+1}=\dfrac{2}{3}\ (f(3)=5$이므로$)$

$x=5$를 대입하면 $f(7)=\dfrac{f(5)-1}{f(5)+1}=-\dfrac{1}{5}$,

$x=7$을 대입하면 $f(9)=\dfrac{f(7)-1}{f(7)+1}=-\dfrac{3}{2}$,

$x=9$를 대입하면 $f(11)=\dfrac{f(9)-1}{f(9)+1}=5,\ \cdots$

이와 같이 구하여 보면 다음과 같은 규칙이 있음을 알 수 있다.

$f(8k-5)=5,\ f(8k-3)=\dfrac{2}{3},\ f(8k-1)=-\dfrac{1}{5}$,

$f(8k+1)=-\dfrac{3}{2}\ (k=1,2,3,4,\cdots)$

따라서, $f(2015)=f(8\times252-1)=-\dfrac{1}{5}$

28 $h(x)=f(x)-x=x^2+(a-1)x+b$,
$f(x)=h(x)+x$라 하면 $g(x)-x$가 $h(x)$를 인수로 가진다는 사실을 보이면 된다.
$g(x)-x$
$=f(f(x))-x$
$=f(h(x)+x)-x$
$=\{h(x)+x\}^2+a\{h(x)+x\}+b-x$
$=\{h(x)\}^2+2xh(x)+x^2+ah(x)+ax+b-x$
$=\{h(x)\}^2+(2x+a)h(x)+x^2+(a-1)x+b$

$$=\{h(x)\}^2+(2x+a)h(x)+h(x)$$
$$=h(x)\{h(x)+2x+a+1\}$$
따라서, $g(x)-x$는 $f(x)-x$로 나누어 떨어진다.

29 $f(x)+2f\left(\dfrac{1}{x}\right)=3x$ ······㉠

㉠에 x 대신 $\dfrac{1}{x}$을 대입하면

$f\left(\dfrac{1}{x}\right)+2f(x)=\dfrac{3}{x}$ ······㉡

㉠$-$㉡$\times 2$를 하면

$$-3f(x)=3x-\dfrac{6}{x}$$

따라서, $f(x)=\dfrac{2}{x}-x$

$f(x)=f(-x)$에서 $\dfrac{2}{x}-x=-\dfrac{2}{x}+x$

$2x=\dfrac{4}{x}$, $x^2=2$

따라서 $x=\pm\sqrt{2}$

30 점 M을 원점 $\mathrm{O}(0,0)$으로 하고 직선 AB를 x축, 직선 CM을 y축으로 하는 좌표평면을 그리면 네 점 A, B, C, H의 좌표는 각각 $\mathrm{A}(-20,0)$, $\mathrm{B}(20,0)$, $\mathrm{C}(0,16)$, $\mathrm{H}(5,0)$이고, 꼭짓점의 좌표가 $\mathrm{C}(0,16)$이므로 포물선의 방정식은

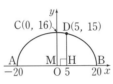

$y=ax^2+16$ ······㉠

㉠에 점 $\mathrm{B}(20,0)$을 대입하면

$0=a\cdot 20^2+16$, $a=-\dfrac{1}{25}$

따라서, $y=-\dfrac{1}{25}x^2+16$

따라서 $\overline{\mathrm{DH}}$의 길이는 $x=5$일 때의 y의 값이므로

$y=-\dfrac{1}{25}\cdot 5^2+16=15$

따라서 $\overline{\mathrm{DH}}=\mathbf{15\,(cm)}$

31 $\mathrm{A}(0,9)$이므로 점 D의 y좌표는 9이다.
$9=x^2$에서 $x=3$ $(x>0$이므로$)$
따라서, 점 D의 x좌표는 3, 즉 $\mathrm{D}(3,9)$
즉, $\overline{\mathrm{AD}}=3-0=3$
따라서, $\square\mathrm{ABCD}$는 한 변의 길이가 3인 정사각형이므로 점 G의 y좌표는 $9-3=6$이다.
$6=x^2$에서 $x=\sqrt{6}$ $(x>0$이므로$)$
따라서, 점 G의 x좌표는 $\sqrt{6}$, 즉 $\mathrm{G}(\sqrt{6},6)$
그러므로 정사각형 ABCD의 넓이는 $3^2=9$이고, 정사각형 BEFG의 넓이는 $(\sqrt{6})^2=6$이다.
따라서, 두 정사각형의 넓이의 차는 $9-6=\mathbf{3}$

32 직선 $4x-3y-4=0$을 평행이동하여 포물선 $y=x^2$에 접하는 직선을 구한다.

구하는 직선을 $y=\dfrac{4}{3}x+k$라 하면 $x^2=\dfrac{4}{3}x+k$

$3x^2-4x-3k=0$에서 판별식 $D=0$

$\dfrac{D}{4}=4+9k=0$이므로 $k=-\dfrac{4}{9}$

따라서, $y=\dfrac{4}{3}x-\dfrac{4}{9}$

따라서, 직선 $y=\dfrac{4}{3}x-\dfrac{4}{9}$ ······㉠

과 직선 $4x-3y-4=0$ ······㉡

까지의 거리가 수선의 길이의 최솟값이다.

두 직선이 평행하므로 ㉠ 위의 한 점 $\left(0,-\dfrac{4}{9}\right)$에서 ㉡까지의 거리를 d라 하면

$$d=\dfrac{\left|4\cdot 0+(-3)\cdot\left(-\dfrac{4}{9}\right)-4\right|}{\sqrt{4^2+(-3)^2}}=\dfrac{\dfrac{8}{3}}{5}=\dfrac{\mathbf{8}}{\mathbf{15}}$$

참고

점과 직선 사이의 거리
점 $\mathrm{P}(x_1,y_1)$에서 직선 $ax+by+c=0$까지의 거리 d는
$d=\dfrac{|ax_1+by_1+c|}{\sqrt{a^2+b^2}}$

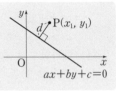

33 점 A의 좌표는 $\left(-3,\dfrac{9}{2}\right)$이고,

점 D의 좌표는 $\left(3,\dfrac{9}{2}\right)$이므로 $\overline{\mathrm{AD}}=6$

따라서, $\overline{\mathrm{AB}}=\overline{\mathrm{BC}}=\overline{\mathrm{CD}}=2$

따라서, 점 C의 좌표는 $\left(1,\dfrac{9}{2}\right)$이고, 이 점은 $y=ax^2$의

그래프 위에 있으므로 $a=\dfrac{\mathbf{9}}{\mathbf{2}}$

34 오른쪽 그림에서 곡면 OA의 넓이와 곡면 OA′의 넓이가 서로 같으므로 문제에서 색칠한 부분의 넓이는 오른쪽 그림에서 부채꼴 OAA′의 넓이와 같다.

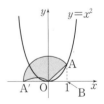

$\overline{\mathrm{OA}}=\sqrt{2}$, $\angle\mathrm{AOA'}=180°-\angle\mathrm{AOB}=135°$이므로 부채꼴 OAA′의 넓이 S는

$$S=\pi\times(\sqrt{2})^2\times\dfrac{135°}{360°}=\dfrac{\mathbf{3}}{\mathbf{4}}\pi$$

35 △AOB와 △APB의 넓이가 같으려면 두 삼각형의 밑변의 길이가 같으므로 직선 AB와 직선 OP는 평행해야 한다.

따라서, 직선 OP의 기울기는 $\frac{1}{2}$이므로 직선 OP의 직선의 방정식은 $y=\frac{1}{2}x$

따라서, 점 P의 좌표는 포물선 $y=x^2$과 직선 $y=\frac{1}{2}x$의 교점이다.

$x^2=\frac{1}{2}x$에서 $2x^2-x=0$, $x(2x-1)=0$이므로

$x=\frac{1}{2}$, $y=\frac{1}{4}$

따라서, 점 P의 좌표는 $\left(\dfrac{1}{2}, \dfrac{1}{4}\right)$

36 $f(n)$과 $g(n)$이 동시에 0일 때만 $h(n)=1$이고, 주어진 식에서 n의 값은 3의 배수이므로 주어진 식의 값은 n이 3과 5와 7의 공배수, 즉 105의 배수일 때만 $h(n)=1$이 된다.

따라서, 1에서 2015까지의 105의 배수의 개수는 19이므로

$h(3)+h(6)+h(9)+\cdots+h(2014)+h(2015)=\mathbf{19}$

37 $2x-y+5=k$라 하면

$y=2x+5-k$ ……㉠

(i) ㉠이 점 C(0, 21)을 지날 때 k는 최솟값을 가진다.

$21=5-k$

따라서, $k=-16$

(ii) ㉠이 이차함수의 그래프에 접할 때 최댓값을 가진다.

$x^2-10x+21=2x+5-k$, $x^2-12x+16+k=0$

$\dfrac{D}{4}=36-16-k=0$

따라서, $k=20$

(i), (ii)에서 (최댓값)+(최솟값)=20+(-16)=**4**

38 $y=-x^2+4x+5$

$=-(x^2-4x+4)+4+5$

$=-(x-2)^2+9$

이므로 꼭짓점의 좌표는 (2, 9)

$y=-x^2+4x+5$의 그래프 위에 임의의 한 점 P를 잡으면 P(t, $-t^2+4t+5$)

오른쪽 그림에서

$y=-x^2+4x+5$의 그래프는 $x=2$에 대하여 좌우대칭이므로 직사각형의 가로의 길이는 $2(t-2)$이고, 세로의 길이는

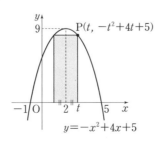

$-t^2+4t+5$이다. 따라서, 직사각형의 둘레의 길이는

$2\{2(t-2)+(-t^2+4t+5)\}$

$=2(-t^2+6t+1)$

$=-2(t^2-6t+9)+18+2$

$=-2(t-3)^2+20$

따라서, $t=3$일 때 직사각형의 둘레의 길이의 최댓값은 **20**이다.

39 ㉠, ㉡에서

$x^2=x+2$, $x^2-x-2=0$

$(x+1)(x-2)=0$

$x=-1$ 또는 $x=2$

따라서, A(-1, 1), B(2, 4)

㉠, ㉢에서

$x^2=x+6$, $x^2-x-6=0$

$(x-3)(x+2)=0$

$x=3$ 또는 $x=-2$

따라서, C(3, 9), D(-2, 4)

따라서, □ABCD=△ABD+△BCD

$=\dfrac{1}{2}\times 4\times 3+\dfrac{1}{2}\times 4\times 5=\mathbf{16}$

40 $y=\frac{1}{2}x^2-k$에서 $y=0$일 때, $0=\frac{1}{2}x^2-k$

$x=\pm\sqrt{2k}$이므로 A($-\sqrt{2k}$, 0), B($\sqrt{2k}$, 0)

따라서, $\overline{AB}=2\sqrt{2k}$이고, $\overline{AB}$의 길이가 정수이므로 $2\sqrt{2k}$가 정수가 되어야 한다.

즉, $k=2\times m^2$ (m은 자연수)의 꼴이어야 한다.

그런데 $0<k<20$, $0<2k<40$, $0<\sqrt{2k}<\sqrt{40}$

$0<2\sqrt{2k}=\overline{AB}<\sqrt{160}=12.\times\times\times$

(i) $k=2\times 1^2$이면 $\overline{AB}=4$

(ii) $k=2\times 2^2$이면 $\overline{AB}=8$

(iii) $k=2\times 3^2$이면 $\overline{AB}=12$

(i)~(iii)에서 $k=\mathbf{2, 8, 18}$

41 점 P의 좌표를 $(a, -a^2+3a+4)$라 하고 점 P에서 x축에 내린 수선의 발을 H(a, 0)이라 하면

□OAPB의 넓이는 사다리꼴 OHPB와 △HAP의 넓이의 합과 같다.

□OAPB=□OHPB+△HAP

$=\dfrac{1}{2}\cdot\{4+(-a^2+3a+4)\}\cdot a$

$+\dfrac{1}{2}\cdot(4-a)\cdot(-a^2+3a+4)$

$=-2a^2+8a+8$

$$= -2(a-2)^2 + 16$$

따라서, $a=2$일 때 $\square \text{OAPB}$의 넓이의 최댓값은 **16** 이다.

42 주어진 함수의 조건에 의하여 $x_1, x_2, x_3, \cdots$을 차례로 대입하면

$f(x_1) = x_2 = 1000,$

$f(x_2) = f(1000) = x_3 = \dfrac{1000}{5} = 200,$

$f(x_3) = f(200) = x_4 = \dfrac{200}{5} = 40,$

$f(x_4) = f(40) = x_5 = \dfrac{40}{5} = 8,$

$f(x_5) = f(8) = x_6 = 8+1 = 9,$

$f(x_6) = f(9) = x_7 = 9+1 = 10,$

$f(x_7) = f(10) = x_8 = \dfrac{10}{5} = 2,$

$f(x_8) = f(2) = x_9 = 2+1 = 3,$

$f(x_9) = f(3) = x_{10} = 3+1 = 4,$

$f(x_{10}) = f(4) = x_{11} = 4+1 = 5,$

$f(x_{11}) = f(5) = x_{12} = \dfrac{5}{5} = 1, \cdots$의 꼴이므로

$f(x_{5k}) = 5,\ f(x_{5k+1}) = 1,\ f(x_{5k+2}) = 2,\ f(x_{5k+3}) = 3,$
$f(x_{5k+4}) = 4$ (단, $k \geq 2$)

따라서, $f(x_{50}) = f(x_{5 \times 10}) = \mathbf{5}$

43 $f(8) = 8 - 10 \cdot \left[\dfrac{8}{10}\right] = 8 - 10 \times 0 = 8$

$f(79) = 79 - 10 \cdot \left[\dfrac{79}{10}\right] = 79 - 10 \times 7 = 9$

$f(125) = 125 - 10 \cdot \left[\dfrac{125}{10}\right] = 125 - 10 \times 12 = 5$

즉, 함수 $f(x)$는 'x의 일의 자릿수'로 정의된다.
$f(7) = 7,\ f(7^2) = 9,\ f(7^3) = 3,\ f(7^4) = 1,$
$f(7^5) = 7,\ f(7^6) = 9,\ f(7^7) = 3,\ f(7^8) = 1, \cdots$
이 반복되고 $2015 = 4 \times 503 + 3$이므로
$f(7) + f(7^2) + f(7^3) + \cdots + f(7^{2015})$
$= (7+9+3+1) \times 503 + (7+9+3)$
$= 10060 + 19 = \mathbf{10079}$

44 $2015x + f(0) = t$라 하면 $x = \dfrac{t - f(0)}{2015}$

위의 식을 주어진 식에 대입하면

$f(t) = 2015 \left\{ \dfrac{t - f(0)}{2015} \right\}^2 = \dfrac{\{t - f(0)\}^2}{2015}$ ……㉠

㉠에 $t = 0$을 대입하면 $f(0) = \dfrac{(f(0))^2}{2015}$이므로

$(f(0))^2 = 2015 f(0),\ (f(0))^2 - 2015 f(0) = 0$

$f(0)(f(0) - 2015) = 0$

$f(0) = 0$ 또는 $f(0) = 2015$

이 값을 ㉠에 대입하면

$$f(t) = \dfrac{t^2}{2015} \text{ 또는 } f(t) = \dfrac{(t - 2015)^2}{2015}$$

따라서, $\boldsymbol{f(x) = \dfrac{x^2}{2015}}$ 또는 $\boldsymbol{f(x) = \dfrac{(x - 2015)^2}{2015}}$

45 $x^2 = 1 - 2y^2$에서 $x^2 \geq 0$이므로

$1 - 2y^2 \geq 0,\ y^2 \leq \dfrac{1}{2}$

따라서, $0 \leq y^2 \leq \dfrac{1}{2}$이다.

$x^4 - 2x^2y^2 + 3y^4$
$= (x^2)^2 - 2x^2y^2 + 3(y^2)^2$
$= (1 - 2y^2)^2 - 2(1 - 2y^2)y^2 + 3(y^2)^2$

$y^2 = A$라 하면 $0 \leq A \leq \dfrac{1}{2}$이므로

(주어진 식)
$= (1 - 2A)^2 - 2(1 - 2A)A + 3A^2$
$= 11A^2 - 6A + 1$
$= 11\left(A - \dfrac{3}{11}\right)^2 + \dfrac{2}{11}$

따라서, $A = 0$일 때 최댓값 1,
$A = \dfrac{3}{11}$일 때 최솟값 $\dfrac{2}{11}$이므로

(최댓값) + (최솟값) $= 1 + \dfrac{2}{11} = \mathbf{\dfrac{13}{11}}$

46 $|f(1)|, |f(2)|, |f(3)|$이 모두 $\dfrac{1}{2}$보다 작다고 가정하면

(ⅰ) $|f(1)| < \dfrac{1}{2},\ |1 + p + q| < \dfrac{1}{2}$

$-\dfrac{1}{2} < 1 + p + q < \dfrac{1}{2}$

$-\dfrac{3}{2} < p + q < -\dfrac{1}{2}$ ……㉠

(ⅱ) $|f(2)| < \dfrac{1}{2},\ |4 + 2p + q| < \dfrac{1}{2}$

$-\dfrac{1}{2} < 4 + 2p + q < \dfrac{1}{2}$

$-\dfrac{9}{2} < 2p + q < -\dfrac{7}{2}$ ……㉡

(ⅲ) $|f(3)| < \dfrac{1}{2},\ |9 + 3p + q| < \dfrac{1}{2}$

$-\dfrac{1}{2} < 9 + 3p + q < \dfrac{1}{2}$

$-\dfrac{19}{2} < 3p + q < -\dfrac{17}{2}$ ……㉢

(㉠ + ㉢) ÷ 2를 하면 $-\dfrac{11}{2} < 2p + q < -\dfrac{9}{2}$ ……㉣

그런데 ㉡과 ㉣의 공통 부분이 없으므로 모순이다.

따라서, $|f(1)|$, $|f(2)|$, $|f(3)|$의 값 중에서 적어도 하나는 $\frac{1}{2}$보다 크거나 같다.

47 a, b, c는 주사위의 눈의 수이므로 $1\le a$, b, $c\le 6$인 자연수이다.

$y=ax^2+bx+c+2$

$=a\left(x^2+\dfrac{b}{a}x+\dfrac{b^2}{4a^2}\right)-\dfrac{b^2}{4a}+c+2$

$=a\left(x+\dfrac{b}{2a}\right)^2-\dfrac{b^2-4a(c+2)}{4a}$

이차함수의 그래프가 x축과 만날 조건은 $a>0$이므로 최솟값이 0보다 작거나 같아야 한다.

$-\dfrac{b^2-4a(c+2)}{4a}\le 0$, $b^2-4a(c+2)\ge 0$

$b^2\ge 4a(c+2)\ge 12$ ...... ㉠

따라서, $b=4$, $b=5$, $b=6$의 세 가지로 나누어 생각할 수 있다.

㉠을 만족하는 순서쌍을 (a, b, c)로 나타내면

(i) $b=4$일 때 : $(1, 4, 1)$, $(1, 4, 2)$

(ii) $b=5$일 때 : $(1, 5, 1)$, $(1, 5, 2)$, $(1, 5, 3)$,
$(1, 5, 4)$, $(2, 5, 1)$

(iii) $b=6$일 때 : $(1, 6, 1)$, $(1, 6, 2)$, $(1, 6, 3)$,
$(1, 6, 4)$, $(1, 6, 5)$, $(1, 6, 6)$, $(2, 6, 1)$,
$(2, 6, 2)$, $(3, 6, 1)$

(i)~(iii)에 의하여 만족하는 순서쌍의 개수는 16개이므로 구하는 확률은 $\dfrac{16}{6^3}=\dfrac{2}{27}$

다 른 풀 이

$y=ax^2+bx+c+2$ $(a>0)$의 그래프가 x축과 만나는 경우는 $ax^2+bx+c+2=0$ $(a>0)$의 판별식이 $D\ge 0$인 경우와 같다.

$D=b^2-4\cdot a(c+2)\ge 0$

이때, a, $c\ge 1$이므로 $b^2\ge 4a(c+2)\ge 12$

P. 86~87

특목고 구술·면접 대비 문제

1 풀이 참조   **2** 풀이 참조
3 (1) -1, 1 (2) 풀이 참조   **4** 풀이 참조

1 $n+f(1)+f(2)+f(3)+\cdots+f(n-1)$

$=n+(1)+\left(1+\dfrac{1}{2}\right)+\left(1+\dfrac{1}{2}+\dfrac{1}{3}\right)+\cdots$

$+\left(1+\dfrac{1}{2}+\dfrac{1}{3}+\cdots+\dfrac{1}{n-1}\right)$

$=n+1\cdot(n-1)+\dfrac{1}{2}(n-2)+\dfrac{1}{3}(n-3)+\cdots$

$+\dfrac{1}{n-2}\{n-(n-2)\}+\dfrac{1}{n-1}\{n-(n-1)\}$

$=n+(-1)\cdot(n-1)$

$+n\left(1+\dfrac{1}{2}+\dfrac{1}{3}+\cdots+\dfrac{1}{n-2}+\dfrac{1}{n-1}\right)$

$=n-n+1+n\left(1+\dfrac{1}{2}+\dfrac{1}{3}+\cdots+\dfrac{1}{n-2}+\dfrac{1}{n-1}\right)$

$=n\left(1+\dfrac{1}{2}+\dfrac{1}{3}+\cdots+\dfrac{1}{n-1}+\dfrac{1}{n}\right)$ ($1=n\cdot\dfrac{1}{n}$이므로)

$=nf(n)$

2 $f(x)=x^2-2bx+c=(x-b)^2+c-b^2$이므로 대칭축은 $x=b$, 꼭짓점의 좌표는 $(b, c-b^2)$

(i) $b\le -1$일 때,

$f(-1)=1+2b+c\ge -1$에서

$c\ge -2b-2$ ...... ㉠

$f(1)=1-2b+c\le 1$에서 $c\le 2b$ ...... ㉡

㉠, ㉡에서 $-2b-2\le c\le 2b$

$2b\ge -2b-2$에서 $4b\ge -2$, $b\ge -\dfrac{1}{2}$

따라서, $b\le -1$일 때, 만족하는 영역이 없다.

(ii) $b\ge 1$일 때,

$f(-1)=1+2b+c\le 1$에서

$c\le -2b$ ...... ㉢

$f(1)=1-2b+c\ge -1$에서

$c\ge 2b-2$ ...... ㉣

㉢, ㉣에서 $2b-2\le c\le -2b$

$-2b\ge 2b-2$에서 $4b\le 2$, $b\le \dfrac{1}{2}$

따라서, $b\ge 1$일 때, 만족하는 영역이 없다.

(iii) $-1<b<1$일 때,

$f(-1)=1+2b+c\le 1$에서
$c\le -2b$

$f(1)=1-2b+c\le 1$에서
$c\le 2b$

$f(b)=c-b^2\ge -1$에서
$c\ge b^2-1$

(i)~(iii)에서 b, c 사이의 관계식은 $-1<b<1$일 때, $c\le -2b$, $c\le 2b$, $c\ge b^2-1$

따라서, 점 (b, c)가 존재하는 영역은 위의 그림에서 색칠한 부분이다. (단, 경계선 포함)

3 (1) $f(48)=f(2^4\times 3)=f(2^3\times 3)=f(2^2\times 3)$

$$=f(2\times3)=f(3)\;(f(2n)=f(n)\text{이므로})$$
$$=f(2\times1+1)=(-1)^1=\boldsymbol{-1}$$
$$f(1000)=f(2^3\times125)=f(2^2\times125)=f(2\times125)$$
$$=f(125)=f(2\times62+1)=(-1)^{62}=\boldsymbol{1}$$

(2) 자연수 $m,\,n$이 홀수이므로

$m=2k+1,\;n=2l+1\;(k,\;l$은 음이 아닌 정수)라 하면

$$f(mn)=f((2k+1)(2l+1))$$
$$=f(2(2kl+k+l)+1)=(-1)^{2kl+k+l}$$
$$=(-1)^{2kl}(-1)^{k+l}=(-1)^{k+l}$$
$$((-1)^{2kl}=1\text{이므로})$$
$$f(m)f(n)=f(2k+1)f(2l+1)$$
$$=(-1)^k\,(-1)^l=(-1)^{k+l}$$

따라서, $f(mn)=f(m)f(n)$

4 (1) $|f(x)-f(y)|=|x-y|$에 $y=0$을 대입하면

$|f(x)-f(0)|=|x-0|$

$f(0)=0$이므로 $|f(x)|=|x|$

(2) $|f(x)|=|x|$의 양변을 제곱하면

$\{f(x)\}^2=x^2$ ……㉠

$|f(y)|=|y|$의 양변을 제곱하면

$\{f(y)\}^2=y^2$ ……㉡

$|f(x)-f(y)|=|x-y|$의 양변을 제곱하면

$\{f(x)\}^2-2f(x)f(y)+\{f(y)\}^2=x^2-2xy+y^2$ ……㉢

㉢에 ㉠, ㉡을 대입하면

$x^2-2f(x)f(y)+y^2=x^2-2xy+y^2$

$-2f(x)f(y)=-2xy$

$f(x)\,f(y)=xy$

(3) $f(x)f(y)=xy$에 $y=1$을 대입하면

$f(x)f(1)=x$ ……㉣

$f(x)f(y)=xy$에 $x=1$을 대입하면

$f(1)f(y)=y$ ……㉤

㉤에 y 대신 $x+y$를 대입하면

$f(1)f(x+y)=x+y$ ……㉥

㉥에 ㉣, ㉤을 대입하면

$$f(1)f(x+y)=f(x)f(1)+f(1)f(y)$$
$$=f(1)\{f(x)+f(y)\}$$

그런데 $|f(x)|=|x|$에서 $f(1)=\pm1\neq0$이므로

$f(x+y)=f(x)+f(y)$

시·도 경시 대비 문제

1 32	**2** 8개	**3** 3	**4** 3	**5** 20개
6 998	**7** k			

1 $f(2)=2,\,f(2^2)=4,\,f(2^3)=8,\,f(2^4)=6,$

$f(2^5)=2,\,\cdots$이므로

$f(2^{4n})=6,\,f(2^{4n+1})=2,\,f(2^{4n+2})=4,\,f(2^{4n+3})=8$

따라서, $f(2^{2015})=f(2^{4\times503+3})=8$ ……㉠

$f(3)=3,\,f(3^2)=9,\,f(3^3)=7,\,f(3^4)=1,$

$f(3^5)=3,\,\cdots$이므로

$f(3^{4n})=1,\,f(3^{4n+1})=3,\,f(3^{4n+2})=9,\,f(3^{4n+3})=7$

따라서, $f(3^{2015})=f(3^{4\times503+3})=7$ ……㉡

$f(5)=5,\,f(5^2)=5,\,\cdots$이므로 $f(5^n)=5$

따라서, $f(5^{2015})=5$ ……㉢

$f(7)=7,\,f(7^2)=9,\,f(7^3)=3,\,f(7^4)=1,$

$f(7^5)=7,\,\cdots$이므로

$f(7^{4n})=1,\,f(7^{4n+1})=7,\,f(7^{4n+2})=9,\,f(7^{4n+3})=3$

따라서, $f(7^{2015})=f(7^{4\times503+3})=3$ ……㉣

$f(9)=9,\,f(9^2)=1,\,f(9^3)=9,\,\cdots$이므로

$f(9^{2n})=1,\,f(9^{2n+1})=9$

따라서, $f(9^{2015})=f(9^{2\times1007+1})=9$ ……㉤

㉠~㉤에 의해서

$$f(2^{2015})+f(3^{2015})+f(5^{2015})+f(7^{2015})+f(9^{2015})$$
$$=8+7+5+3+9=\boldsymbol{32}$$

2 $f(1)=8-0\times10=8,$

$f(2)=64-6\times10=4,$

$f(3)=512-51\times10=2,$

$f(4)=4096-409\times10=6,\,\cdots$

따라서, 함수 $f(n)$은 $f(n)=(8^n$의 일의 자릿수)이다.

(ⅰ) $n=4k+1\,(k=0,\,1,\,2,\,\cdots)$의 꼴일 때,

$f(n)=8$이므로 $\dfrac{n}{f(n)}$이 정수가 되는 경우는 없다.

(ⅱ) $n=4k+2\,(k=0,\,1,\,2,\,\cdots)$의 꼴일 때,

$f(n)=4$이므로 $\dfrac{n}{f(n)}$이 정수가 되는 경우는 없다.

(ⅲ) $n=4k+3\,(k=0,\,1,\,2,\,\cdots)$의 꼴일 때,

$f(n)=2$이므로 $\dfrac{n}{f(n)}$이 정수가 되는 경우는 없다.

(ⅳ) $n=4k\,(k=1,\,2,\,\cdots)$의 꼴일 때,

$f(n)=6$이므로 $\dfrac{n}{f(n)}=\dfrac{4k}{6}=\dfrac{2k}{3}$가 정수가 되는

경우는 k가 3의 배수, 즉 n이 12의 배수일 때이므로 두 자리의 자연수 n의 개수는

$\left[\dfrac{100}{12}\right]=8(\text{개})$이다.

3 $y=ax+b$의 그래프에서 $a<0,\ b>0$

$y=ax^2+x+b$

$\quad=a\left\{x^2+\dfrac{1}{a}x+\left(\dfrac{1}{2a}\right)^2-\left(\dfrac{1}{2a}\right)^2\right\}+b$

$\quad=a\left(x+\dfrac{1}{2a}\right)^2+b-\dfrac{1}{4a}$

꼭짓점의 좌표가 $\left(-\dfrac{1}{2a},\ b-\dfrac{1}{4a}\right)$이고 $-\dfrac{1}{2a}>0,$

$b-\dfrac{1}{4a}>0$이므로 꼭짓점은 제 1사분면에 있다.

따라서, $m=1$

한편, 이차방정식 $ax^2+x+b=0$의 판별식은

$D=1^2-4ab>0$이므로 방정식의 해의 개수는 2개이다.

따라서, $n=2$

따라서, $m+n=1+2=\mathbf{3}$

4 주어진 식에 $x=1,\ y=0$을 대입하면

$f(1)f(0)=2f(1),\ f(1)\{f(0)-2\}=0$

이때, $f(1)=1$이므로 $f(1)\neq0$

$f(0)=2$

주어진 식에 $x=1,\ y=1$을 대입하면

$\{f(1)\}^2=f(2)+f(0),\ 1=f(2)+2$이므로

$f(2)=-1$

따라서, $2f(0)+f(2)=2\cdot2+(-1)=\mathbf{3}$

5 $f\left(\dfrac{x_1+x_2}{2}\right)=\dfrac{f(x_1)+(x_2)}{2},\ f(0)=0$을 만족하는 함

수는 원점을 지나는 직선이다.

즉, $y=kx$의 그래프가 점 $(100,40)$을 지나므로

$40=100k$

$k=\dfrac{2}{5}$이므로 $y=\dfrac{2}{5}x$

이때, 점 $(a,\ b)$가 모두 자연수가 되려면 a는 100 이하의

5의 배수이어야 한다.

따라서, 점 $(a,\ b)$의 개수는 **20개**이다.

6 $f(1000)=1000-2=998$

$f(996)=f(\,f(996+4))=f(\,f(1000))=f(998)$

$f(998)=f(\,f(998+4))=f(\,f(1002))$

$\qquad=f(1002-2)=f(1000)=998$

따라서, $f(996)=998$

$f(992)=f(\,f(992+4))=f(\,f(996))$

$\qquad=f(998)=998$

$\qquad\qquad\vdots$

따라서,

$f(1000)=f(996)=f(992)=\cdots=f(200)=\mathbf{998}$

7 함수 $f(x)=f(2-x)$는 $x=1$에 대하여 대칭인 함수

이다.

따라서, 방정식 $f(x)=0$의 근은 $x=1$에 대하여 대칭인

값들이다.

즉, $x=1$에 대칭인 두 값들의 합은 2가 되고, 근이 홀수

개일 때는 $x=1$을 근으로 가진다.

따라서, 근의 개수가 1개일 때는 $x=1$이 근이 되고, 근의

개수가 2개이면 $x=1-t,\ 1+t$로 합은 2이다.

그러므로 방정식 $f(x)=0$이 k개의 실근을 가질 때, 모든

실근의 합은 $\boldsymbol{k}$가 된다.

P. 90~91

올림피아드 **대비 문제**

> **1** $f(x)=\dfrac{1}{5}(x^2-6x+3)$ **2** $\dfrac{5}{6}\le a<\dfrac{3+\sqrt{11}}{4}$
>
> **3** $x=-\dfrac{4}{3},\ 0$ **4** 3

1 $2f(x)+3f(1-x)=x^2$ $\cdots\cdots\ \bigcirc$

$\bigcirc$의 x에 $1-x$를 대입하면

$2f(1-x)+3f(x)=(1-x)^2$ $\cdots\cdots\ \bigcirc\!\!\bigcirc$

$\bigcirc\!\!\bigcirc\times3-\bigcirc\times2$를 하면

$5f(x)=3(1-x)^2-2x^2=x^2-6x+3$

따라서, $\boldsymbol{f(x)=\dfrac{1}{5}(x^2-6x+3)}$

2 주어진 이차방정식의 양변을 $a(a\neq0)$로 나누어 정리하면

$x^2+2=\dfrac{1}{a}(x+3)$

여기서 $\dfrac{1}{a}=k$라 하면 $x^2+2=k(x+3)$이고, 두 그래프

$y=x^2+2$와 $y=k(x+3)$이 $-1\le x\le2$의 범위에서 두

점에서 만나는 k의 값의 범위를 구하면 된다.

(i) 직선

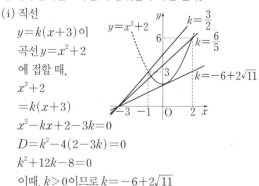

$y=k(x+3)$이

곡선 $y=x^2+2$

에 접할 때,

x^2+2

$\quad=k(x+3)$

$x^2-kx+2-3k=0$

$D=k^2-4(2-3k)=0$

$k^2+12k-8=0$

이때, $k>0$이므로 $k=-6+2\sqrt{11}$

(ii) 직선 $y=k(x+3)$이 점 $(-1, 3)$을 지날 때,

$$3=2k, \ k=\frac{3}{2}$$

(iii) 직선 $y=k(x+3)$이 점 $(2, 6)$을 지날 때,

$$6=5k, \ k=\frac{6}{5}$$

(i)~(iii)에 의하여 k의 값의 범위는

$$-6+2\sqrt{11}<k\leq\frac{6}{5}$$

$k=\dfrac{1}{a}$이므로 a의 값의 범위는

$$\frac{1}{\dfrac{6}{5}}\leq a<\frac{1}{-6+2\sqrt{11}}$$

따라서, $\dfrac{5}{6}\leq a<\dfrac{3+\sqrt{11}}{4}$

3 Ⅱ에서 $f(x+1)=-f(x)$에 x 대신 $x-1$을 대입하면

$$f(x)=-f(x-1)=-\{-f(x-2)\}=f(x-2)$$

따라서, $f(x)=f(x-2)$이므로 함수 $f(x)$는 주기가 2인 주기함수이다.

Ⅰ에서 $0\leq x<1$일 때, $f(x)=-2x$이고 Ⅱ에서 $f(x+1)=-f(x)=2x$

$x+1=t$로 놓으면 $1\leq t<2$일 때, $f(t)=2(t-1)$이므로 그래프는 다음과 같다.

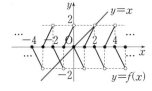

방정식 $f(x)=x$의 해는 $y=f(x)$와 $y=x$의 교점의 x좌표이다.

(i) $-2\leq x<-1$일 때, $f(x)=-2x-4$이므로

$$-2x-4=x, \ x=-\frac{4}{3}$$

(ii) $0\leq x<1$일 때, $f(x)=-2x$이므로

$$-2x=x, \ x=0$$

(i), (ii)에서 $x=-\dfrac{4}{3}$ 또는 $x=0$

4 $f_1(x)=f(x)=\dfrac{x-3}{x+1}$

$$f_2(x)=f(f_1(x))=\frac{f_1(x)-3}{f_1(x)+1}=\frac{\dfrac{x-3}{x+1}-3}{\dfrac{x-3}{x+1}+1}$$

$$=-\frac{x+3}{x-1}$$

$$f_3(x)=f(f_2(x))=\frac{f_2(x)-3}{f_2(x)+1}=\frac{-\dfrac{x+3}{x-1}-3}{-\dfrac{x+3}{x-1}+1}=x$$

$f_4(x)=f(f_3(x))=f(x)=f_1(x)$
$f_5(x)=f(f_4(x))=f(f_1(x))=f_2(x)$
$f_6(x)=f(f_5(x))=f(f_2(x))=f_3(x), \cdots$
$f_{3n}(x)=f_3(x), f_{3n+1}(x)=f_1(x), f_{3n+1}(x)=f_2(x)$

따라서, $f_{2014}(f_{2015}(3))=f_{3\times 671+1}(f_{3\times 671+2}(3))$

$$=f_1(f_2(3))$$
$$=f_1(-3)$$
$$=\frac{-3+3}{-3+1}=3$$

V 통 계

P. 96~103

특목고 대비 문제

1 43kg	2 (3, 13), (12, 4), (25, 2)	3 13

4 ③   **5** $\dfrac{23}{11}$ **6** 4   **7** 196

8 $\dfrac{1}{9}(a^2+b^2+c^2)$ **9** 9   **10** 8

11 $M-3a$ **12** 27   **13** $2\sqrt{5}$ **14** $p-m^2$

15 2   **16** $x=6, y=10$ **17** 2개

18 풀이 참조, 4월과 9월   **19** 풀이 참조

20 풀이 참조   **21** 풀이 참조

22 풀이 참조   **23** 풀이 참조

24 풀이 참조

1 A 학생은 평균보다 4kg이 더 나가므로 F 학생은 평균보다 12kg이 더 나간다.

A~E 학생 5명의 몸무게의 평균을 m이라 하고, F 학생이 포함된 6명의 몸무게의 평균을 m'라 하면

$$m'=\frac{5\times m+(m+12)}{6}=m+m\times0.04$$

$$\frac{6m+12}{6}=1.04m, \ m+2=1.04m$$

$$0.04m=2, \ m=50(\text{kg})$$

따라서, A~E 학생 5명의 몸무게의 평균이 50kg이므로 가장 가벼운 B 학생의 몸무게는 $50+(-7)=\mathbf{43(kg)}$ 이다.

2 k개의 과목의 총점은

$$k\times(1+2+3+\cdots+n)=\frac{kn(n+1)}{2}$$

이것은 n명의 학생의 총점과 같으므로

$$\frac{kn(n+1)}{2}=26n, \ k(n+1)=52$$

따라서, $k(n+1)=2\cdot2\cdot13$

k	1	2	4	13
$n+1$	52	26	13	4
n	51	25	12	3

n과 k는 모두 자연수이고, $n\geq2$이므로 이것을 만족하는 순서쌍 (n, k)는 $(3, 13)$, $(12, 4)$, $(25, 2)$, $(51, 1)$ 그러나 $(n, k)=(51, 1)$이면 과목의 수 $k=1$이고, 학생 수 $n=51$이므로 모두 다른 점수는 $1, 2, 3, \cdots, 51$이 되

어 총점이 모두 26점이라는 사실에 모순이다.
따라서, 가능한 순서쌍 (n, k)는

$$(\mathbf{3, 13}), (\mathbf{12, 4}), (\mathbf{25, 2})$$

참고

$$1+2+3+\cdots+n=\frac{n(n+1)}{2} \ (\text{단, } n\text{은 자연수})$$

3 4개의 변량 a, b, c, d의 평균이 5, 분산이 2이므로

$$\frac{a+b+c+d}{4}=5$$

$$a+b+c+d=20$$

$$\frac{(a-5)^2+(b-5)^2+(c-5)^2+(d-5)^2}{4}=2$$

$$\frac{a^2+b^2+c^2+d^2-10(a+b+c+d)+25\times4}{4}=2$$

$a+b+c+d=20$이므로 $a^2+b^2+c^2+d^2=108$

변량 $2a-5, 2b-5, 2c-5, 2d-5$의 평균은

$$\frac{(2a-5)+(2b-5)+(2c-5)+(2d-5)}{4}$$

$$=\frac{2(a+b+c+d)-5\times4}{4}$$

$$=2\times\frac{a+b+c+d}{4}-5$$

$$=2\times5-5=5$$

분산은

$$\frac{\{(2a-5)-5\}^2+\{(2b-5)-5\}^2+\{(2c-5)-5\}^2+\{(2d-5)-5\}^2}{4}$$

$$=\frac{(2a-10)^2+(2b-10)^2+(2c-10)^2+(2d-10)^2}{4}$$

$$=\frac{4(a^2+b^2+c^2+d^2)-40(a+b+c+d)+100\times4}{4}$$

$$=\frac{4\times108-40\times20+400}{4}=8$$

따라서, 평균과 분산의 합은 $5+8=\mathbf{13}$이다.

참고

$x_1, x_2, x_3, \cdots, x_n$의 평균이 M, 분산이 V일 때,
$ax_1+b, ax_2+b, ax_3+b, \cdots, ax_n+b$의 평균을 M', 분산을 V'라 하면 $M'=aM+b, V'=a^2V$

4 $1, 3, 5, \cdots, 99$의 평균을 M, 분산을 V라 하면 $2, 4, 6,$ $\cdots, 100$은 $1, 3, 5, \cdots, 99$의 각 변량에 1을 더한 것이다. 따라서, 평균은 $M+1$이고, 분산은 $1^2\times V=V$이다.

5 A 분단 5명의 턱걸이 기록을 $x_1, x_2, \cdots, x_5$, B 분단 6명의 턱걸이 기록을 $y_1, y_2, \cdots, y_6$이라 하면 11명의 평균은

$$\frac{5 \times 7 + 6 \times 7}{11} = \frac{(5+6) \times 7}{11} = 7$$

이때, A분단 5명의 표준편차는 1이므로

$$\frac{(x_1-7)^2 + (x_2-7)^2 + \cdots + (x_5-7)^2}{5} = 1^2$$

$$(x_1-7)^2 + (x_2-7)^2 + \cdots + (x_5-7)^2 = 5$$

B분단 6명의 표준편차는 $\sqrt{3}$이므로

$$\frac{(y_1-7)^2 + (y_2-7)^2 + \cdots + (y_6-7)^2}{6} = (\sqrt{3})^2$$

$$(y_1-7)^2 + (y_2-7)^2 + \cdots + (y_6-7)^2 = 18$$

따라서, 11명의 분산은

$$\frac{(x_1-7)^2 + \cdots + (x_5-7)^2 + (y_1-7)^2 + \cdots + (y_6-7)^2}{11}$$

$$= \frac{5+18}{11} = \frac{\mathbf{23}}{\mathbf{11}}$$

6 5개의 변량 x_1, x_2, x_3, x_4, x_5의 분산이 8이므로 변량 $\sqrt{2}x_1$, $\sqrt{2}x_2$, $\sqrt{2}x_3$, $\sqrt{2}x_4$, $\sqrt{2}x_5$의 분산은 $(\sqrt{2})^2 \times 8 = 16$이 된다.

따라서, 변량 $\sqrt{2}x_1$, $\sqrt{2}x_2$, $\sqrt{2}x_3$, $\sqrt{2}x_4$, $\sqrt{2}x_5$의 표준편차는 $\sqrt{16} = \mathbf{4}$이다.

7 수학 성적의 평균을 M_1이라 하면

$$M_1 = \frac{50 \times 2 + 60 \times 13 + 70 \times 21 + 80 \times 11 + 90 \times 3}{50}$$

$$= \frac{3500}{50} = 70(\text{점})$$

따라서, 수학 성적에 대한 분산 A는

$$A = \frac{(-20)^2 \times 2 + (-10)^2 \times 13 + 10^2 \times 11 + 20^2 \times 3}{50}$$

$$= 88$$

영어 성적에 대한 상대도수와 도수를 구하면

점수(점)	상대도수	도수
50	0.08	$0.08 \times 50 = 4$
60	0.24	$0.24 \times 50 = 12$
70	0.34	$0.34 \times 50 = 17$
80	0.28	$0.28 \times 50 = 14$
90	0.06	$0.06 \times 50 = 3$
합계	1	50

영어 성적의 평균을 M_2라 하면

$$M_2 = \frac{50 \times 4 + 60 \times 12 + 70 \times 17 + 80 \times 14 + 90 \times 3}{50}$$

$$= \frac{3500}{50} = 70(\text{점})$$

따라서, 영어 성적에 대한 분산 B는

$$B = \frac{(-20)^2 \times 4 + (-10)^2 \times 12 + 10^2 \times 14 + 20^2 \times 3}{50}$$

$$= 108$$

따라서, $A + B = 88 + 108 = \mathbf{196}$

8 세 수 x, y, z의 평균을 m이라 하면

$$m = \frac{1}{3}(x+y+z)$$

$$x - m = x - \frac{1}{3}(x+y+z) = \frac{1}{3}(3x-x-y-z)$$

$$= \frac{1}{3}(2x-y-z) = \frac{1}{3}\{(x-y)-(z-x)\}$$

$$= \frac{1}{3}(a-c)$$

같은 방법으로

$$y - m = \frac{1}{3}(b-a), \ z - m = \frac{1}{3}(c-b)$$

$$a + b + c = (x-y) + (y-z) + (z-x) = 0$$

따라서, $s^2 = \frac{1}{3}\{(x-m)^2 + (y-m)^2 + (z-m)^2\}$

$$= \frac{1}{27}\{(a-c)^2 + (b-a)^2 + (c-b)^2\}$$

$$= \frac{1}{27}\{2(a^2+b^2+c^2) - 2(ab+bc+ca)\}$$

$$= \frac{1}{27}\{3(a^2+b^2+c^2) - (a+b+c)^2\}$$

$$= \frac{\mathbf{1}}{\mathbf{9}}(\boldsymbol{a^2+b^2+c^2}) \ (a+b+c=0\text{이므로})$$

참고

위의 식에서 $\frac{1}{27}\{2(a^2+b^2+c^2) - 2(ab+bc+ca)\}$의 중괄호 안을 계산하면

$$2(a^2+b^2+c^2) - 2(ab+bc+ca)$$

$$= 3(a^2+b^2+c^2) - (a^2+b^2+c^2) - 2(ab+bc+ca)$$

$$= 3(a^2+b^2+c^2) - (a^2+b^2+c^2+2ab+2bc+2ca)$$

$$= 3(a^2+b^2+c^2) - (a+b+c)^2$$

따라서, $\frac{1}{27}\{2(a^2+b^2+c^2) - 2(ab+bc+ca)\}$

$$= \frac{1}{27}\{3(a^2+b^2+c^2) - (a+b+c)^2\}$$

9 편차의 합은 0이므로

$$3 - 1 + x + y = 0$$

$$x + y = -2 \qquad \qquad \cdots\cdots \text{㉠}$$

분산이 8.8이므로

$$\frac{3^2 + (-1)^2 + x^2 + 0^2 + y^2}{5} = 8.8$$

$$x^2 + y^2 = 34 \qquad \qquad \cdots\cdots \text{㉡}$$

㉠에서 $y = -x-2$이므로 이것을 ㉡에 대입하면

$$x^2 + (-x-2)^2 = 34, \ 2x^2 + 4x - 30 = 0$$

$$x^2 + 2x - 15 = 0, \ (x+5)(x-3) = 0$$

따라서, $x = -5$, $y = 3$ 또는 $x = 3$, $y = -5$

그런데 평균이 6점이므로 영어 점수 a와 과학 점수 b는

$$a = 1, \ b = 9 \ \text{또는} \ a = 9, \ b = 1$$

따라서, $ab=9$

10 오른쪽 그림과 같이 점선에 따라 구분하면 작은 정사각형 하나의 넓이가 1이므로 작은 조각부터 순서대로 넓이가 1, 3, 5, 7, 9이다.

따라서, 평균은

$$\frac{1+3+5+7+9}{5}=\frac{25}{5}=5$$

분산은

$$\frac{(1-5)^2+(3-5)^2+(5-5)^2+(7-5)^2+(9-5)^2}{5}$$

$$=\frac{40}{5}=8$$

11 5개의 변량 x_1, x_2, x_3, x_4, x_5의 평균이 M이므로

$$M=\frac{x_1+x_2+x_3+x_4+x_5}{5}$$

따라서, 변량 $x_1-a, x_2-2a, x_3-3a, x_4-4a, x_5-5a$의 평균은

$$\frac{(x_1-a)+(x_2-2a)+(x_3-3a)+(x_4-4a)+(x_5-5a)}{5}$$

$$=\frac{x_1+x_2+x_3+x_4+x_5}{5}-3a$$

$$=\boldsymbol{M-3a}$$

12 4개의 변량 x_1, x_2, x_3, x_4의 평균이 5, 표준편차가 $\sqrt{2}$이므로

$$\frac{x_1+x_2+x_3+x_4}{4}=5$$

$$\frac{(x_1-5)^2+(x_2-5)^2+(x_3-5)^2+(x_4-5)^2}{4}=(\sqrt{2})^2$$

$$\cdots\cdots\text{㉠}$$

㉠을 전개하면

$$\frac{x_1{}^2+x_2{}^2+x_3{}^2+x_4{}^2-10(x_1+x_2+x_3+x_4)+100}{4}=2$$

위의 식에 $\dfrac{x_1+x_2+x_3+x_4}{4}=5$를 대입하여 계산하면

$$\frac{x_1{}^2+x_2{}^2+x_3{}^2+x_4{}^2}{4}=\boldsymbol{27}$$

13 A분단 20명 학생들의 용돈에 대한 분산이 5이므로

$$\frac{\{(\text{A분단의 편차})^2\text{의 총합}\}}{20}=5$$

$$\{(\text{A분단의 편차})^2\text{의 총합}\}=5\times20=100$$

B분단 30명 학생들의 용돈에 대한 분산이 30이므로

$$\frac{\{(\text{B분단의 편차})^2\text{의 총합}\}}{30}=30$$

$$\{(\text{B분단의 편차})^2\text{의 총합}\}=30\times30=900$$

따라서, 전체 50명 학생들의 용돈에 대한 분산은

$$\frac{100+900}{20+30}=\frac{1000}{50}=20$$

따라서, 표준편차는 $\sqrt{20}=\boldsymbol{2\sqrt{5}}$

14 변량 $x_1, x_2, \cdots, x_n$의 평균이 m이므로

$$\frac{x_1+x_2+\cdots+x_n}{n}=m$$

$$x_1+x_2+\cdots+x_n=nm \qquad\cdots\cdots\text{㉠}$$

변량 $x_1{}^2, x_2{}^2, \cdots, x_n{}^2$의 평균이 p이므로

$$\frac{x_1{}^2+x_2{}^2+\cdots+x_n{}^2}{n}=p$$

$$x_1{}^2+x_2{}^2+\cdots+x_n{}^2=np \qquad\cdots\cdots\text{㉡}$$

따라서, $x_1, x_2, x_3, \cdots, x_n$의 분산은

$$\frac{(x_1-m)^2+(x_2-m)^2+\cdots+(x_n-m)^2}{n}$$

$$=\frac{x_1{}^2+x_2{}^2+\cdots+x_n{}^2-2m(x_1+x_2+\cdots+x_n)+nm^2}{n}$$

위의 식에 ㉠, ㉡을 대입하면

$$(\text{분산})=\frac{np-2m\times nm+nm^2}{n}$$

$$=\frac{np-nm^2}{n}=\boldsymbol{p-m^2}$$

> **참고**
>
> 변량 $x_1, x_2, x_3, \cdots, x_n$의 평균을 $\mathrm{E}(X)$, 변량 $x_1{}^2, x_2{}^2, x_3{}^2, \cdots, x_n{}^2$의 평균을 $\mathrm{E}(X^2)$이라 하면, 변량 $x_1, x_2, x_3, \cdots, x_n$의 분산은 $\mathrm{E}(X^2)-\{\mathrm{E}(X)\}^2$이다.

15 A마을 각 가구의 가족 수를 $x_i\,(i=1, 2, \cdots, 10)$, B마을 각 가구의 가족 수를 $y_j\,(j=1, 2, \cdots, 20)$라 하고, 두 마을 30가구의 평균 가족 수를 m이라 하면

$$m=\frac{10\times7+20\times4}{10+20}=\frac{150}{30}=5$$

A마을의 가족 수의 표준편차가 2이므로 분산은 4이고

$$\frac{1}{10}(x_1{}^2+x_2{}^2+\cdots+x_{10}{}^2)-7^2=2^2$$이므로

$$x_1{}^2+x_2{}^2+\cdots+x_{10}{}^2=530$$

B마을의 가족 수의 표준편차가 1이므로 분산은 1이고

$$\frac{1}{20}(y_1{}^2+y_2{}^2+\cdots+y_{20}{}^2)-4^2=1^2$$이므로

$$y_1{}^2+y_2{}^2+\cdots+y_{20}{}^2=340$$

따라서, A, B 두 마을을 합한 30가구의 가족 수의 분산은

$$\frac{1}{30}(530+340)-5^2=29-25=4$$

따라서, 표준편차는 $\sqrt{4}=\boldsymbol{2}$이다.

16 A의 득점의 평균은

$$\frac{10+9+8+5+4+8+7+9+7+3}{10}=\frac{70}{10}=7$$

B의 득점의 평균은 A의 득점의 평균과 같으므로

$$\frac{3+x+7+y+7+5+11+2+12+7}{10}$$

$$=\frac{x+y+54}{10}=7$$

따라서, $x+y=16$, $y=16-x$ ...... ㉠

A의 득점의 분산은

$$\frac{9+4+1+4+9+1+0+4+0+16}{10}=\frac{48}{10}=4.8$$

B의 득점의 분산은 A의 득점의 분산의 2배이므로

$$\frac{16+(x-7)^2+0+(y-7)^2+0+4+16+25+25+0}{10}$$

$$=\frac{(x-7)^2+(y-7)^2+86}{10}=4.8\times2=9.6$$

따라서, $(x-7)^2+(y-7)^2-10=0$

위의 식에 ㉠을 대입하여 정리하면

$x^2-16x+60=0$, $(x-6)(x-10)=0$

따라서, $\boldsymbol{x=6}$, $\boldsymbol{y=10}$ ($x<y$이므로)

17 (영희가 가져가는 구슬의 개수)+(철수가 가져가는 구슬의 개수)=3이 되게 만들 수 있다.

따라서, 마지막에 3개의 구슬이 남으면 이길 수 있다. 마찬가지로 6개의 구슬이 남아 있으면 3개의 구슬이 남게 만들 수 있고, 9개의 구슬이 남아 있으면 6개의 구슬이 남게 만들 수 있다.

이런 식으로 생각해 보면 18개의 구슬이 남으면 이길 수 있게 되는데, 구슬이 20개이므로 처음에 **2개**의 구슬을 가져가면 된다.

즉, 영희는 처음에 2개의 구슬을 가져와서 18개의 구슬이 남게 만든 후 철수와 영희가 가져가는 구슬의 개수의 합이 매번 3개가 되게 하면 영희는 항상 이길 수 있다.

18 표를 만들면 다음과 같다.

지울 수 있는 최대 개수	1월	2월	3월	4월	5월	6월	7월	8월	9월	10월	11월	12월
주어진 날의수	31	28,29	31	30	31	30	31	31	30	31	30	31
처음에 지우는 날의 수	1	1,2	3		1	2	7	4		9	6	5
먼저한 사람의 승, 패	승	승	승	패	승	승	승	승	패	승	승	승

따라서, **4월과 9월**에만 먼저 하는 사람이 이기지 못한다.

19 1112를 말하는 사람이 지게 되므로 마지막에 1111을 말하는 사람이 이기게 된다.

그러므로 먼저 말하는 사람이 1을 말한 후 나중에 말한 사람의 수의 개수와 처음에 말한 사람의 수의 개수의 합이 3이 되게 만들어 가면 이길 수 있다.

따라서, **먼저 말하는 사람이 1을 말하면 이길 수 있다.**

20 먼저 양쪽의 더미에서 동전이 각각 5개씩 되게 **7개가 있는 더미에서 2개의 동전을 가져온다.**

그리고 난 후 상대방이 가져가는 동전의 수만큼 다른 더미에서 동전을 가져가면 마지막에 동전을 가져갈 수 있으므로 먼저 가져가는 사람이 이길 수 있다.

21 **먼저 가져가는 사람이 1개의 동전을 가져가면 된다.**

그 후 남은 3개의 동전에서 나중에 가져가는 사람의 동전의 개수와 먼저 가져가는 사람의 동전의 개수의 합이 3이 되게 하면 하나도 남지 않을 것이고, 나중에 가져가는 사람이 동전을 다시 내놓을 때는 그 동전의 수만큼 먼저 가져가는 사람이 동전을 가져가면 나중에 가져가는 사람이 더 이상 내놓을 동전이 없어지므로 먼저 가져가는 사람이 이길 수 있다.

22 각각의 더미를 A, B, C더미라 이름을 붙이고, A더미에는 1개, B더미에는 2개, C더미에는 3개의 성냥이 있다고 하자.

그리고, 그 개수를 $(1, 2, 3)$으로 표시하자.

(i) 먼저 하는 사람이 A더미에서 1개를 가져가면 나중에 하는 사람은 C더미에서 1개를 가져가면서 $(0, 2, 2)$로 만들어 나중에 하는 사람이 이기게 된다.

(ii) 먼저 하는 사람이 B더미에서 1개를 가져가면 나중에 하는 사람은 C더미에서 3개를 다 가져가서 $(1, 1, 0)$이 되게 하면 나중에 하는 사람이 이기게 되며, 먼저 하는 사람이 B더미에서 2개를 가져가면 나중에 하는 사람은 C더미에서 2개를 가져가서 $(1, 0, 1)$이 되게 하여 이기게 된다.

(iii) 먼저 하는 사람이 C더미에서 1개를 가져가면 나중에 하는 사람은 A더미에서 1개를 가져가서 $(0, 2, 2)$가 되게, 먼저 하는 사람이 C더미에서 2개를 가져가면 나중에 하는 사람은 B더미에서 2개를 가져가서 $(1, 0, 1)$이 되게, 먼저 하는 사람이 C더미에서 3개를 가져가면 나중에 하는 사람은 B더미에서 1개를 가져가서 $(1, 1, 0)$이 되게 하여 이기게 된다.

(i), (ii), (iii)에 의하여 **나중에 하는 사람이 이길 수 있다.**

23 나중에 하는 사람이 이길 수 있다.

A, B, C의 사탕의 개수를 $(1, 4, 5)$라고 표시하자.

(i) 먼저 하는 사람이 A에서 1개를 가져가면 나중에 하는 사람은 $(0, 4, 4)$를 만들면 된다.

(ii) 먼저 하는 사람이 B에서 1개를 가져가면 나중에 하는 사람은 $(1, 3, 2)$를 만들고, 2개를 가져가면 $(1, 2, 3)$을, 3개를 가져가면 $(1, 1, 0)$을, 4개를 가져가면 $(1, 0, 1)$을 만들면 된다.

(iii) 먼저 하는 사람이 C에서 1개를 가져가면 나중에 하는 사람은 $(0, 4, 4)$를 만들고, 2개를 가져가면 $(1, 2, 3)$을, 3개를 가져가면 $(1, 3, 2)$를, 4개를 가져가면 $(1, 0, 1)$을, 5개를 가져가면 $(1, 1, 0)$을 만들면 된다.

(i), (ii), (iii)에 의하여 **나중에 가져가는 사람이 이길 수 있다.**

24 위의 문제에 의하여 $(1, 4, 5)$가 되게 하면 먼저 가져가는 사람이 이기게 되므로 A묶음에서 2개를 가져가면 **먼저 가져가는 사람이 이기게 된다.**

![특목고 구술·면접 대비 문제]

P. 104~105

1 풀이 참조	**2** 풀이 참조
3 풀이 참조	**4** 풀이 참조

1 (1) 다음 그림과 같이 15초 단위로 그림을 그려서 생각해 보자.

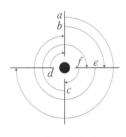

0-15초 : a, b, c 진행
15-30초 : a, e, f 진행
30-45초 : a, c, e 진행
45-60초 : c, d, e 진행
이것은 매 60초 주기에서 흐름 a, c, e는 45초 동안 진행할 수 있고, 흐름 b, d, f는 15초 동안 진행할 수 있음을 의미한다.
따라서, 이 체계의 총 대기 시간은 $(3 \times 15) + (3 \times 45) = 180$(초)이다.

(2) 다음 그림과 같이 20초 단위로 그림을 그려 생각해 보자.

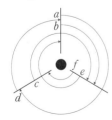

0-20초 : a, b, c 진행
20-40초 : a, e, f 진행
40-60초 : c, d, e 진행
대기 시간을 계산해 보면 (1)과 같이 180초가 된다.

2 그림을 보면 가운데 칸을 차지하면 주도권을 갖게 된다는

것을 알 수 있다.
왜냐하면 말 3개를 일직선상에 배열하려면 반드시 이곳을 차지해야 하기 때문이다.
그러므로 먼저 하는 사람이 이길 수 있다.
설명의 편의상 A가 먼저 말을 놓을 권리를 얻었다면 첫 번째 말을 ⑤에 놓아야 한다.
그 다음
(i) 만일 B가 ①을 차지했다면 A는 ⑧을 차지하여 B가 ②를 차지하게 하고, 뒤이어 A는 ③을 차지하여 B가 ⑦을 차지하게 한 다음, A는 ⑤, ⑧의 말을 ⑥, ⑨에 옮기면 이기게 된다.
(ii) 만일 B가 ②를 차지했다면 A는 ⑨를 차지하여 B가 ①을 차지하게 하고, 뒤이어 A는 ③을 차지하여 B가 ⑥을 차지하게 한 다음, A는 ⑨의 말을 ⑧로 옮기고, B가 말을 옮기면 A는 ⑧의 말을 ⑦로 옮기면 이기게 된다.

3 12개의 사탕을 세 묶음으로 나누는 방법은 다음과 같이 12가지가 있다.
$(1, 1, 10), (1, 2, 9), (1, 3, 8), (1, 4, 7), (1, 5, 6),$
$(2, 2, 8), (2, 3, 7), (2, 4, 6), (2, 5, 5), (3, 3, 6),$
$(3, 4, 5), (4, 4, 4)$
이 중에서 같은 수를 포함하는 경우는 먼저 하는 사람이 이기게 되므로 제외하면 $(1, 2, 9), (1, 3, 8), (1, 4, 7),$ $(1, 5, 6), (2, 3, 7), (2, 4, 6), (3, 4, 5)$만 남게 된다.
$(1, 2, 3)$과 $(1, 4, 5)$의 경우는 나중에 하는 사람이 이기게 되므로 먼저 하는 사람이 이와 같은 경우를 만들 수 있는 $(1, 2, 9), (1, 3, 8), (1, 4, 7), (1, 5, 6), (2, 3, 7),$ $(3, 4, 5)$는 나중에 하는 사람이 이기게 된다.
이제 $(2, 4, 6)$의 경우 나중에 하는 사람이 항상 이길 수 있는지에 대해 생각해 보자.
A묶음에서 1개를 가져가면 $(1, 4, 5)$를, 2개를 가져가면 $(0, 4, 4)$를 만들어 이길 수 있다.
B묶음에서 1개를 가져가면 $(2, 3, 1)$을, 2개를 가져가면 $(2, 2, 0)$, 3개를 가져가면 $(2, 1, 3)$을, 4개를 가져가면 $(2, 0, 2)$를 만들어 이길 수 있다.
C묶음에서 1개를 가져가면 $(1, 4, 5)$를, 2개를 가져가면 $(0, 4, 4)$를, 3개를 가져가면 $(2, 1, 3)$을, 4개를 가져가면 $(2, 0, 2)$를, 5개를 가져가면 $(2, 3, 1)$을, 6개를 가져가면 $(2, 2, 0)$을 만들어 이길 수 있다.
따라서, 나중에 가져가는 사람이 이기기 위해서는 사탕을 $(1, 2, 9), (1, 3, 8), (1, 4, 7), (1, 5, 6), (2, 3, 7),$ $(3, 4, 5), (2, 4, 6)$으로 나누면 된다.

4 무게와 가치와 누적 무게와 누적 가치와 kg당 가치를 표로 나타내면 다음과 같다.

품목	무게	가치	누적 무게	누적 가치	kg당 가치
카메라	0.2	3	0.2	3	15.00
밧줄	0.9	5	1.1	8	5.56
여벌 옷	0.7	3	1.8	11	4.29
책	0.5	2	2.3	13	4.00
비상 약품	1.1	4	3.4	17	3.64
놀이 기구	1.1	3	4.5	20	2.73
침낭	3.6	4	8.1	24	1.11
식기, 버너 세트	6.3	5	14.4	29	0.79

누적 무게를 보면 식기, 버너 세트를 제외하면 될 것처럼 보이나 누적 가치가 24이다.

반면, 놀이 기구를 제외하면 누적 가치가 26이며, 무게가 늘어나지만 총무게가 13.6kg을 넘지 않는다.

따라서, **놀이 기구를 제외하고 다 넣으면 된다.**

P. 106~109

시·도 경시 대비 문제

1 2, 7, 17	**2** 평균 182점, 표준편차 $\sqrt{26}$점	
3 평균 6, 분산 7.4	**4** 0.12	**5** 93점	**6** $\dfrac{15}{2}$
7 2	**8** 325장	**9** 6	**10** 39	**11** 345분

1 n을 추가하여 크기 순으로 나열하고 중앙값을 구해 보면

n, 3, 6, 9, 10일 때 중앙값은 6

3, n, 6, 9, 10일 때 중앙값은 6

3, 6, n, 9, 10일 때 중앙값은 n

3, 6, 9, n, 10일 때 중앙값은 9

3, 6, 9, 10, n일 때 중앙값은 9

따라서, 중앙값은 6, n, 9이고, 평균은

$$\frac{3+6+9+10+n}{5}=\frac{n+28}{5}$$

(i) $\dfrac{n+28}{5}=6$일 때 $n+28=30$에서 $n=2$

(ii) $\dfrac{n+28}{5}=n$일 때 $n+28=5n$에서 $n=7$

(iii) $\dfrac{n+28}{5}=9$일 때 $n+28=45$에서 $n=17$

(i)~(iii)에 의하여 n의 값은 **2, 7, 17**이다.

2 표를 이용하여 이긴 게임 수, 진 게임 수, 비긴 게임 수, 득점과 실점을 나타내면

게임 팀	이긴 게임 수	진 게임 수	비긴 게임 수	득점	실점	비고
A	2	0	0	a	181	94점 : B가 얻음 87점 : C가 얻음
B	0	1	1	184	185	95점 : A가 얻음 90점 : C가 얻음
C	0	1	1	177	180	90점 : B가 얻음 90점 : A가 얻음

전체 득점 수와 전체 실점 수는 같아야 하므로

$a+184+177=181+185+180$

따라서, $a=185$

B와 C의 전체 득점 수는 $184+177=361$(점)에서 A의 전체 실점은 181점이므로 B, C 사이에 서로 득점한 점수는 $361-181=180$(점)이고, B와 C는 서로 비겼으므로 $180\div2=90$(점)

따라서, $B : C = 90 : 90$

$A : B = (185-90) : (184-90) = 95 : 94$

$A : C = (185-95) : (177-90) = 90 : 87$

따라서, 각 팀당 득점 비와 득점 수는 다음 표와 같다.

게임	A : B	B : C	C : A
득점 비	95 : 94	90 : 90	87 : 90
득점 수	189	180	177

(평균)$=\dfrac{189+180+177}{3}=182$(점)

(표준편차)

$$=\sqrt{\frac{1}{3}\{(189-182)^2+(180-182)^2+(177-182)^2\}}$$

$$=\sqrt{26}\,(점)$$

참고

전체 득점에 대한 평균은 다음과 같이 구할 수도 있다.

3경기의 전체 득점의 합은 실점의 합과 같으므로 평균은

(평균)$=\dfrac{181+185+180}{3}=182$(점)

3 x_1, x_2, $\cdots$, x_8의 평균이 5이므로

$$\frac{x_1+x_2+\cdots+x_8}{8}=5$$

$x_1+x_2+\cdots+x_8=40$ ⋯⋯ ㉠

분산이 4이므로

$$\frac{x_1{}^2+x_2{}^2+\cdots+x_8{}^2}{8}-5^2=4$$

$x_1{}^2+x_2{}^2+\cdots+x_8{}^2=232$ ⋯⋯ ㉡

따라서, x_1, x_2, $\cdots$, x_8, x_9, x_{10}의 평균과 표준편차는

(평균)$=\dfrac{x_1+x_2+\cdots+x_8+9+11}{10}$

$=\dfrac{40+9+11}{10}$ (㉠에 의하여)

$=6$

$$(\text{분산}) = \frac{x_1{}^2 + x_2{}^2 + \cdots + x_8{}^2 + 9^2 + 11^2}{10} - 6^2$$

$$= \frac{232 + 81 + 121}{10} - 36 \ (\text{ⓒ에 의하여})$$

$$= 43.4 - 36 = \mathbf{7.4}$$

4 $f(x) = (x - a_1)^2 + (x - a_2)^2 + \cdots + (x - a_{100})^2$
$\qquad = (x^2 - 2a_1 x + a_1{}^2) + (x^2 - 2a_2 x + a_2{}^2) + \cdots$
$\qquad \quad + (x^2 - 2a_{100} x + a_{100}{}^2)$
$\qquad = 100 x^2 - 2(a_1 + a_2 + \cdots + a_{100})x$
$\qquad \quad + (a_1{}^2 + a_2{}^2 + \cdots + a_{100}{}^2)$

따라서, $f(x)$는

$x = \dfrac{a_1 + a_2 + \cdots + a_{100}}{100}$ 일 때 최솟값을 갖는다.

그런데 $\dfrac{a_1 + a_2 + \cdots + a_{100}}{100}$ 은 $a_1, a_2, \cdots, a_{100}$ 의 평균이

므로 평균을 m이라 하면 $f(x)$는 $x = m$일 때 최솟값이 12라고 할 수 있다.

따라서, $f(x)$에 $x = m$을 대입하면

$(m - a_1)^2 + (m - a_2)^2 + \cdots + (m - a_{100})^2 = 12$

따라서, $a_1, a_2, \cdots, a_{100}$의 분산은

$$\frac{(m - a_1)^2 + (m - a_2)^2 + \cdots + (m - a_{100})^2}{100}$$

$$= \frac{12}{100} = \mathbf{0.12}$$

5 7개의 자료를 작은 수부터 차례로 나열할 때, 가장 작은 자료의 값이 60점이므로 60점이 맨 처음에 오고, 중앙값이 79점이므로 4번째에 79점이 온다. 또한, 최빈값이 85점이므로 가장 큰 수 x가 85점보다 크다고 가정하면 다섯 번째와 여섯 번째에 85점이 각각 온다.

따라서, 두 번째와 세 번째 자료를 각각 a, b로 놓으면 7개의 자료는 다음과 같다.

$60, a, b, 79, 85, 85, x$

평균은 75점으로 일정하면서 x의 값이 최대가 되려면 a, b의 값이 최소가 되어야 한다. 이때, 최빈값이 85점이므로 나머지 수들은 서로 같을 수 없다. 즉, a는 60점과 같을 수 없고, b는 79점과 같을 수 없으며, a, b의 값은 서로 다르다.

따라서, $a = 61, b = 62$일 때, x의 값이 최대가 된다.

평균이 75점이므로

$$\frac{60 + 61 + 62 + 79 + 85 + 85 + x}{7} = 75$$

$$\frac{432 + x}{7} = 75$$

따라서, $x = \mathbf{93}(\text{점})$

6 n개의 삼각형의 밑변의 길이와 높이를 각각
$a_1, a_2, \cdots, a_n, b_1, b_2, \cdots, b_n$이라 하면
$a_i + b_i = 10$
따라서, $b_i = 10 - a_i$ (단, $i = 1, 2, \cdots, n$)
밑변의 길이의 평균이 8이므로

$$\frac{a_1 + a_2 + \cdots + a_n}{n} = 8$$

$$a_1 + a_2 + \cdots + a_n = 8n \qquad \cdots\cdots ㉠$$

또, 표준편차가 1이므로

$$\frac{a_1{}^2 + a_2{}^2 + \cdots + a_n{}^2}{n} - 8^2 = 1^2$$

$$a_1{}^2 + a_2{}^2 + \cdots + a_n{}^2 = 65n \qquad \cdots\cdots ㉡$$

이때, 삼각형의 넓이는 $\dfrac{1}{2} a_i b_i$이므로 삼각형의 넓이의 평균은

$$\frac{\frac{1}{2} a_1 b_1 + \frac{1}{2} a_2 b_2 + \cdots + \frac{1}{2} a_n b_n}{n}$$

$$= \frac{1}{2n}(a_1 b_1 + a_2 b_2 + \cdots + a_n b_n)$$

$$= \frac{1}{2n}\{a_1(10 - a_1) + a_2(10 - a_2) + \cdots + a_n(10 - a_n)\}$$

$$= \frac{1}{2n}\{10(a_1 + a_2 + \cdots + a_n) - (a_1{}^2 + a_2{}^2 + \cdots + a_n{}^2)\}$$

$$= \frac{1}{2n}(10 \times 8n - 65n) \ (㉠, ㉡이므로)$$

$$= \frac{\mathbf{15}}{\mathbf{2}} \ (n \neq 0\text{이므로})$$

7 두 정수 1, 3의 평균이 2이므로 분산은 1이다.

세 정수 $1, 3, x$의 평균은 $\dfrac{x + 4}{3}$이고, 분산은

$$\frac{1^2 + 3^2 + x^2}{3} - \left(\frac{x + 4}{3}\right)^2 = \frac{2x^2 - 8x + 14}{9}$$

문제의 조건에 의하여 $1 > \dfrac{2x^2 - 8x + 14}{9}$ 이므로

$2x^2 - 8x + 14 < 9$, $2x^2 - 8x + 5 < 0$

$2x^2 - 8x + 5 = 0$에서 $x = \dfrac{4 \pm \sqrt{6}}{2}$ 이므로

$$\frac{4 - \sqrt{6}}{2} < x < \frac{4 + \sqrt{6}}{2}$$

$0.77 \cdots < x < 3.22 \cdots$

따라서, 이 부등식을 만족하는 정수 x는 1, 2, 3이지만 1, 3과 다른 수이어야 하므로 **2**이다.

8 $1 + 2 + 3 + \cdots + n = \dfrac{1}{2} n(n + 1) \qquad \cdots\cdots ㉠$

$1^2 + 2^2 + 3^2 + \cdots + n^2 = \dfrac{1}{6} n(n + 1)(2n + 1) \cdots\cdots ㉡$

1이 1장, 2가 2장, $\cdots$, n이 n장 쓰여 있는 카드에 쓰여진

숫자의 평균이 17이므로

$$\frac{1\cdot1+2\cdot2+3\cdot3+\cdots+n\cdot n}{1+2+3+\cdots+n}=17$$

㉠, ㉡을 위의 식에 대입하면

$$\frac{\frac{1}{6}n(n+1)(2n+1)}{\frac{1}{2}n(n+1)}=17, \quad \frac{2n+1}{3}=17$$

$2n+1=51$에서 $n=25$

따라서, 전체 카드의 수는

$$1+2+3+\cdots+25=\frac{1}{2}\times25\times(25+1)=\mathbf{325(장)}$$

9 5개의 자료의 평균을 m이라 하면 분산이 3.2이므로

$(5-m)^2+(8-m)^2+(6-m)^2+(10-m)^2+(x-m)^2$
$=3.2\times5=16$

이것을 정리하면

$x^2-2mx+5m^2-58m+209=0 \quad \cdots\cdots ㉠$

한편, 편차의 합은 0이므로

$(5-m)+(8-m)+(6-m)+(10-m)+(x-m)$
$=0$

$x+29-5m=0$

$x=5m-29 \quad \cdots\cdots ㉡$

㉡을 ㉠에 대입하면

$25m^2-290m+841-10m^2+58m+5m^2-58m$
$+209=0$

$2m^2-29m+105=0, \quad (m-7)(2m-15)=0$

$m=7 \text{ 또는 } m=\frac{15}{2} \quad \cdots\cdots ㉢$

㉢을 ㉡에 대입하면 $x=6 \text{ 또는 } x=\frac{17}{2}$

그런데 x는 자연수이므로 $x=\mathbf{6}$

10 x_1과 x_2에 $x_3, x_4, \cdots, x_9$가 추가되는 경우 자료가 7개 추가되었으므로 $x_1, x_2, \cdots, x_9$의 평균은 x_1과 x_2의 평균보다 $2\times7=14$가 증가한 $5+14=19$이다.

$$\frac{x_1+x_2+\cdots+x_9}{9}=19$$

$x_1+x_2+\cdots+x_9=19\times9=171 \quad \cdots\cdots ㉠$

$x_1, x_2, \cdots, x_9$에 x_{10}이 추가되는 경우는 x_1과 x_2에 자료가 8개 추가되었으므로 $x_1, x_2, \cdots, x_{10}$의 평균은 x_1과 x_2의 평균보다 $2\times8=16$이 증가한 $5+16=21$이다.

$$\frac{x_1+x_2+\cdots+x_9+x_{10}}{10}=21$$

$x_1+x_2+\cdots+x_9+x_{10}=210 \quad \cdots\cdots ㉡$

㉡-㉠에서 $x_{10}=\mathbf{39}$

11 각 활동에 소요되는 시간과 활동 순서를 그림으로 나타내면 다음과 같다.

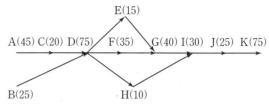

전체 활동을 마치기 위해 필요한 최소의 시간은 A에서 K까지의 경로 중 활동 시간이 가장 긴 경로인
A → C → D → F → G → I → J → K가 된다.
따라서, 재원이 가족이 야유회를 마치고 집으로 돌아오는 데 필요한 최소의 시간은
$45+20+75+35+40+30+25+75=\mathbf{345(분)}$

P. 110~111

올림피아드 대비 문제

1 풀이 참조	**2** 19	**3** 김군, 풀이 참조
4 4.8		

1 (갑) : $(a+x_1+b)+(c+x_2+d)$
(을) : $(a+y_1+c)+(b+y_2+d)$

그림에서 네 모서리에 놓인 카드 위의 수 a, b, c, d는 두 사람의 계산에 모두 들어가므로 합을 비교할 때에는 고려하지 않아도 되고, 가운데 판의 숫자는 계산에 들어가지 않으므로 고려하지 않아도 된다.

a	x_1	b
y_1		y_2
c	x_2	d

따라서, x_1+x_2와 y_1+y_2의 크기만 비교하면 되는데, 갑이 먼저 9가 적힌 카드를 골라 x_1(또는 x_2)에 놓는다면, 을은 부득이하게 다음으로 큰 수 8이 적힌 카드를 y_1(또는 y_2)에 놓을 수밖에 없다.

다음 갑이 7이 적힌 카드를 골라 x_2(또는 x_1)에 놓는다면, 을은 부득이하게 나머지 카드 중에서 한 개를 y_2(또는 y_1)에 놓을 수밖에 없다.

그러면 $y_1+y_2<x_1+x_2=16$이 된다.

따라서, 갑이 먼저 카드를 골라 놓는다면 이길 수 있다.

다른 풀이

위의 경우와 반대되는 방법을 생각해 보자.

갑이 먼저 1이 적힌 카드를 골라 y_1(또는 y_2)에 놓는다면, 을은 부득이하게 다음으로 작은 수 2가 적힌 카드를 x_1(또는 x_2)에 놓을 수밖에 없다.

다음 갑이 3이 적힌 카드를 골라 y_2(또는 y_1)에 놓는다면, 을은 부득이하게 나머지 카드를 골라 x_2(또는 x_1)에 놓을 수밖에

없다.

그러면 $y_1+y_2=3<x_1+x_2$가 된다.

따라서, 갑이 먼저 카드를 골라 놓으면 이길 수 있다.

2 지뢰를 매설한 정사각형을 제외한 나머지 정사각형에 들어 있는 숫자의 합은 '지뢰를 매설한 정사각형'을 둘러싸고 있는 '나머지 정사각형'의 개수이다.

이때, 두 번 혹은 세 번 겹쳐지는 정사각형은 두 개 혹은 세 개로 간주한다.

먼저 16개의 정사각형을 분류하여 가장자리에 있는 12개의 정사각형을 Ⅰ구역이라 하고, 중심에 있는 4개의 정사각형을 Ⅱ구역이라 하자. [그림 1]

Ⅰ구역에 지뢰가 매설되면 그 정사각형을 둘러싸는 나머지 정사각형의 개수는 최대 5개가 된다. [그림 2]

Ⅱ구역에 지뢰가 매설되면 그 정사각형을 둘러싸는 나머지 정사각형의 개수는 최대 8개가 된다. [그림 3]

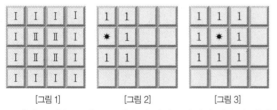

[그림 1]　　　[그림 2]　　　[그림 3]

이제 구역을 중심으로 다음과 같이 4가지의 경우에 대해서 살펴보자.

(i) Ⅰ구역에만 3개의 지뢰를 매설하는 경우 :

(숫자의 합)＝(지뢰를 둘러싸는 사각형의 개수)

$\leq 5\times 3=15$

(ii) Ⅰ구역에 2개, Ⅱ구역에 1개의 지뢰를 매설하는 경우 :

(숫자의 합)$\leq 5\times 2+8\times 1=18$

(iii) Ⅰ구역에 1개, Ⅱ구역에 2개의 지뢰를 매설하는 경우 :

Ⅱ구역에 지뢰를 2개 매설하면 지뢰가 서로 이웃하므로 한 지뢰를 둘러싸는 나머지 정사각형의 개수는 최대 7개가 된다.

(숫자의 합)$\leq 5\times 1+2\times 7=19$

(iv) Ⅱ구역에만 3개의 지뢰를 매설하는 경우 :

Ⅱ구역에 지뢰를 3개 매설하면 세 지뢰가 서로 이웃하므로 한 지뢰를 둘러싸는 나머지 정사각형의 개수는 최대 6개가 된다.

(숫자의 합)$\leq 6\times 3=18$

(i)~(iv)에 의하여 수의 합의 최댓값은 **19**이다.

3 김군에게 $n\neq$ (7의 배수)인 경우 필승의 전략이 있다.

$n<7$이면 김군이 바로 n을 고르고 게임은 끝난다.

$n=7$이면 김군이 x를 고르고 이군이 $7-x$를 고르면 이군이 이긴다.

이제 $n>7$이면 김군은 n을 7로 나눈 나머지를 계산하여

그 수를 택하고 그 다음부터는 이군이 x를 택할 때 김군이 $7-x$를 택하면 항상 김군이 이긴다.

즉, 두 사람이 택한 수의 합을 7로 계속 만들어가면 먼저 말한 김군이 항상 이긴다.

예를 들어 $n=15$일 때 7로 나눈 나머지가 1이므로 김군이 먼저 1을 택할 때 이군이 3을 택하면 김군이 4를 택하고, 이군이 5를 택하면 김군이 2를 택하여 항상 김군이 이긴다.

또한, $n=$ (7의 배수)이면 이군이 항상 이긴다.

그러므로 $n=50$일 때 7로 나눈 나머지가 1이므로 먼저 1을 택할 때 이군이 6을 택하면 김군이 1을 택하고, 이군이 4를 택하면 김군이 3을 택하는 등 두 사람이 택한 수의 합을 7로 계속 만들어가면 먼저 말한 김군이 항상 이긴다.

4 동수의 점수를 x_1, x_2, x_3, x_4, x_5, 영희의 점수를 y_1, y_2, y_3, y_4, y_5라고 하면 다음이 성립한다.

$$x_1+x_2+x_3+x_4+x_5=5\times 6=30 \qquad \cdots\cdots ㉠$$

$$y_1+y_2+y_3+y_4+y_5=5\times 8=40 \qquad \cdots\cdots ㉡$$

$$(x_1-6)^2+(x_2-6)^2+\cdots+(x_5-6)^2=5\times 1.6=8$$
$$\cdots\cdots ㉢$$

$$(y_1-8)^2+(y_2-8)^2+\cdots+(y_5-8)^2=5\times 6.0=30$$
$$\cdots\cdots ㉣$$

㉠, ㉡에 의하여 전체 평균은 $\dfrac{30+40}{5+5}=\dfrac{70}{10}=7$

따라서, 전체 분산은

$$\frac{1}{10}\{(x_1-7)^2+\cdots+(x_5-7)^2+(y_1-7)^2+\cdots$$
$$+(y_5-7)^2\}$$

$$=\frac{1}{10}\{\{(x_1-6)^2-2(x_1-6)+1\}+\cdots$$
$$+\{(x_5-6)^2-2(x_5-6)+1\}$$
$$+\{(y_1-8)^2+2(y_1-8)+1\}+\cdots$$
$$+\{(y_5-8)^2+2(y_5-8)+1\}\}$$

$$=\frac{1}{10}\{(x_1-6)^2+\cdots+(x_5-6)^2+(y_1-8)^2+\cdots$$
$$+(y_5-8)^2-2(x_1+\cdots+x_5)+2\times 6\times 5+1\times 5$$
$$+2(y_1+\cdots+y_5)+2\times(-8)\times 5+1\times 5\}$$

$$=\frac{1}{10}\{8+30-2\times 30+65+2\times 40-75\}=\textbf{4.8}$$

VI 피타고라스 정리

P. 116~131

특목고 대비 문제

1 28	**2** $4\sqrt{2}$	**3** ③	**4** 3
5 (1) ㄷ (2) ㄴ (3) ㄹ (4) ㄹ		**6** ④	**7** 9개
8 ②	**9** $\frac{10}{3}$	**10** ④	**11** $2\sqrt{37}$ **12** $2\sqrt{5}$
13 32	**14** $2\sqrt{11}$ **15** 24	**16** 114	**17** $\sqrt{149}$
18 16	**19** $2\sqrt{5}$ m	**20** $16\sqrt{3}$	
21 $5+7\sqrt{5}$	**22** $12\sqrt{3}-12$	**23** 39	
24 5	**25** $\frac{60}{13}$	**26** 25π	**27** $\frac{\sqrt{4a^2-1}}{4}$
28 $\frac{6\sqrt{34}}{17}$	**29** 20		
30 ∠C=90°인 직각이등변삼각형			**31** 4개
32 12π	**33** $4\sqrt{3}+4$	**34** $4\sqrt{2}$	**35** ④
36 ③	**37** 9 : 8	**38** 10	**39** $\frac{27}{2}$ **40** $\frac{8}{5}\sqrt{10}$
41 $12-6\sqrt{3}$	**42** 21	**43** $6\sqrt{2}$	
44 $50(\sqrt{2}+\pi)$	**45** $\frac{256\sqrt{5}}{3}\pi$		**46** $4\sqrt{10}\pi$
47 $2\sqrt{29}$ **48** ⑤	**49** ⑤	**50** $\frac{76}{3}\pi$	**51** $\frac{5}{2}\sqrt{41}$

1 $\overline{AC}=2\overline{AO}=2\cdot5=10$
△ABC는 직각삼각형이므로
$\overline{BC}=\sqrt{\overline{AC}^2-\overline{AB}^2}=\sqrt{10^2-6^2}=8$
따라서, 직사각형의 둘레의 길이는
$2(8+6)=\mathbf{28}$

2 △ABH와 △AHC는 직각삼각형이므로
$\overline{AH}=x$라 하면
$\overline{AB}^2=x^2+8^2$ ······㉠
$\overline{AC}^2=x^2+4^2$ ······㉡
또한, △ABC도 직각삼각형이므로
$\overline{AB}^2+\overline{AC}^2=(8+4)^2$ ······㉢
즉, ㉠, ㉡, ㉢에 의해 $(x^2+64)+(x^2+16)=144$이므로
$x^2=32$에서 $x=4\sqrt{2}$
따라서, $\overline{AH}=\mathbf{4\sqrt{2}}$

다른풀이
△ABH∽△CAH이므로
$\overline{AH}:\overline{CH}=\overline{BH}:\overline{AH}$, $\overline{AH}^2=\overline{BH}\cdot\overline{CH}$, $x^2=8\cdot4=32$
따라서, $x=\mathbf{4\sqrt{2}}$

3 직각삼각형 ADC에서
$x^2=6^2+8^2=100$이므로
$x=10$
또한, △DAB∽△DCA이므로
$\overline{DA}:\overline{DC}=\overline{DB}:\overline{DA}$에서
$6:8=y:6$, $8y=36$이므로 $y=4.5$
따라서, $xy=10\times4.5=\mathbf{45}$

다른풀이
$\overline{AD}^2=\overline{BD}\cdot\overline{CD}$이므로
$6^2=y\cdot8$에서 $y=\frac{9}{2}$
$\overline{AC}^2=\overline{CD}\cdot\overline{CB}$이므로
$x^2=8\cdot\left(8+\frac{9}{2}\right)=100$에서 $x=10$
따라서, $xy=10\cdot\frac{9}{2}=\mathbf{45}$

4 x는 삼각형의 변의 길이이므로 $x>0$
또한, 직각삼각형의 세 변 중 가장 긴 변의 길이인 $x+2$ 가 빗변이므로
$(x+2)^2=(x+1)^2+x^2$에서
$x^2+4x+4=x^2+2x+1+x^2$,
$x^2-2x-3=0$, $(x-3)(x+1)=0$
이때, $x>0$이므로 $x=\mathbf{3}$

5 (1) $15^2=9^2+12^2$이므로
ㄷ. 직각삼각형
(2) $5^2+7^2=74>8^2$이므로
ㄴ. 예각삼각형
(3) $7^2+8^2=113<11^2$이므로
ㄹ. 둔각삼각형
(4) $10^2+10^2=200<15^2$이므로
ㄹ. 둔각(이등변)삼각형

6 ① 둔각삼각형이므로 $x^2>5^2+7^2$이므로 $x^2-7^2>5^2$
③, ⑤ 삼각형이므로 $x+5>7$이고 또 $x<5+7$에서
$x-7<5$이므로 $(x-7)^2<5^2$
④ $x<5+7$이므로 $x^2<(5+7)^2$

7 삼각형이 되어야 하므로
$9-7<x<9+7$에서 $2<x<16$ ······㉠
또한, ∠A가 예각이므로
$x^2<7^2+9^2=130$에서 $0<x<\sqrt{130}$ ······㉡
㉠, ㉡에서 x의 값의 범위는 $2<x<\sqrt{130}$
그런데 $11<\sqrt{130}<12$이므로 자연수 x의 개수는 3, 4, 5, 6, 7, 8, 9, 10, 11의 **9개**이다.

48 정답 및 해설

8 가장 긴 변을 c라 하고 나머지 두 변을 각각 a, b라 하면 $c^2=a^2+b^2$이 되는 c, a, b의 쌍을 구하면 된다.
$c=13$일 때, 가능한 순서쌍은 13, 12, 5이다.
$c=12$일 때, $c^2=144$이므로 a, b는 둘 다 짝수이거나 홀수이다.
$6^2+8^2\neq12^2$, $6^2+10^2\neq12^2$, $8^2+10^2\neq12^2$이므로 a, b가 둘 다 짝수인 경우는 없다.
또한, $5^2+7^2\neq12^2$이므로 $c=12$인 쌍은 존재하지 않는다.
$c=10$일 때, $6^2+8^2=10^2$, $5^2+7^2\neq10^2$이므로 만족하는 순서쌍은 10, 8, 6이다.
$c=8$일 때, $5^2+7^2\neq8^2$, $c=7$일 때, $5^2+6^2\neq7^2$
따라서, 만들 수 있는 직각삼각형의 개수는 **2개**이다.

9 $\triangle APQ\equiv\triangle ADQ$(SAS합동)이므로
$\overline{AD}=\overline{AP}=\overline{BC}=10$
직각삼각형 ABP에서 $\overline{BP}=\sqrt{10^2-6^2}=8$
따라서, $\overline{PC}=\overline{BC}-\overline{BP}=2$
또한, $\overline{PQ}=\overline{DQ}=x$라 하면 $\overline{CQ}=6-x$이므로
직각삼각형 PCQ에서
$x^2=(6-x)^2+2^2$, $12x=40$
따라서, $x=\dfrac{10}{3}$

10 $\overline{AD}=\sqrt{13^2-5^2}=12$이고
$\overline{BD}=\sqrt{15^2-12^2}=9$이므로
$\triangle ABC=\dfrac{1}{2}\times\overline{BC}\times\overline{AD}=\dfrac{1}{2}\times(9+5)\times12=$**84**

11 점 A에서 변 BC에 내린 수선의 발을 E라 하면
$\overline{EC}=\overline{AD}=6$이므로 $\overline{BE}=4$
직각삼각형 ABE에서
$\overline{AE}=\sqrt{8^2-4^2}=4\sqrt3=\overline{DC}$
따라서, 직각삼각형 BDC에서
$\overline{BD}=\sqrt{10^2+(4\sqrt3)^2}=\sqrt{148}=$**$2\sqrt{37}$**

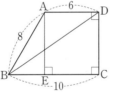

12 두 대각선의 교점을 P라 하면
$\overline{AB}^2=\overline{AP}^2+\overline{BP}^2$ ……㉠
$\overline{CD}^2=\overline{CP}^2+\overline{DP}^2$ ……㉡
$\overline{AD}^2=\overline{AP}^2+\overline{DP}^2$ ……㉢
$\overline{BC}^2=\overline{CP}^2+\overline{BP}^2$ ……㉣
㉠+㉡=㉢+㉣이므로
$\overline{AB}^2+\overline{CD}^2=\overline{AD}^2+\overline{BC}^2$
이때, $\overline{BC}=x$라 하면 $9+36=25+x^2$이므로
$x=2\sqrt5$

13 $\triangle DCE$는 직각삼각형이므로
$\overline{DC}=\sqrt{10^2-6^2}=8$
이때, □ABCD는 정사각형이므로 $\overline{AB}=\overline{BC}=\overline{DC}=8$
따라서, $\triangle BCE=\dfrac{1}{2}\times\overline{BC}\times\overline{AB}=\dfrac{1}{2}\times8\times8=$**32**

14 오른쪽 그림에서 $\overline{CG}$의 연장선과 $\overline{AB}$와의 교점을 M이라 하면
$\overline{CM}=\dfrac{3}{2}\overline{CG}=\dfrac{3}{2}\sqrt3$
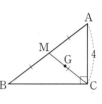
또한, 빗변 AB의 중점 M은 직각삼각형의 외심이므로
$\overline{AM}=\overline{BM}=\overline{CM}=\dfrac{3}{2}\sqrt3$
즉, $\overline{AB}=3\sqrt3$이므로 직각삼각형 ABC에서
$\overline{BC}=\sqrt{(3\sqrt3)^2-4^2}=\sqrt{11}$
따라서, $\triangle ABC=\dfrac{1}{2}\times\sqrt{11}\times4=$**$2\sqrt{11}$**

15 $\overline{AC}=\sqrt{10^2-8^2}=6$이므로
(색칠한 부분의 넓이)
=($\triangle ABC$의 넓이)+(지름이 AB인 반원의 넓이)
 +(지름이 AC인 반원의 넓이)
 −(지름이 BC인 반원의 넓이)
$=24+8\pi+\dfrac{9}{2}\pi-\dfrac{25}{2}\pi=$**24**

다른풀이
색칠한 부분의 넓이는 △ABC의 넓이와 같으므로
(색칠한 부분의 넓이)$=\triangle ABC=\dfrac{1}{2}\cdot6\cdot8=$**24**

16 $\triangle ABC$에서 $\overline{AC}=\sqrt{17^2-8^2}=\sqrt{225}=15$
또한, $\triangle ACD$에서 $\overline{AD}=\sqrt{15^2-9^2}=\sqrt{144}=12$
따라서, □ABCD$=\triangle ABC+\triangle ACD$
$=\dfrac{1}{2}\times8\times15+\dfrac{1}{2}\times12\times9=$**114**

17 직각삼각형 ABC의 높이를 x라 하면 밑변의 길이는 $2x-4$이고, $\triangle ABC$의 넓이가 35이므로
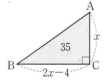
$\dfrac{1}{2}x(2x-4)=35$
즉, $x^2-2x-35=0$에서
$(x+5)(x-7)=0$
이때, $x>2$이므로 $x=7$
따라서, 높이는 7이고 밑변의 길이는 10이므로
$\overline{AB}=\sqrt{10^2+7^2}=\sqrt{149}$

18 $\triangle ABC \backsim \triangle DBE$(AA닮음)

이고, 닮음비가 $2:1$이므로

$\overline{EC}=16$

따라서, $\overline{AB}=\sqrt{24^2+32^2}=40$

오른쪽 그림에서 $\triangle ABC$의

넓이를 S라 하고, 내접원 O

의 반지름의 길이를 r라 하면

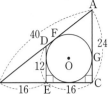

$S=\dfrac{1}{2}\times 32\times 24$

$\quad=\dfrac{1}{2}\times 40\times r+\dfrac{1}{2}\times 32\times r+\dfrac{1}{2}\times 24\times r$

$\quad=\dfrac{1}{2}\times r\times(40+32+24)$

에서 $r=8$

따라서, $\overline{AF}=\overline{AG}=24-r=\mathbf{16}$

다른풀이

오른쪽 그림과 같이 내접원이
$\triangle ABC$의 세 변 AB, BC,
CA와 만나는 점을 차례로 F,
H, G라 하고 내접원의 반지
름의 길이를 r라 하면
$r=\overline{CG}=\overline{CH}$,

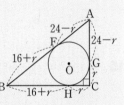

$\overline{AF}=\overline{AG}=24-r$, $\overline{BF}=\overline{BH}=16+r$
따라서, $\overline{AB}=\overline{AF}+\overline{BF}=(24-r)+(16+r)=40$
$\overline{AB}^2=\overline{BC}^2+\overline{AC}^2$이므로 $40^2=(16+2r)^2+24^2$에서
$r^2+16r-192=0$, $(r+24)(r-8)=0$
이때, $0<r<24$이므로 $r=8$
따라서, $\overline{AF}=\mathbf{16}$

참고

오른쪽 그림과 같이 $\triangle ABC$의
내접원의 중심을 I, 반지름의 길이를
r라 하면 $\triangle ABC$의 넓이 S는
$S=\triangle ABC$

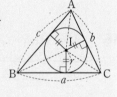

$\quad=\triangle IAB+\triangle IBC+\triangle ICA$

$\quad=\dfrac{1}{2}cr+\dfrac{1}{2}ar+\dfrac{1}{2}br$

$\quad=\dfrac{r}{2}(a+b+c)$

19 오른쪽 그림의 직각삼각형
ADE에서 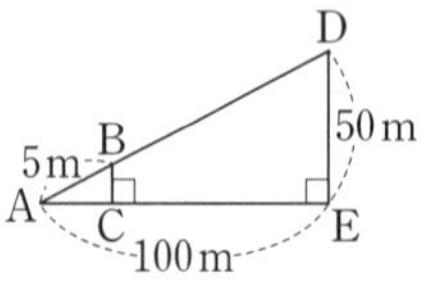
$\overline{AD}=\sqrt{100^2+50^2}=50\sqrt{5}$
또한, $\triangle ABC$와 $\triangle ADE$는
닮음이므로

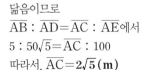

$\overline{AB}:\overline{AD}=\overline{AC}:\overline{AE}$에서
$5:50\sqrt{5}=\overline{AC}:100$
따라서, $\overline{AC}=2\sqrt{5}\,(\mathbf{m})$

20 오른쪽 그림에서 정육각형의 한
변의 길이를 x라 하면 $\triangle OHE$
에서
$\overline{OE}^2=\overline{OH}^2+\overline{HE}^2$이므로

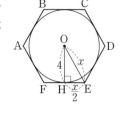

$x^2=16+\dfrac{x^2}{4}$, $x^2=\dfrac{64}{3}$에서

$x=\dfrac{8}{3}\sqrt{3}$

따라서, 정육각형의 둘레의 길이는 $6x=\mathbf{16\sqrt{3}}$

21 $\overleftrightarrow{AD}\,/\!/\,\overleftrightarrow{BE}\,/\!/\,\overleftrightarrow{CF}$이므로
$\overline{AB}:\overline{BC}=\overline{DE}:\overline{EF}$에서
$6:\overline{BC}=4:10$,
$\overline{BC}=15$

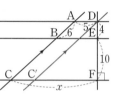

점 D를 지나고 $\overleftrightarrow{AC}$에 평행한
직선이 $\overleftrightarrow{CF}$와 만나는 점을 C'라 하면 $\triangle DC'F$는 직각삼
각형이고, $\overline{CF}=x$라 하면 $\overline{C'F}=x-5$
이때, 직각삼각형 DC'F에서 $\overline{DC'}^2=\overline{C'F}^2+\overline{DF}^2$이므로
$(6+15)^2=(x-5)^2+(4+10)^2$, $(x-5)^2=21^2-14^2$
이때, $x>5$이므로 $x-5=7\sqrt{5}$
따라서, $x=\mathbf{5+7\sqrt{5}}$

22 네 개의 직각삼각형 ABQ, BCR, CDS, DAP는 합동
인 삼각형이다. (RHS합동)
직각삼각형 ABQ에서 $\overline{AQ}=\sqrt{6^2-3^2}=3\sqrt{3}$이므로
정사각형 PQRS의 한 변의 길이 $\overline{PQ}$는
$\overline{PQ}=\overline{AQ}-\overline{AP}=3\sqrt{3}-3$
따라서, 정사각형 PQRS의 둘레의 길이는
$4\cdot(3\sqrt{3}-3)=\mathbf{12\sqrt{3}-12}$

23 $\overline{AD}=x$라 하면
$\triangle ABD$에서
$\overline{BD}^2=\overline{AB}^2-\overline{AD}^2=64-x^2$ $\qquad\cdots\cdots\,\textcircled{\scriptsize ㄱ}$
$\triangle ADC$에서
$\overline{CD}^2=\overline{AC}^2-\overline{AD}^2=25-x^2$ $\qquad\cdots\cdots\,\textcircled{\scriptsize ㄴ}$
따라서, $\overline{BD}^2-\overline{CD}^2=(64-x^2)-(25-x^2)=\mathbf{39}$

24 $\overline{ED}=x$라 하면 $\overline{ED}=\overline{EA}=x$이므로 $\overline{EB}=9-x$
$\triangle EBD$에서 $x^2=(9-x)^2+3^2$이므로
$18x=90$에서 $x=\mathbf{5}$

25 직각삼각형 ABD에서 $\overline{BD}=\sqrt{12^2+5^2}=13$
또한, $\overline{AH}=x$라 하면 $\triangle ABD$의 넓이는
$\dfrac{1}{2}\times 12\times 5=\dfrac{1}{2}\times 13\times x$
따라서, $x=\mathbf{\dfrac{60}{13}}$

26 큰 원의 반지름의 길이를 r, 작은
원의 반지름의 길이를 r'라고 하자.
$\overline{AB}$는 작은 원의 접선이므로
$\overline{OC} \perp \overline{AB}$이고
$\overline{AC} = \dfrac{1}{2}\overline{AB} = 5$

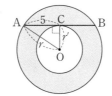

직각삼각형 ACO에서 $r^2 - r'^2 = 5^2$이므로
(색칠한 부분의 넓이)
= (큰 원의 넓이) − (작은 원의 넓이)
$= \pi r^2 - \pi r'^2 = \pi(r^2 - r'^2) = \mathbf{25\pi}$

27 $ab(a-b) - a^2 + b^2 + a - b = 0$에서
$a^2 b - ab^2 - a^2 + b^2 + a - b = 0$,
$(b-1)a^2 - (b^2-1)a + b^2 - b = 0$,
$(b-1)a^2 - (b-1)(b+1)a + b(b-1) = 0$,
$(b-1)\{a^2 - (b+1)a + b\} = 0$,
$(b-1)(a-1)(a-b) = 0$
이고 $a \neq 1$, $b \neq 1$이므로 $a = b$이다.
따라서, 삼각형의 세 변의 길이가 1,
a, a이므로 이 삼각형의 높이 h는

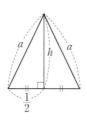

$h = \sqrt{a^2 - \left(\dfrac{1}{2}\right)^2} = \dfrac{\sqrt{4a^2-1}}{2}$
따라서, 삼각형의 넓이를 S라 하면
$S = \dfrac{1}{2} \times 1 \times \dfrac{\sqrt{4a^2-1}}{2} = \dfrac{\sqrt{4a^2-1}}{4}$

28 △AFC에서
$\overline{AF} = \sqrt{4^2+4^2} = 4\sqrt{2}$,
$\overline{FC} = \sqrt{3^2+4^2} = 5$,
$\overline{AC} = \sqrt{3^2+4^2} = 5$
이때, 사면체 B−AFC의 부피를 V라 하고, 꼭짓점 B
에서 면 AFC 사이의 거리를 x라 하면
$V = \dfrac{1}{3} \times \triangle ABF \times \overline{BC}$
$\quad = \dfrac{1}{3} \times \triangle AFC \times x$
즉, $\dfrac{1}{3} \cdot \left(\dfrac{1}{2} \cdot 4 \cdot 4\right) \cdot 3 = \dfrac{1}{3} \cdot \left(\dfrac{1}{2} \cdot 4\sqrt{2} \cdot \sqrt{17}\right) \cdot x$이므로
$x = \dfrac{4 \cdot 4 \cdot 3}{4\sqrt{2} \cdot \sqrt{17}} = \dfrac{\mathbf{6\sqrt{34}}}{\mathbf{17}}$

 참고
△AFC는 $\overline{FC} = \overline{AC}$인 이등변삼각형이므로 문제 **27**번에서 풀
이한 방법으로 △AFC의 넓이를 구한다.

29 좌표평면에 세 점 O, A, B를
나타내면 오른쪽 그림과 같다.
$\overline{OA} = \sqrt{x^2+y^2}$,
$\overline{AB} = \sqrt{(x-4)^2+(y-2)^2}$,
$\overline{OB} = \sqrt{4^2+2^2} = \sqrt{20}$
또, △OAB는 직각삼각형이므로
$\overline{OA}^2 + \overline{AB}^2 = \overline{OB}^2$
따라서, $x^2+y^2+(x-4)^2+(y-2)^2 = \mathbf{20}$

30 $\overline{AB} = \sqrt{16+0} = \sqrt{16}$, $\overline{BC} = \sqrt{4+4} = \sqrt{8}$,
$\overline{AC} = \sqrt{4+4} = \sqrt{8}$이므로
$\overline{BC} = \overline{AC}$이고 $\overline{AB}^2 = \overline{BC}^2 + \overline{AC}^2$
따라서, △ABC는 $\angle C = \mathbf{90°}$인 **직각이등변삼각형**이다.

 참고
정답을 이등변삼각형 또는 직각삼각형이라고 하면 안 된다.
또한, 이등변삼각형이면 어느 두 변이 같은지를 밝혀야 하고 직각
삼각형이면 어느 각이 직각인지 또는 어느 변이 빗변인지를 꼭 밝
혀야 한다.
이 문제는 직각이등변삼각형이므로 $\overline{BC} = \overline{AC}$인 직각이등변삼각
형 또는 $\overline{AB}$가 빗변인 직각이등변삼각형 또는 $\angle C = 90°$인 직각
이등변삼각형이라고 답해야 한다.

31 △ABC가 예각삼각형이 되려면
$\overline{AB}^2 + \overline{BC}^2 > \overline{AC}^2$, $\overline{AB}^2 + \overline{AC}^2 > \overline{BC}^2$,
$\overline{AC}^2 + \overline{BC}^2 > \overline{AB}^2$을 모두 만족해야 한다.
(ⅰ) $\overline{AB}^2 + \overline{BC}^2 > \overline{AC}^2$일 때
$\quad 5 + (a-3)^2 + 25 > (a-2)^2 + 9$에서 $a < 13$
(ⅱ) $\overline{AB}^2 + \overline{AC}^2 > \overline{BC}^2$일 때
$\quad 5 + (a-2)^2 + 9 > (a-3)^2 + 25$에서 $a > 8$
(ⅲ) $\overline{AC}^2 + \overline{BC}^2 > \overline{AB}^2$일 때
$\quad (a-2)^2 + 9 + (a-3)^2 + 25 > 5$,
$\quad (a-2)^2 + (a-3)^2 + 29 > 0$이고 $(a-2)^2 \geq 0$,
$\quad (a-3)^2 \geq 0$이므로 부등식은 항상 성립한다.
즉, 부등식을 만족하는 a는 모든 실수이다.
(ⅰ)~(ⅲ)에 의하여 $8 < a < 13$이므로 만족하는 정수 a는
9, 10, 11, 12로 **4개**이다.

32 오른쪽 그림과 같이 점 O에서
변 AB에 내린 수선의 발을 H라
하면 △ABO는 정삼각형이므로
$\overline{AH} = \dfrac{1}{2}\overline{AB} = 3$, $\overline{AO} = 6$에서
$\overline{OH} = \sqrt{36-9} = 3\sqrt{3}$
따라서, $\overline{OG} = \dfrac{2}{3}\overline{OH} = 2\sqrt{3}$

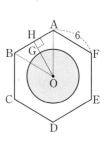

따라서, 원의 반지름의 길이가 $2\sqrt{3}$이므로 원의 넓이는
$\pi \times (2\sqrt{3})^2 = \mathbf{12\pi}$

33 직각삼각형 ABD에서 $\overline{AB}=8$, $\angle B=30°$이므로
$\overline{BD}=4\sqrt{3}$
또한, 직각삼각형 ADC에서 $\angle C=45°$이므로
$\overline{DC}=\overline{AD}=4$
따라서, $\overline{BC}=\overline{BD}+\overline{DC}=\mathbf{4\sqrt{3}+4}$

34 직각삼각형 ABC에서 $\overline{AB}=4$, $\angle BAC=60°$이므로
$\overline{AC}=8$
또, 직각삼각형 ACD에서 $\angle ACD=45°$이므로
$\overline{AC} : \overline{CD} = \sqrt{2} : 1$, $8 : \overline{CD} = \sqrt{2} : 1$에서
$\sqrt{2} \cdot \overline{CD} = 8$
따라서, $\overline{CD}=\mathbf{4\sqrt{2}}$

35 ① $\overline{OB}=\overline{OB'}=\sqrt{2}$ cm, $\overline{OC}=\overline{OC'}=\sqrt{3}$ cm
② $\overline{OA}=1$ cm, $\overline{OB}=\sqrt{2}$ cm이므로 $\overline{AB}=(\sqrt{2}-1)$ cm
③, ④, ⑤ $\triangle OB'B$, $\triangle OC'C$, $\triangle OD'D$는 모두 이등변
삼각형이다.
따라서, ④에서 $\overline{OC'}=\overline{OC}$이므로 $\angle OC'C=\angle OCC'$
이다.
그런데 $\angle OC'C > 90°$이거나 $\angle OC'C=90°$이면
삼각형의 내각의 크기의 합이 $180°$보다 커지므로
$\angle OC'C < 90°$이다.

36 꼭짓점 A에서 밑변 BC에 내
린 수선의 발을 H라 하면
$\overline{BH}=3$이므로
$\overline{AH}=\sqrt{6^2-3^2}=3\sqrt{3}$ 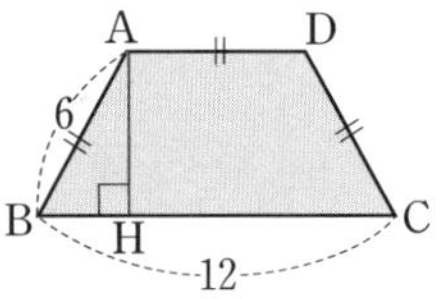
따라서, $\square ABCD = \dfrac{1}{2} \times (12+6) \times 3\sqrt{3} = \mathbf{27\sqrt{3}}$

37 제일 작은 직각이등변삼각형
의 빗변이 아닌 한 변의 길이
를 1이라 하면 나머지 변의
길이는 오른쪽 그림과 같다. 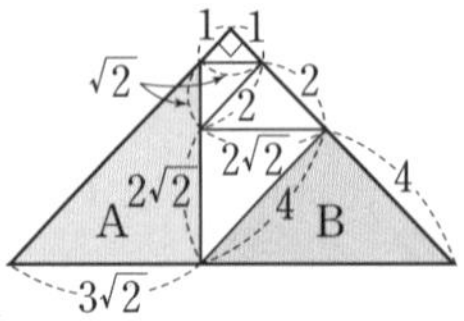
직각이등변삼각형 A의 넓이는
$\dfrac{1}{2} \times 3\sqrt{2} \times 3\sqrt{2} = 9$
직각이등변삼각형 B의 넓이는
$\dfrac{1}{2} \times 4 \times 4 = 8$
따라서, A와 B의 넓이의 비는 **9 : 8**이다.

다 른 풀 이
두 직각이등변삼각형은 서로 닮음이고, 닮음비가 $m : n$이면 넓
이의 비는 $m^2 : n^2$이므로 직각이등변삼각형 A, B의 닮음비는
$3\sqrt{2} : 4$이므로 넓이의 비는
$(3\sqrt{2})^2 : 4^2 = 18 : 16 = \mathbf{9 : 8}$

38 $\overline{AB}=\sqrt{25+25}=\sqrt{50}$, $\overline{AC}=\sqrt{1+9}=\sqrt{10}$,
$\overline{BC}=\sqrt{36+4}=\sqrt{40}$이므로 $\overline{AB}^2=\overline{AC}^2+\overline{BC}^2$
즉, $\triangle ABC$는 $\angle C=90°$인 직각삼각형이다.
따라서, $\triangle ABC = \dfrac{1}{2} \times \overline{AC} \times \overline{BC}$
$= \dfrac{1}{2} \times \sqrt{10} \times 2\sqrt{10} = \mathbf{10}$

39 $\overline{AE}=\overline{CF}=3$, $\overline{AB}=6$이므로
$\overline{BE}=\overline{BF}=\sqrt{9+36}=3\sqrt{5}$
$\overline{ED}=\overline{DF}=3$이므로 $\overline{EF}=3\sqrt{2}$
또한, 대각선 BD가 $\overline{EF}$와 만나
는 점을 G라 하면 $\overline{BG} \perp \overline{EF}$ 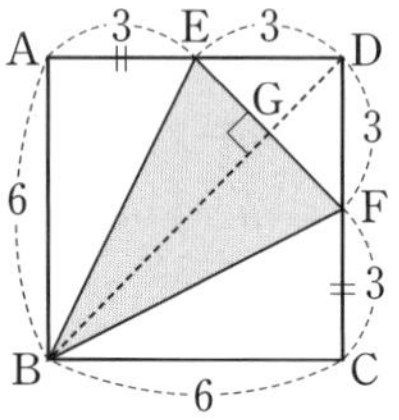
따라서,
$\overline{BG}=\sqrt{(3\sqrt{5})^2 - \left(\dfrac{3\sqrt{2}}{2}\right)^2} = \dfrac{9\sqrt{2}}{2}$이므로
$\triangle BFE = \dfrac{1}{2} \cdot \overline{EF} \cdot \overline{BG}$
$= \dfrac{1}{2} \cdot 3\sqrt{2} \cdot \dfrac{9\sqrt{2}}{2} = \dfrac{\mathbf{27}}{\mathbf{2}}$

다 른 풀 이
$\triangle BFE = \square ABCD - (\triangle ABE + \triangle BCF + \triangle EFD)$
$= 6 \cdot 6 - \left(\dfrac{1}{2} \cdot 3 \cdot 6 + \dfrac{1}{2} \cdot 3 \cdot 6 + \dfrac{1}{2} \cdot 3 \cdot 3\right)$
$= 36 - \dfrac{45}{2} = \dfrac{\mathbf{27}}{\mathbf{2}}$

40 $\triangle BEF$
$= 36 - \dfrac{1}{2}(2 \cdot 6 + 2 \cdot 6 + 4 \cdot 4)$
$= 36 - 20 = 16$
점 E에서 변 BF에 내린 수선의
발을 G라 하면 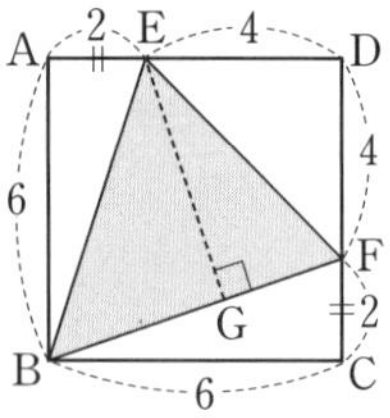
$\triangle BEF = \dfrac{1}{2} \cdot \overline{BF} \cdot \overline{EG} = \dfrac{1}{2} \cdot \sqrt{4+36} \cdot \overline{EG} = 16$
따라서, $\overline{EG} = \dfrac{16}{\sqrt{10}} = \dfrac{\mathbf{8}}{\mathbf{5}}\sqrt{\mathbf{10}}$

41 $\overline{AE}=\overline{CF}=x$라 하면
$\overline{BE}=\sqrt{x^2+36}$
또한, $\overline{ED}=\overline{DF}=6-x$이므로
$\overline{EF}=\sqrt{2}(6-x)$
이때, $\triangle BEF$가 정삼각형이

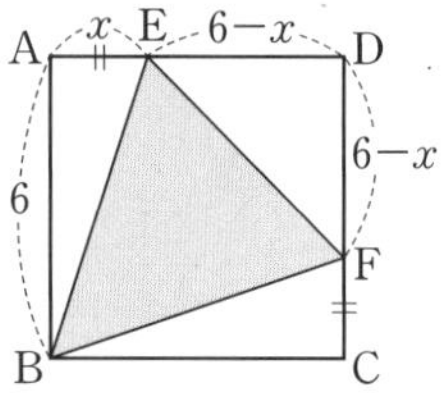

되려면 $\overline{BE}=\overline{EF}$이어야 하므로

$\sqrt{x^2+36}=\sqrt{2}\,(6-x)$에서 $x^2+36=2(6-x)^2$,

$x^2-24x+36=0,\ x=12\pm6\sqrt{3}$

그런데 $0<x<6$이므로 $x=\mathbf{12-6\sqrt{3}}$

42 A에서 변 BC에 내린 수선의

발을 D라 하면

$\triangle ABD$에서

$\overline{AB}^2=(\overline{BM}+\overline{MD})^2+\overline{AD}^2$

$49=(4+\overline{MD})^2+\overline{AD}^2$

따라서, $\overline{AD}^2=49-(4+\overline{MD})^2$ $\quad\cdots\cdots\ \bigcirc$

$\triangle ADC$에서

$\overline{AC}^2=(\overline{MC}-\overline{MD})^2+\overline{AD}^2$

$25=(4-\overline{MD})^2+\overline{AD}^2$

따라서, $\overline{AD}^2=25-(4-\overline{MD})^2$ $\quad\cdots\cdots\ \bigcirc\!\bigcirc$

$\bigcirc,\bigcirc\!\bigcirc$에서

$49-(4+\overline{MD})^2=25-(4-\overline{MD})^2$이므로

$\overline{MD}=\dfrac{3}{2}$이고 이것을 $\bigcirc$에 대입하면

$\overline{AD}=\dfrac{5}{2}\sqrt{3}$

따라서, $\triangle AMD$에서

$\overline{AM}^2=\overline{MD}^2+\overline{AD}^2=\dfrac{9}{4}+\dfrac{75}{4}=\mathbf{21}$

다른풀이

파포스(Pappos)의 정리를 이용하면

$\overline{AB}^2+\overline{AC}^2=2(\overline{AM}^2+\overline{BM}^2)$이므로

$7^2+5^2=2(\overline{AM}^2+4^2),\ 2(\overline{AM}^2+16)=74,\ \overline{AM}^2+16=37$

따라서, $\overline{AM}^2=\mathbf{21}$

참고

파포스(Pappos)의 정리

$\triangle ABC$에서 변 BC의 중점을 M

이라고 하면

$\overline{AB}^2+\overline{AC}^2=2(\overline{AM}^2+\overline{BM}^2)$

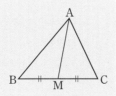

43 점 H는 $\triangle ABC$의 무게중심이므로

$\overline{AH}=\dfrac{2}{3}\times\left(\dfrac{\sqrt{3}}{2}\times6\right)=2\sqrt{3}$

또한, 직각삼각형 VAH에서

$\overline{VH}=\sqrt{\overline{VA}^2-\overline{AH}^2}=\sqrt{36-12}$

$=\sqrt{24}=2\sqrt{6}$

따라서, $\triangle VAH=\dfrac{1}{2}\times\overline{AH}\times\overline{VH}$

$=\dfrac{1}{2}\times2\sqrt{3}\times2\sqrt{6}=\mathbf{6\sqrt{2}}$

44 주어진 입체도형의 겉넓이는 이등변삼각형, 부채꼴, 반원

의 넓이의 합과 같다.

(i) 이등변삼각형의 넓이 S_1 :

원뿔의 높이를 h라 하면

$h=\sqrt{15^2-5^2}=10\sqrt{2}$이므로

$S_1=\dfrac{1}{2}\times10\times10\sqrt{2}$

$=50\sqrt{2}$

(ii) 부채꼴의 넓이 S_2 :

옆면의 전개도를 그리면 오른

쪽 그림과 같다.

부채꼴의 호의 길이가

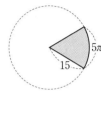

$\dfrac{1}{2}\cdot2\cdot\pi\cdot5=5\pi$이므로

$S_2=\dfrac{1}{2}\times15\times5\pi$

$=\dfrac{75}{2}\pi$

(iii) 반원의 넓이 S_3 :

$S_3=\dfrac{1}{2}\cdot\pi\cdot5^2=\dfrac{25}{2}\pi$

(i)~(iii)에서 입체도형의 겉넓이는

$50\sqrt{2}+\dfrac{75}{2}\pi+\dfrac{25}{2}\pi=\mathbf{50(\sqrt{2}+\pi)}$

45 전개도에서 부채꼴의 호의 길이는

$2\times\pi\times12\times\dfrac{240°}{360°}=16\pi$

원뿔에서 밑면의 반지름의 길이를

r라 하면

$2\pi r=16\pi$에서 $r=8$

이때, 원뿔의 높이를 h라 하면

$h=\sqrt{12^2-8^2}=4\sqrt{5}$

따라서, 원뿔의 부피 V는

$V=\dfrac{1}{3}\times\pi\times8^2\times4\sqrt{5}$

$=\dfrac{\mathbf{256\sqrt{5}}}{\mathbf{3}}\pi$

46 실의 길이의 최솟값은 실을 팽팽히 잡아당길 때이다.

전개도를 그려 보면 다음과 같다.

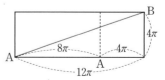

따라서, 실의 길이의 최솟값은 $\overline{AB}$의 길이와 같으므로

$\overline{AB}=\sqrt{(12\pi)^2+(4\pi)^2}$

$=\mathbf{4\sqrt{10}\pi}$

47 전개도를 그리면 오른쪽 그림과 같다. 구하는 최단 거리는 전개도에서 $\overline{\text{EG}}$의 길이이므로

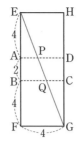

$$\overline{\text{EG}}=\sqrt{(4+2+4)^2+4^2}$$
$$=2\sqrt{29}$$

48 구에 내접하는 정육면체의 대각선의 길이는 구의 지름의 길이 $8\sqrt{3}$과 같다.
정육면체의 한 변의 길이를 x라 하면 정육면체의 대각선의 길이는 $\sqrt{3}x$이므로
$\sqrt{3}x=8\sqrt{3}$에서 $x=8$

49 $\overline{\text{VA}}=\overline{\text{VB}}=\overline{\text{VC}}=\sqrt{\overline{\text{CH}}^2+\overline{\text{VH}}^2}$
$$=\sqrt{8+112}=2\sqrt{30}$$
또한, $\overline{\text{CH}}=2\sqrt{2}$, $\overline{\text{AC}}=2\overline{\text{CH}}=4\sqrt{2}$이고 $\square\text{ABCD}$는 정사각형이므로 $\overline{\text{AB}}=4$이다.
이때, $\triangle\text{VAB}$의 높이를 h라 하면
$h=\sqrt{(2\sqrt{30})^2-2^2}=2\sqrt{29}$
따라서, $\triangle\text{VAB}=\dfrac{1}{2}\times\overline{\text{AB}}\times h$
$$=\dfrac{1}{2}\times4\times2\sqrt{29}$$
$$=\mathbf{4\sqrt{29}}$$

50 $\triangle\text{OBO}'$에서
$\overline{\text{BO}'}=\sqrt{\overline{\text{BO}}^2-\overline{\text{OO}'}^2}=\sqrt{9-1}=2\sqrt{2}$이므로
(원뿔의 밑면의 넓이)$=\pi\cdot(2\sqrt{2})^2=8\pi$이고
(원뿔의 부피)$=\dfrac{1}{3}\times8\pi\times4=\dfrac{32}{3}\pi$
따라서, 구에서 원뿔을 제외한 부분의 부피는
$\dfrac{4}{3}\times\pi\times3^3-\dfrac{32}{3}\pi=\dfrac{\mathbf{76}}{\mathbf{3}}\pi$

51 피타고라스 정리에 의하여
$\overline{\text{MN}}=\sqrt{2}$, $\overline{\text{FH}}=4\sqrt{2}$, $\overline{\text{MF}}=\overline{\text{NH}}=5$
점 M에서 $\overline{\text{FH}}$에 내린 수선의 발을 P라 하면

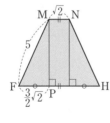

$$\overline{\text{MP}}=\sqrt{\overline{\text{MF}}^2-\overline{\text{FP}}^2}$$
$$=\sqrt{5^2-\left(\dfrac{3}{2}\sqrt{2}\right)^2}$$
$$=\sqrt{\dfrac{82}{4}}=\dfrac{\sqrt{82}}{2}$$
따라서, $\square\text{MFHN}=\dfrac{1}{2}\times(\sqrt{2}+4\sqrt{2})\times\dfrac{\sqrt{82}}{2}$
$$=\dfrac{\mathbf{5}}{\mathbf{2}}\sqrt{\mathbf{41}}$$

특목고 구술·면접 대비 문제

P. 132~133

1 풀이 참조	**2** 풀이 참조
3 풀이 참조	**4** $\dfrac{7-\sqrt{15}}{3}$

1 두 원 O_1, O_2의 넓이의 합은 $9\pi+25\pi=34\pi$
두 원의 넓이의 합과 넓이가 같은 원의 반지름의 길이는 $\sqrt{34}$이므로 길이가 $\sqrt{34}$인 선분을 작도할 수 있으면 된다.
작도 방법 및 순서

① 직선을 긋고 직선 위에 $\overline{\text{AB}}=3$이 되도록 두 점 A, B를 잡는다.

② 점 B를 지나고 처음 직선에 수직인 직선을 작도한 후 $\overline{\text{BC}}=5$인 점 C를 잡는다.

③ $\triangle\text{ABC}$는 직각삼각형이므로 $\overline{\text{AC}}=\sqrt{34}$이고, $\overline{\text{AC}}$를 반지름으로 하는 원을 그리면 그 원의 넓이는 두 원 O_1, O_2의 넓이의 합과 같다.

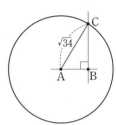

2 직각삼각형 ABC에서 빗변의 길이를 $2c$, 다른 두 변의 길이를 각각 $2a$, $2b$라 하고, 내접원의 반지름의 길이를 $r(a, b, c, r$는 자연수)라 하면 오른쪽 그림에서

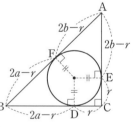

$2c=(2a-r)+(2b-r)$이므로
$r=a+b-c$ ......㉠
한편, 피타고라스 정리에 의하여
$(2a)^2+(2b)^2=(2c)^2$이므로
$a^2+b^2=c^2$ ......㉡
㉡에서
(ⅰ) a, b가 짝수이면 c도 짝수
(ⅱ) a가 짝수, b가 홀수 또는 a가 홀수, b가 짝수이면 c는 홀수
(ⅲ) a, b가 홀수이면 c는 짝수이어야 하지만 성립하지 않는다. 왜냐 하면
$a=2m+1$, $b=2n+1$, $c=2l(l, m, n$은 자연수)를
㉡에 대입하면 $(2m+1)^2+(2n+1)^2=(2l)^2$

$$4m^2+4m+4n^2+4n+2=4l^2$$

위의 식의 양변을 2로 나누면

$$2m^2+2m+2n^2+2n+1=2l^2$$

즉, $2(m^2+m+n^2+n)+1=2l^2$이므로

(홀수)=(짝수)가 되어 모순이다.

(i), (ii)에서 어느 경우나 $a+b-c$는 짝수, $a+b-c>0$

이므로 r는 짝수이다.

3 B 마을을 좌표평면에서 원
점 $(0,0)$으로 하면 세 마을
A, C, D의 좌표는 각각
A$(3, 3\sqrt{3})$, C$(6, 0)$,
D$(3, 0)$이다.
학교의 좌표를
E$(3, b)$ $(0<b<3\sqrt{3})$라

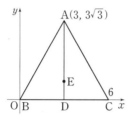

하면 네 마을 A, B, C, D로부터 학교까지의 거리의 제곱
의 합은

$$(3\sqrt{3}-b)^2+(3^2+b^2)+(3^2+b^2)+b^2$$
$$=4b^2-6\sqrt{3}\,b+45$$
$$=4\left\{b^2-\frac{3}{2}\sqrt{3}b+\left(\frac{3}{4}\sqrt{3}\right)^2\right\}+45-\frac{27}{4}$$
$$=4\left(b-\frac{3}{4}\sqrt{3}\right)^2+\frac{153}{4}$$

따라서, 학교의 위치는 $b=\frac{3}{4}\sqrt{3}$일 때, 즉 **변 AD를**

3 : 1로 내분하는 위치에 세우면 된다.

4 두 구의 중심을 꼭짓점으
로 하고 두 구의 중심에서
원래 직육면체 모양의 통
의 가로, 세로, 높이에 평
행한 선을 그어 그 선을 각
변으로 하는 직육면체를
만들면 오른쪽 그림과 같다.

또한, 두 구의 중심 사이의 거리는 직육면체의 대각선의
길이와 같으므로 $(0<r<2)$

$$2r=\sqrt{(6-2r)^2+(4-2r)^2+(4-2r)^2}$$

양변을 제곱하면 $4r^2=12r^2-56r+68$이므로

$2r^2-14r+17=0$에서

$$r=\frac{7\pm\sqrt{49-34}}{2}=\frac{7\pm\sqrt{15}}{2}$$

그런데 $0<r<2$이므로 구의 반지름의 길이는

$$\frac{7-\sqrt{15}}{2}$$

P. 134~137

시·도 경시 대비 문제

1 4개	**2** $\dfrac{\sqrt{7}}{4}$	**3** $(2+\sqrt{2})\pi$cm	**4** 3π
5 $30\sqrt{3}$	**6** $150°$	**7** $20-10\sqrt{3}$	**8** $\dfrac{8\sqrt{6}}{27}\pi$
9 $4\sqrt{6}$	**10** $\dfrac{\sqrt{10}}{3}$	**11** 180cm^2	**12** 153

1 $A^2+2B^2=C^2$에서 $2B^2=C^2-A^2=(C+A)(C-A)$

C^2-A^2이 짝수이므로 A, C는 둘 다 짝수이거나 둘 다
홀수이다.

즉, $C+A$와 $C-A$는 항상 짝수이므로

$2B^2=$(짝수)$\times$(짝수)이므로 4의 배수이다.

따라서, B는 짝수이다. ······㉠

또한, $0<C^2-A^2=2B^2<100$이므로 $0<B<\sqrt{50}$에서

$B=2, 4, 6$ ······㉡

$C+A>C-A$ ······㉢

㉠, ㉡, ㉢의 조건을 만족하는 경우는 다음과 같다.

(i) $B=2$일 때, $(C+A)(C-A)=8$

   $\quad C+A=4, C-A=2$

   $\quad \Rightarrow C=3, A=1$

(ii) $B=4$일 때, $(C+A)(C-A)=32$

   $\quad C+A=16, C-A=2$ 또는 $C+A=8, C-A=4$

   $\quad \Rightarrow C=9, A=7$ 또는 $C=6, A=2$

(iii) $B=6$일 때, $(C+A)(C-A)=72$

   $\quad C+A=12, C-A=6$

   $\quad \Rightarrow C=9, A=3$

(i)~(iii)에서 순서쌍 (A, B, C)는

$(1, 2, 3)$, $(7, 4, 9)$, $(2, 4, 6)$, $(3, 6, 9)$의 **4개**이다.

참고

$B=6$일 때 $(C+A)(C-A)=72$에서

$C+A=36, C-A=2$ 또는 $C+A=18, C-A=4$

$\Rightarrow C=19, A=17$ 또는 $C=11, A=7$

즉, (A 또는 C)>10이므로 조건에 맞지 않는다.

2 $\triangle$ABQ에서 $\overline{AQ}=\sqrt{\overline{BQ}^2-\overline{AB}^2}=\sqrt{\overline{BC}^2-\overline{AB}^2}=3$

오른쪽 그림에서

$\triangle$ABQ$\backsim\triangle$HQD(AA닮음)

이므로

$\overline{AB}:\overline{HQ}=\overline{BQ}:\overline{QD}$에서

$\sqrt{7}:\overline{QH}=4:1$

따라서, $\overline{QH}=\dfrac{\sqrt{7}}{4}$

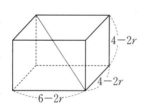

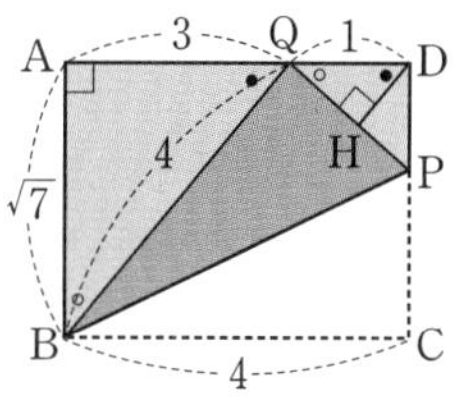

3 정사각형 ABCD를 한 바퀴 굴렸을 때, 꼭짓점 A가 지나간 자취는 다음 그림과 같다.

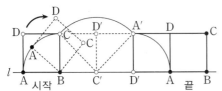

따라서, 점 A가 지나간 곡선의 길이는

$$\left(\frac{1}{4}\cdot 2\cdot \pi\cdot 2\right)\cdot 2+\frac{1}{4}\cdot 2\cdot \pi\cdot 2\sqrt{2}=(2+\sqrt{2})\pi\,(\text{cm})$$

4 바깥 테두리로 둘러싸인 도형 ABCA′의 넓이를 S라 하면 색칠한 부분의 넓이는 S에서 직각삼각형 A′B′C의 넓이를 뺀 것과 같다. 즉,

(색칠한 부분의 넓이)$=S-\triangle A'B'C$
$=S-\triangle ABC$
$=$(부채꼴 ACA′의 넓이)

이때, $\overline{AC}=\sqrt{(2\sqrt{5})^2+4^2}=6$이므로 색칠한 부분의

넓이는 $\pi\times 6^2\times \dfrac{30°}{360°}=\mathbf{3\pi}$

5 원뿔대의 옆면의 전개도를 그리면 오른쪽 그림과 같다.

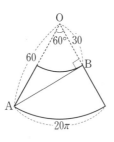

$\overline{OA}=60,\ \overline{OB}=30,$
$\angle ABO=90°$이므로 $\triangle OAB$
는 직각삼각형이다.
따라서, 실의 최단 거리는 $\overline{AB}$
의 길이이므로
$\overline{AB}=\mathbf{30\sqrt{3}}$

6 $\triangle ABP\equiv\triangle CBQ$(SAS합동)이므로 $\overline{AP}=\overline{CQ}$
$\angle PBQ=\angle PBC+\angle QBC=\angle PBC+\angle PBA=60°,$
$\overline{BP}=\overline{BQ}$이므로 $\triangle BPQ$는 정삼각형이다.
즉, $\angle BQP=60°$
$\overline{AP}^2=\overline{BP}^2+\overline{CP}^2$이므로 $\triangle CPQ$에서
$\overline{CQ}^2=\overline{PQ}^2+\overline{CP}^2$
즉, $\angle CPQ=90°$
따라서, $\angle BQP+\angle CPQ=60°+90°=\mathbf{150°}$

7 $\triangle ABE\equiv\triangle ADF$(RHS합동)이고
$\overline{BE}=x\,(0<x<10)$라 하면
$\triangle ABE$에서 $\overline{AE}^2=100+x^2=\overline{EF}^2$ ······㉠
$\triangle ECF$에서 $(10-x)^2+(10-x)^2=\overline{EF}^2$ ······㉡
㉠, ㉡에서 $100+x^2=2x^2-40x+200$이므로
$x^2-40x+100=0,\ x=20\pm 10\sqrt{3}$
그런데 $0<x<10$이므로 $x=\mathbf{20-10\sqrt{3}}$

8 오른쪽 그림에서 구의 중심을 O라 하고, 구의 반지름의 길이를 r라 하면 정사면체의 대칭성에 의하여 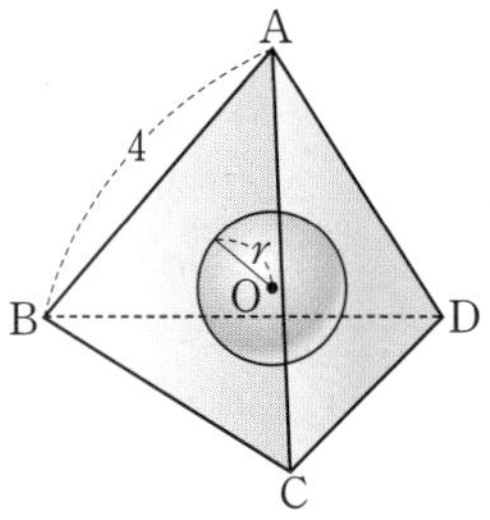
$\overline{OA}=\overline{OB}=\overline{OC}=\overline{OD}$
또한, 네 개의 사면체
O−ABC, O−ACD,
O−ABD, O−BCD는 서로 합동이다.
정사면체의 높이를 h라 하면
(O−ABC의 부피)
$=\dfrac{1}{3}\times (\triangle ABC\times r)=\dfrac{1}{4}\times$(A−BCD의 부피)
$=\dfrac{1}{4}\times \dfrac{1}{3}\times (\triangle ABC)\times h$
이므로
$r=\dfrac{1}{4}h=\dfrac{1}{4}\times \dfrac{\sqrt{6}}{3}\times 4=\dfrac{\sqrt{6}}{3}$
따라서, 구의 부피는 $\dfrac{4}{3}\times \pi\times \left(\dfrac{\sqrt{6}}{3}\right)^3=\dfrac{\mathbf{8\sqrt{6}}}{\mathbf{27}}\boldsymbol{\pi}$

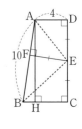

> **참고**
>
> **정사면체의 높이와 부피**
> 한 모서리의 길이가 a인 정사면체의 높이를 h, 부피를 V라 하면
> ① $h=\dfrac{\sqrt{6}}{3}a$ ② $V=\dfrac{\sqrt{2}}{12}a^3$

9 오른쪽 그림에서
$\triangle ADE\equiv\triangle AFE$ (RHS합동),
$\triangle FBE\equiv\triangle CBE$ (RHS합동)
이므로 $\overline{AF}=\overline{AD}=4,\ \overline{BF}=\overline{BC}=6$
꼭짓점 A에서 변 BC에 내린 수선의 발을 H라 하면 직각삼각형 ABH에서
$\overline{BH}=2$이므로
$\overline{AH}=\overline{DC}=\sqrt{10^2-2^2}=\mathbf{4\sqrt{6}}$

10 $\triangle ABD\equiv\triangle CAE$ (RHA합동)이므로 $\overline{AD}=1$이고
$\overline{AB}=\sqrt{2^2+1^2}=\sqrt{5}$
즉, $\overline{AC}=\overline{AB}=\sqrt{5}$이므로 $\overline{BC}=\sqrt{10}$
또한, $\triangle BDF\infty\triangle CEF$ (AA닮음)이므로
$\overline{BD}:\overline{CE}=\overline{BF}:\overline{CF}$에서
$2:1=(\sqrt{10}-\overline{CF}):\overline{CF},\ 2\overline{CF}=\sqrt{10}-\overline{CF},$
$3\overline{CF}=\sqrt{10}$
따라서, $\overline{CF}=\dfrac{\sqrt{10}}{\mathbf{3}}$

11 $\overline{DP}+\overline{NP}$가 최소가 되는 것은 다음 그림에서 $\overline{DN'}$가 직선이 될 때이다. 이때,
$\overline{DP}+\overline{NP}=\overline{DP}+\overline{N'P}=\overline{DN'}$

직각삼각형 AN'D에서
$\overline{DN'}=\sqrt{24^2+32^2}$
$\quad=\sqrt{576+1024}$
$\quad=\sqrt{1600}=40\,(cm)$

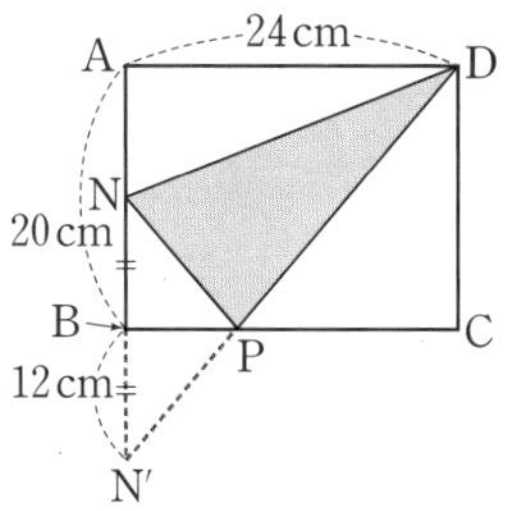

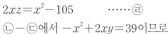

한편, $\triangle BPN' \backsim \triangle CPD$
(AA닮음)이므로
$\overline{BN'} : \overline{CD}=\overline{BP} : \overline{CP}$,
$12 : 20=\overline{BP} : (24-\overline{BP})$,
$20\overline{BP}=12(24-\overline{BP})$에서 $\overline{BP}=9\,(cm)$
따라서, $\triangle DNP=\triangle AN'D-\triangle AND-\triangle NN'P$
$\qquad\qquad =\dfrac{1}{2}(24\times 32-24\times 8-24\times 9)$
$\qquad\qquad =\mathbf{180\,(cm^2)}$

12 오른쪽 그림에서
$\begin{cases} (x-z)^2+y^2=13^2 & \cdots\cdots \text{㉠} \\ y^2+z^2=8^2 & \cdots\cdots \text{㉡} \\ (x-y)^2+z^2=5^2 & \cdots\cdots \text{㉢} \end{cases}$

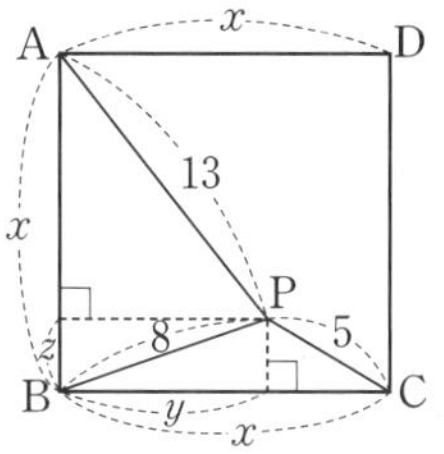

㉠$-$㉡에서
$x^2-2xz=105$이므로
$2xz=x^2-105 \qquad \cdots\cdots \text{㉣}$
㉡$-$㉢에서 $-x^2+2xy=39$이므로
$2xy=x^2+39 \qquad \cdots\cdots \text{㉤}$
㉣$^2+$㉤^{2}에서
$4x^2z^2+4x^2y^2=(x^2-105)^2+(x^2+39)^2$이므로
$4x^2(y^2+z^2)=2x^4-132x^2+105^2+39^2$
㉡에서 $y^2+z^2=8^2$이므로
$x^4-194x^2+6273=0$, $(x^2-153)(x^2-41)=0$이고
㉣에서 $x^2>105$이므로 $x^2=153$
따라서, 정사각형 ABCD의 넓이는 **153**이다.

올림피아드 **대비 문제**

P. 138~139

1 $\dfrac{16}{3}\sqrt{3}$ **2** $\dfrac{3}{2}(\sqrt{6}+\sqrt{2})$ **3** $\dfrac{46}{3}\sqrt{2}$

4 $(48-24\sqrt{3})\pi$

1 오른쪽 그림과 같이 꼭짓점 A
에서 밑면 BC에 내린 수선의
발을 H라 하면
$\overline{AH}=\sqrt{\overline{AB}^2-\overline{BH}^2}$
$\quad=\sqrt{64-36}=2\sqrt{7}$

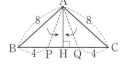

$\overline{AP}=\overline{AQ}=\sqrt{\overline{PH}^2+\overline{AH}^2}=\sqrt{2^2+(2\sqrt{7})^2}=4\sqrt{2}$
따라서, 만들어진 삼각뿔 A$-$BPQ는 밑면이 한 변의 길
이가 4인 정삼각형인 삼각뿔이다.

오른쪽 그림에서 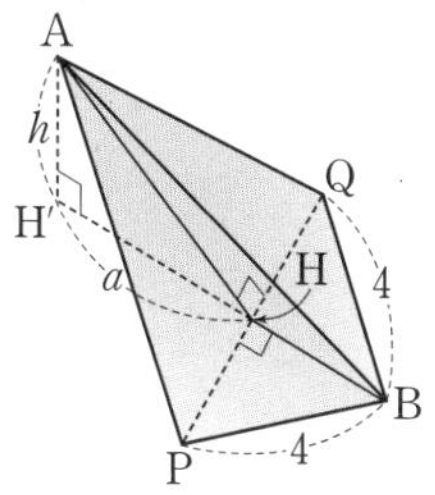
$\overline{BH}=\dfrac{\sqrt{3}}{2}\times 4=2\sqrt{3}$이고
$\triangle AH'H$에서
$\overline{AH'}^2=\overline{AH}^2-\overline{H'H}^2$이므로
$\overline{AH'}=h$, $\overline{H'H}=a$라 하면
$h^2=(2\sqrt{7})^2-a^2 \qquad \cdots\cdots \text{㉠}$

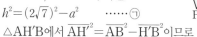

$\triangle AH'B$에서 $\overline{AH'}^2=\overline{AB}^2-\overline{H'B}^2$이므로
$h^2=8^2-(a+2\sqrt{3})^2 \qquad \cdots\cdots \text{㉡}$
㉠, ㉡에서 $28-a^2=64-a^2-4\sqrt{3}a-12$이므로
$4\sqrt{3}a=24$, $a=2\sqrt{3} \qquad \cdots\cdots \text{㉢}$
㉢을 ㉠에 대입하면 $h^2=16$이고
$h>0$이므로 $h=4$
따라서, A$-$BPQ의 부피는
$\dfrac{1}{3}\cdot\left(\dfrac{\sqrt{3}}{4}\cdot 4^2\right)\cdot 4=\dfrac{\mathbf{16}}{\mathbf{3}}\sqrt{3}$

2

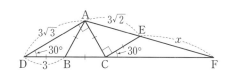

$\triangle ABC$는 정삼각형이고 $\angle ADB=\angle DAB=30°$이므로
$\angle DAC=90°$가 되어
$\overline{DA}=\sqrt{6^2-3^2}=3\sqrt{3}$
또한, $\angle ACB+\angle ACE+\angle ECF=180°$이므로
$60°+90°+\angle ECF=180°$
$\angle ECF=30°$
따라서, $\triangle ADF \backsim \triangle ECF$(AA닮음)이고,
$\overline{AE}=3\sqrt{2}$이므로 $\overline{EF}=x$라 하면
$\overline{AD} : \overline{EC}=\overline{AF} : \overline{EF}$, $3\sqrt{3} : 3=(3\sqrt{2}+x) : x$에서
$3\sqrt{3}x=3(3\sqrt{2}+x)$
따라서, $x=\dfrac{\mathbf{3}}{\mathbf{2}}(\sqrt{6}+\sqrt{2})$

3 $\overline{AG}$는 $\triangle EFG$에 수직이므로 $\angle AGE=\angle AGF=90°$
따라서, $\triangle AEG$와 $\triangle AFG$에서
$\overline{EG}=\overline{FG}=\sqrt{16-4}=2\sqrt{3}$
또한, $\triangle AEF$는 정삼각형이므로 $\overline{EF}=4$이고
$\triangle EFG$는 이등변삼각형이므로 넓이는
$\dfrac{1}{2}\times 4\times 2\sqrt{2}=4\sqrt{2}$
따라서, (사면체 A$-$EFG의 부피)$=\dfrac{1}{3}\times\triangle EFG\times\overline{AG}$
$\qquad\qquad\qquad\qquad\qquad =\dfrac{1}{3}\times 4\sqrt{2}\times 2=\dfrac{8\sqrt{2}}{3}$
따라서, 구하는 입체도형의 부피는
(사면체 A$-$BCD의 부피)$-$(사면체 A$-$EFG의 부피)
$=\dfrac{\sqrt{2}}{12}\times 6^3-\dfrac{8}{3}\sqrt{2}=18\sqrt{2}-\dfrac{8}{3}\sqrt{2}=\dfrac{\mathbf{46}}{\mathbf{3}}\sqrt{2}$

4 ∠BAD=∠CAD이므로

$\overline{AB} : \overline{AC} = \overline{BD} : \overline{CD}$

즉, $\overline{AB} : \overline{AC} = 2 : 1$이므로

$\overline{AC} = x$ 라 하면 $\overline{AB} = 2x$이고 직각삼각형 ABC에서

$(2x)^2 = 12^2 + x^2$이므로 $x = 4\sqrt{3}$

이때, 내접원의 반지름의 길이를 r라 하면 △ABC의 넓이는

$$\frac{1}{2} \times 12 \times 4\sqrt{3} = \frac{1}{2} r(\overline{AB} + \overline{BC} + \overline{AC})$$
$$= \frac{1}{2} r \times (8\sqrt{3} + 12 + 4\sqrt{3})$$

이므로

$$r = \frac{4\sqrt{3}}{\sqrt{3}+1} = 2\sqrt{3}(\sqrt{3}-1) = 6 - 2\sqrt{3}$$

따라서, 내접원의 넓이는

$$\pi \times (6 - 2\sqrt{3})^2 = (48 - 24\sqrt{3})\pi$$

 다른풀이

오른쪽 그림과 같이 내접 원이 △ABC의 세 변 AB, BC, AC와 만나는 점을 차례로 P, Q, R라 하고 내접원의 반지름의 길이를 r라 하면

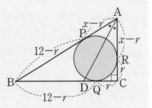

$r = \overline{CQ} = \overline{CR}$,

$\overline{AP} = \overline{AR}$, $\overline{BP} = \overline{BQ}$이고

$\overline{AB} : \overline{AC} = \overline{BD} : \overline{CD} = 2 : 1$

이때, $\overline{AC} = x$라 하면 $\overline{AB} = 2x$이므로

$\overline{AB} = \overline{AP} + \overline{BP} = (x-r) + (12-r) = 2x$에서

$x = 12 - 2r$이므로 $\overline{AB} = 24 - 4r$

$\overline{AB}^2 = \overline{BC}^2 + \overline{AC}^2$이므로

$(24 - 4r)^2 = 12^2 + (12 - 2r)^2$, $r^2 - 12r + 24 = 0$,

$r = 6 \pm 2\sqrt{3}$이고 $0 < r < 4$이므로

$r = 6 - 2\sqrt{3}$

따라서, 내접원의 넓이는

$\pi \times (6 - 2\sqrt{3})^2 = (48 - 24\sqrt{3})\pi$

참고

△ABC에서 ∠A의 이등분선과 변 BC의 교점을 D라고 하면

$\overline{AB} : \overline{AC} = \overline{BD} : \overline{CD}$

즉, $a : b = c : d$

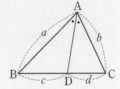

 원의 성질

P. 144~161

특목고 대비 문제

1 70°	**2** 15cm	**3** 풀이 참조	**4** 30
5 $5\sqrt{2}$cm	**6** $\frac{72}{5}$ cm	**7** ③	**8** 15cm
9 6cm	**10** ④	**11** $\sqrt{15}$	**12** 4cm	**13** 3
14 ②	**15** $\frac{9}{4}$ cm	**16** 풀이 참조	**17** ②
18 풀이 참조	**19** 풀이 참조	**20** ④
21 150°	**22** 45°	**23** $2\sqrt{46}$	**24** ⑤	**25** ③
26 ⑤	**27** ⑤	**28** ③	**29** $6\sqrt{26}$	**30** pq
31 ③	**32** 65°	**33** 57°	**34** ⑤	**35** $\frac{5}{7}$
36 $8\sqrt{2}$	**37** $\frac{\sqrt{5}-1}{2}$	**38** $\frac{45}{2}\pi$cm²	**39** 5cm
40 $\frac{24}{5}$	**41** 6	**42** 7	**43** 7	**44** 풀이 참조
45 풀이 참조	**46** 풀이 참조	**47** $\sqrt{166}$
48 ①	**49** 풀이 참조	**50** 10πcm	**51** $\frac{16}{3}$ cm
52 $\frac{9}{2}$	**53** 32cm², $2(\sqrt{5}-1)$cm	**54** 풀이 참조

1 원의 중심에서 같은 거리에 있는 두 현의 길이는 같으므로

$\overline{AB} = \overline{AC}$

따라서, △ABC는 $\overline{AB} = \overline{AC}$인 이등변삼각형이므로

$\angle B = \frac{1}{2} \times (180° - 40°) = \mathbf{70°}$

2 원의 중심에서 현에 내린 수선은 그 현을 이등분하므로

$\overline{AM} = \overline{BM} = \frac{1}{2}\overline{AB} = 12$cm

따라서, △OAM에서 피타고라스 정리에 의하여 원의 반지름 $\overline{OA}$는

$\overline{OA} = \sqrt{12^2 + 9^2} = \sqrt{225} = \mathbf{15(cm)}$

3 ∠B, ∠C의 외각의 이등분 선의 교점을 O라 하자.

점 O에서 오른쪽 그림과 같이 변 AC, BC, AB 또는 그 연장선에 내린 수선의 발을 각각 P, Q, R라 하면

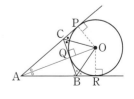

△OCP≡△OCQ(RHA합동),
△OBQ≡△OBR(RHA합동)이므로
$\overline{OP}=\overline{OQ}=\overline{OR}$
또한, 두 직각삼각형 △APO와 △ARO에서
$\overline{OP}=\overline{OR}$, $\overline{OA}$는 공통이므로
따라서, △APO≡△ARO(RHS합동)이므로
∠OAP=∠OAR
따라서, △ABC에서 ∠A의 이등분선과 ∠B, ∠C의 외각
의 이등분선은 한 점에서 만난다.

4 직각삼각형 AOP에서
$\overline{AP}=\sqrt{17^2-8^2}=15$
점 O를 중심, $\overline{OP}$의 길이를
반지름으로 하는 원과 변 BC
와의 접점의 좌표를 Q, $\overline{AB}$
의 연장선과의 접점을 R라 하면
$\overline{BC}=\overline{BQ}+\overline{CQ}=\overline{BR}+\overline{CP}$
따라서, (△ABC의 둘레의 길이)
$=\overline{AB}+\overline{BC}+\overline{AC}$
$=(\overline{AB}+\overline{BQ})+(\overline{CQ}+\overline{AC})$
$=\overline{AR}+\overline{AP}$
$=2\overline{AP}=\mathbf{30}$

5 점 D를 지나고 지름
AB에 평행한 직선이
선분 AC와 만나는 점
을 H라 하면
$\overline{CH}=5$ cm, $\overline{CD}=15$ cm
이고 △CHD는 직각삼각형이다.
이때, 원의 반지름의 길이를 r라 하면 $\overline{HD}=2r$cm이므로
$15^2=5^2+(2r)^2$
따라서, $r=\mathbf{5\sqrt{2}}$ **(cm)**

6 △AOO′에서 $\overline{OA}^2+\overline{AO'}^2=\overline{OO'}^2$이므로 피타고라스
정리의 역에 의하여 직각삼각형이다.
중심선과 공통현의 교점을 M이라 하고 △AOO′의 넓이
를 S라 하면
$S=\dfrac{1}{2}\times 9\times 12=\dfrac{1}{2}\times 15\times\overline{AM}$에서
$\overline{AM}=\dfrac{36}{5}$(cm)
따라서, $\overline{AB}=2\overline{AM}=\mathbf{\dfrac{72}{5}}$ **(cm)**

7 큰 원의 반지름의 길이를 r, 작은 원의 반지름의 길이를
r'라고 하면
$r+r'=16$, $r-r'=4$
따라서, $r=\mathbf{10}$ **(cm)**

8 오른쪽 그림과 같이 점 O에
서 $\overline{QO'}$에 내린 수선의 발
을 H라 하면 $\overline{HO'}=8$ cm
$\overline{PQ}=\overline{OH}$이고 △OO′H는
직각삼각형이므로 공통외
접선 PQ의 길이는
$\overline{PQ}=\sqrt{\overline{OO'}^2-\overline{HO'}^2}=\sqrt{17^2-8^2}=\mathbf{15}$**(cm)**

9 점 O에서 $\overline{O'Q}$의 연장선에
내린 수선의 발을 H라 하면
$\overline{HQ}=3$ cm
$\overline{PQ}=\overline{OH}$이고 △OHO′는
직각삼각형이므로 공통내접
선 PQ의 길이는
$\overline{PQ}=\sqrt{\overline{OO'}^2-\overline{HO'}^2}=\sqrt{10^2-8^2}=\mathbf{6}$**(cm)**

10 두 원의 위치 관계에 따른 공통접선의 개수를 표로 나타
내면 다음과 같다.

두 원의 위치 관계	외접선의 개수	내접선의 개수	접선의 총 개수
외부에 있다.	2	2	4
외접한다.	2	1	3
두 점에서 만난다.	2	0	2
내접한다.	1	0	1
내부에 있다.	0	0	0

① 2개 ② 1개 ③ 3개 ④ 4개 ⑤ 0개

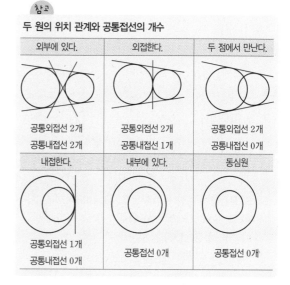

참고
두 원의 위치 관계와 공통접선의 개수

외부에 있다.	외접한다.	두 점에서 만난다.
공통외접선 2개 공통내접선 2개	공통외접선 2개 공통내접선 1개	공통외접선 2개 공통내접선 0개
내접한다.	내부에 있다.	동심원
공통외접선 1개 공통내접선 0개	공통접선 0개	공통접선 0개

11 원 밖의 한 점에서 원에 그은
접선의 길이는 같으므로
$\overline{PA}=\overline{PT}=\overline{PB}$
오른쪽 그림에서
$\overline{AB}=\overline{OH}=\sqrt{8^2-2^2}$
$\quad=\sqrt{60}=2\sqrt{15}$
따라서, $\overline{PT}=\dfrac{1}{2}\overline{AB}=\sqrt{15}$

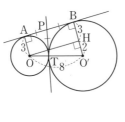

12 $\overline{BD}=\sqrt{\overline{AB}^2+\overline{AD}^2}$
$\quad=\sqrt{12^2+16^2}$
$\quad=20\,(\text{cm})$
두 원 O, O′는 합동이고
반지름의 길이를 r라 하면
오른쪽 그림과 같이
$\overline{BD}=\overline{BP}+\overline{DP}=(12-r)+(16-r)=20$이므로
$r=4\,(\text{cm})$
따라서, $\overline{PQ}=\overline{DP}-\overline{DQ}=12-8=\textbf{4(cm)}$

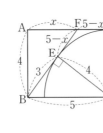

13 점 E와 점 C를 이으면
$\overline{EC}=4$이므로
$\overline{EB}=\sqrt{5^2-4^2}=3$
이때, $\overline{AF}=x$라 하면
$\overline{FD}=\overline{FE}=5-x$이고
직각삼각형 ABF에서
$\overline{AF}^2+\overline{AB}^2=\overline{BF}^2$이므로
$x^2+4^2=(3+5-x)^2$, $16x=48$
따라서, $x=\textbf{3}$

14 $\angle BIC=90°+\dfrac{1}{2}\angle A=115°$
△IBC에서
$\angle I+\dfrac{1}{2}\angle B+\dfrac{1}{2}\angle C=180°$이므로
$\dfrac{1}{2}(\angle B+\angle C)=65°=\angle EBD$
호 EAD에 대한 원주각 $\angle EBD=65°$이므로 그 중심각
의 크기는 $65°\times2=130°$이다.
따라서, 호 EAD의 길이는
$2\times\pi\times9\times\dfrac{130°}{360°}=\dfrac{13}{2}\pi\,(\text{cm})$

15 점 B와 점 D를 이으면
$\overline{AB}$가 지름이므로
$\angle ADB=90°$
두 직각삼각형 ABD와 BCD
에서 $\overline{CD}=x$라 하면
$\overline{BD}^2=\overline{AB}^2-\overline{AD}^2=\overline{BC}^2-\overline{CD}^2$
이므로
$8^2-(8-x)^2=6^2-x^2$에서
$64-64+16x-x^2=36-x^2$
따라서, $x=\dfrac{9}{4}\,(\text{cm})$

16 원의 중심 O에서 현 CD에 내
린 수선의 발을 M이라 하면
$\overline{CM}=\overline{DM}$
파포스의 정리에 의하여
$\overline{CP}^2+\overline{DP}^2$
$=2(\overline{CM}^2+\overline{PM}^2)$
$=2\{(\overline{CO}^2-\overline{OM}^2)+(\overline{OP}^2+\overline{OM}^2)\}$
$=2(\overline{CO}^2+\overline{OP}^2)=2(\overline{AO}^2+\overline{OP}^2)$
$=(\overline{AO}+\overline{OP})^2+(\overline{AO}-\overline{OP})^2$
$=(\overline{AO}-\overline{OP})^2+(\overline{BO}+\overline{OP})^2$
$=\overline{AP}^2+\overline{BP}^2$

> **참고**
>
> **파포스(Pappos)의 정리**
> △ABC에서 변 BC의 중점을 M
> 이라고 하면
> $\overline{AB}^2+\overline{AC}^2=2(\overline{AM}^2+\overline{BM}^2)$

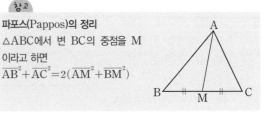

17 $\angle AOB=90°$이므로 $\overline{AB}$는
원 O′의 지름이 되고 $\overarc{OA}$에
대한 원주각의 크기는 같으므로
$\angle ABO=\angle APO=60°$
따라서, $\overline{OB}:\overline{OA}=1:\sqrt{3}$
이므로 $\overline{OA}=3\sqrt{3}$이 되어
A$(3\sqrt{3},\,0)$이다.
이때, $\overline{AB}=\sqrt{(3\sqrt{3})^2+3^2}=6$이므로 원 O′의 반지름의
길이는 3이다.
이때, 색칠한 부분의 넓이는 반원 AOB의 넓이에서
△AOB의 넓이를 뺀 것이므로 구하는 넓이는
$\dfrac{1}{2}\times\pi\times3^2-\dfrac{1}{2}\times3\sqrt{3}\times3=\dfrac{9}{2}(\pi-\sqrt{3})$

18 오른쪽 그림과 같이 원에 내접하는
□ABCD에서
$\angle ADB = \angle ACB = x$,
$\angle BAC = \angle BDC = y$,
$\angle CBD = \angle CAD = z$,
$\angle ABD = \angle ACD = w$라 할 때,
$2(x+y+z+w) = 360°$이므로
$x+y+z+w = 180°$
따라서, $\angle A + \angle C = \angle B + \angle D$
$\qquad\qquad = x+y+z+w = 180°$

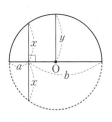

19 오른쪽 그림에서 $x^2 = ab$
이때, $x > 0$이므로 $x = \sqrt{ab}$
$2y = a+b$에서 $y = \dfrac{a+b}{2}$
따라서, $y \geq x$이므로
$\dfrac{a+b}{2} \geq \sqrt{ab}$
(단, 등호는 $a = b$일 때 성립)

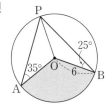

20 △OPA와 △OPB는 모두 이등변
삼각형이므로
$\angle OPA = 35°$, $\angle OPB = 25°$
따라서, $\angle AOB = 2\angle APB$
$\qquad\qquad = 2(35°+25°)$
$\qquad\qquad = 120°$
이므로 부채꼴 OAB의 넓이는
$\pi \times 6^2 \times \dfrac{120°}{360°} = \mathbf{12\pi}$

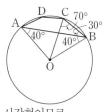

21 △AOB는 $\overline{OA} = \overline{OB}$인 이등변
삼각형이므로 $\angle OBA = 40°$
또한, △OBC도 $\overline{OB} = \overline{OC}$인
이등변삼각형이므로 $\angle OBC = 70°$
따라서, $\angle ABC = 70° - 40° = 30°$
그런데 □ABCD는 원에 내접하는 사각형이므로
$\angle ADC + \angle ABC = 180°$
따라서, $\angle ADC = 180° - 30° = \mathbf{150°}$

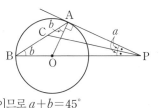

22 점 A와 점 O를 이으
면 $\angle OAP = 90°$
$\angle APC = \angle OPC = a$
$\angle OAB = \angle OBA = b$
라 하면 △ABP에서
$90° + 2(a+b) = 180°$이므로 $a+b = 45°$
따라서, △CBP에서
$\angle PCA = \angle CPB + \angle CBP = a+b = \mathbf{45°}$

23 두 가지 경우로 나누어 생각해 볼 수 있다.
즉, 주어진 두 현과 평행한 지름에 대해서 두 현이 같은
쪽에 놓이는 경우와 서로 다른 쪽에 놓이는 경우가 있다.

(i) 두 현이 같은 쪽에 놓이는
경우는 오른쪽 그림에서
$\begin{cases} r^2 - (x+6)^2 = 5^2 \\ r^2 - x^2 = 7^2 \end{cases}$
연립방정식을 풀면
$x = -1$이므로 모순이다.

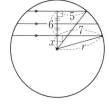

(ii) 두 현이 서로 다른 쪽에 놓이는
경우는 오른쪽 그림에서
$\begin{cases} r^2 - (6-x)^2 = 5^2 \\ r^2 - x^2 = 7^2 \end{cases}$
연립방정식을 풀면 $x = 1$
원의 반지름의 길이 $r = 5\sqrt{2}$
따라서, 구하는 현의 길이는 $2\sqrt{50 - (3-1)^2} = \mathbf{2\sqrt{46}}$

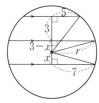

24 오른쪽 그림에서
$\triangle A_1 A_2 A_3 \infty \triangle A_1 C_1 B_1$이므로
$\dfrac{r_1}{r} = \dfrac{\overline{A_1 A_3}}{\overline{A_1 B_1}} = \dfrac{\overline{A_3 A_2}}{\overline{B_1 C_1}}$
$\quad = \dfrac{\overline{A_2 A_1}}{\overline{C_1 A_1}}$
$\quad = \dfrac{\overline{A_1 A_2} + \overline{A_2 A_3} + \overline{A_3 A_1}}{\overline{A_1 B_1} + \overline{B_1 C_1} + \overline{C_1 A_1}}$
$\quad = \dfrac{\overline{A_1 E} + \overline{A_1 F}}{\overline{A_1 B_1} + \overline{B_1 C_1} + \overline{C_1 A_1}}$

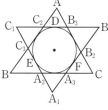

같은 방법으로
$\dfrac{r_2}{r} = \dfrac{\overline{B_1 D} + \overline{B_1 F}}{\overline{A_1 B_1} + \overline{B_1 C_1} + \overline{C_1 A_1}}$,
$\dfrac{r_3}{r} = \dfrac{\overline{C_1 D} + \overline{C_1 E}}{\overline{A_1 B_1} + \overline{B_1 C_1} + \overline{C_1 A_1}}$
이상에서
$\dfrac{r_1 + r_2 + r_3}{r}$
$= \dfrac{(\overline{A_1 F} + \overline{B_1 F}) + (\overline{B_1 D} + \overline{C_1 D}) + (\overline{C_1 E} + \overline{A_1 E})}{\overline{A_1 B_1} + \overline{B_1 C_1} + \overline{C_1 A_1}}$
$= \dfrac{\overline{A_1 B_1} + \overline{B_1 C_1} + \overline{C_1 A_1}}{\overline{A_1 B_1} + \overline{B_1 C_1} + \overline{C_1 A_1}} = \mathbf{1}$

> **참고**
>
> **가비의 리**
>
> $a:b = c:d = e:f$, 즉 $\dfrac{a}{b} = \dfrac{c}{d} = \dfrac{e}{f}$일 때, 다음이 성립한다.
>
> $\dfrac{a}{b} = \dfrac{c}{d} = \dfrac{e}{f} = \dfrac{a+c+e}{b+d+f} = \dfrac{pa+qc+re}{pb+qd+rf}$

25 오른쪽 그림의 세 점 A, B, C에서 직선 l에 내린 수선의 발을 차례로 A_1, B_1, C_1이라 하고, 점 C에서 $\overline{AA_1}$, $\overline{BB_1}$에 내린 수선의 발을 각각 H_1, H_2, 점 A에서 $\overline{BB_1}$에 내린 수선의 발을 H_3이라고 하자.

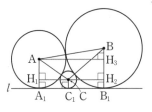

$\overline{A_1C_1}^2 = \overline{H_1C}^2 = \overline{AC}^2 - \overline{AH_1}^2$
$= (a+c)^2 - (a-c)^2 = 4ac$
$\overline{B_1C_1}^2 = \overline{H_2C}^2 = \overline{BC}^2 - \overline{BH_2}^2$
$= (b+c)^2 - (b-c)^2 = 4bc$
$\overline{A_1B_1}^2 = \overline{AH_3}^2 = \overline{AB}^2 - \overline{BH_3}^2$
$= (a+b)^2 - (b-a)^2 = 4ab$
$\overline{A_1C_1} + \overline{B_1C_1} = \overline{A_1B_1}$이므로
$\sqrt{4ac} + \sqrt{4bc} = \sqrt{4ab}$
즉, $\sqrt{ac} + \sqrt{bc} = \sqrt{ab}$ ⋯⋯㉠
㉠의 양변을 $\sqrt{abc}$로 나누면
$$\frac{1}{\sqrt{a}} + \frac{1}{\sqrt{b}} = \frac{1}{\sqrt{c}}$$

26 접선과 현이 이루는 각에 의하여 $\angle TBA = \angle ATP$
그런데 $\angle TPA = \angle TBA$이므로 $\angle ATP = \angle TPA$
즉, $\triangle APT$는 이등변삼각형이므로
$\overline{AP} = \overline{AT} = 5$
또한, $\overline{PT}^2 = \overline{PA} \cdot \overline{PB}$이므로 $\overline{PT} = x$라 하면
$x^2 = 5 \times 15 = 75$
따라서, $x = 5\sqrt{3}$

27 $\overline{PA} = \overline{AQ} = \overline{QB} = a$라고 하면
$\overline{AQ} \cdot \overline{BQ} = \overline{CQ} \cdot \overline{TQ}$에서 $a^2 = 8$
또한, $\overline{PT}^2 = \overline{PA} \cdot \overline{PB}$이므로 $\overline{PT} = x$라 하면
$x^2 = a \cdot 3a = 3a^2 = 24$
따라서, $x = 2\sqrt{6}$

28 ① $\overline{PT}^2 = \overline{PA} \cdot \overline{PB} = 4 \cdot 9 = 36$이므로 $\overline{PT} = 6$
② $\overline{PT}^2 = \overline{PC} \cdot \overline{PD}$이므로
   $36 = 3 \cdot \overline{PD}$에서 $\overline{PD} = 12$
③ $\overline{CD} = \overline{PD} - \overline{PC} = 12 - 3 = 9$
④ ①, ②에서 $\overline{PA} \cdot \overline{PB} = \overline{PC} \cdot \overline{PD}$
⑤ ④에 의하여 네 점 A, B, C, D는 한 원 위에 있다.

29 원 밖의 한 점에서 원에 그은 두 접선의 길이는 같으므로
$\overline{AF} = \overline{AD} = 3$, $\overline{CF} = \overline{CE} = 4$, $\overline{BE} = \overline{BD} = 6$

꼭짓점 A에서 변 BC에 내린 수선의 발을 H라 하고, $\overline{BH} = a$, $\overline{CH} = 10 - a$, $\overline{AH} = h$라 하면 피타고라스 정리에 의하여

$h^2 = 9^2 - a^2 = 7^2 - (10-a)^2$ ⋯⋯㉠

즉, $81 - a^2 = 49 - 100 + 20a - a^2$이므로
$20a = 132$에서
$$a = \frac{33}{5}$$ ⋯⋯㉡

㉡을 ㉠에 대입하면
$$h^2 = 9^2 - \frac{33^2}{5^2} = \frac{(9 \cdot 5)^2 - 33^2}{5^2}$$에서 $h = \frac{6\sqrt{26}}{5}$

따라서, $\triangle ABC$의 넓이는
$$\frac{1}{2} \cdot 10 \cdot \frac{6\sqrt{26}}{5} = 6\sqrt{26}$$

참고

헤론(Heron)의 공식
$\triangle ABC$의 세 변의 길이를 a, b, c라 하고, $s = \dfrac{a+b+c}{2}$라 하면
$\triangle ABC$의 넓이 S는
$S = \sqrt{s(s-a)(s-b)(s-c)}$
29번과 같이 삼각형의 세 변의 길이를 알면 헤론의 공식을 이용하여 삼각형의 넓이를 쉽게 구할 수 있다.

$a = 10$, $b = 7$, $c = 9$이므로 $s = \dfrac{10+7+9}{2} = 13$

따라서, $\triangle ABC$의 넓이를 S라 하면
$S = \sqrt{13 \times 3 \times 6 \times 4} = 6\sqrt{26}$

30 오른쪽 그림과 같이 $\overline{EB} = \overline{FB} = x$라 하고, $\angle A$, $\angle B$, $\angle C$의 대변의 길이를 각각 a, b, c라 하면 $\triangle ABC$의 넓이는 $\dfrac{1}{2}ac$이다.

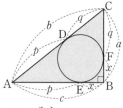

이때, $a = q + x$, $b = p + q$, $c = p + x$에서
$a + c = p + q + 2x$이고 $p + q = b$이므로 $a + c = b + 2x$,
$2x = a + c - b$, $x = \dfrac{a-b+c}{2}$

따라서, $p = c - x = \dfrac{-a+b+c}{2} = \dfrac{b-(a-c)}{2}$,

$q = a - x = \dfrac{a+b-c}{2} = \dfrac{b+(a-c)}{2}$이고

$b^2 = a^2 + c^2$이므로
$$pq = \frac{b^2 - (a-c)^2}{4}$$

$$= \frac{b^2 - a^2 - c^2 + 2ac}{4} = \frac{1}{2}ac$$

따라서, $\triangle ABC = \frac{1}{2}ac = \boldsymbol{pq}$

다 른 풀 이

$b^2 = a^2 + c^2$에서 $(p+q)^2 = (p+x)^2 + (q+x)^2$을 정리하면

$pq = x^2 + px + qx$이므로

$\triangle ABC = \frac{1}{2}ac = \frac{1}{2}(x+p)(x+q)$

$\qquad = \frac{1}{2}(x^2 + px + qx + pq) = \frac{1}{2} \times (pq + pq) = \boldsymbol{pq}$

31 원 밖의 한 점에서 그은 두 접선의 길이는 같으므로

$\overline{AF} = \overline{AC} + \overline{CF} = 5 + \overline{CD}$,

$\overline{AE} = \overline{AB} + \overline{BE} = 3 + \overline{BD}$

그런데 $\overline{AF} = \overline{AE}$이므로 $5 + \overline{CD} = 3 + \overline{BD}$

$\overline{BD} - \overline{CD} = 2$이고, $\overline{BD} + \overline{CD} = 4$이므로 $\overline{BD} = 3$

따라서, $\overline{BE} = 3$

32 $\angle ABC = b$, $\angle ACB = c$,

$\angle DBE = \angle DBC = x$,

$\angle DCF = \angle DCB = y$라 하면

$50° + b + c = 180°$이므로

$b + c = 130°$ ...... ㉠

$b + 2x = 180°$, $c + 2y = 180°$이므로

$b + c + 2(x+y) = 360°$ ...... ㉡

㉠, ㉡에서 $x + y = 115°$

따라서, $\angle BDC = 180° - (x+y) = \boldsymbol{65°}$

33 원주각은 호의 길이에 비례하므로

$\overset{\frown}{AB} = 3\overset{\frown}{CD}$에서 $\angle ADB = 3\angle DBC$ ...... ㉠

$\triangle BED$에서 $\angle DBE + \angle DEB = \angle ADB$ ...... ㉡

$\angle ADB = x°$라 하면

$\frac{1}{3}x° + 38° = x°$, $\frac{2}{3}x° = 38°$

따라서, $x° = \boldsymbol{57°}$

34 $\triangle ABC$의 둘레의 길이는

$\overline{AB} + \overline{BC} + \overline{CA}$

$= (\overline{AE} + \overline{BE}) + (\overline{BI} + \overline{CI}) + (\overline{CM} + \overline{AM})$ ...... ㉠

$\triangle ADN$의 둘레의 길이는

$\overline{AD} + \overline{DN} + \overline{NA}$

$= (\overline{AD} + \overline{DP}) + (\overline{NP} + \overline{NA})$

$= (\overline{AD} + \overline{DE}) + (\overline{NM} + \overline{NA})$

$= \overline{AE} + \overline{AM}$ ...... ㉡

같은 방법으로 $\triangle BHF$의 둘레의 길이를 구하면

$\overline{BE} + \overline{BI}$ ...... ㉢

$\triangle CLJ$의 둘레의 길이를 구하면 $\overline{CI} + \overline{CM}$ ...... ㉣

㉠ = ㉡ + ㉢ + ㉣이므로 세 삼각형 ADN, BHF, CLJ의 둘레의 길이의 합은 $\triangle ABC$의 둘레의 길이와 같으므로

$\boldsymbol{1 + \sqrt{2} + \sqrt{3}}$

35 $3^2 + 4^2 = 5^2$에서

$\angle A = 90°$이므로

$\triangle ABC = \frac{1}{2} \cdot 3 \cdot 4 = 6$

점 A에서 변 BC에 내린

수선의 길이를 h라 하면

$6 = \frac{1}{2} \cdot 5 \cdot h$에서 $h = \frac{12}{5}$

또한,

$\triangle ABC = \triangle OAB + \triangle O'CA + (\triangle OBM + \triangle O'CM')$

$\qquad + \triangle AOO' + \square OMM'O'$

이므로 구하는 원의 반지름의 길이를 r라 하면

$6 = \frac{1}{2} \cdot 4 \cdot r + \frac{1}{2} \cdot 3 \cdot r + \frac{1}{2} \cdot (5 - 2r) \cdot r$

$\qquad + \frac{1}{2} \cdot 2r \cdot \left(\frac{12}{5} - r\right) + 2r \cdot r$

따라서, $r = \boldsymbol{\dfrac{5}{7}}$

36 $\overrightarrow{AP}$가 원 O'의 접선이므로

$\angle APO' = 90°$이다. 따라서,

$\overline{AP} = \sqrt{\overline{AO'}^2 - \overline{PO'}^2}$

$\qquad = \sqrt{9^2 - 3^2} = 6\sqrt{2}$

또한, $\angle AQB = 90°$이므로

$\triangle APO' \backsim \triangle AQB$ (AA닮음)

따라서, $\overline{AO'} : \overline{AB} = \overline{AP} : \overline{AQ}$이므로

$9 : 12 = 6\sqrt{2} : \overline{AQ}$에서

$\overline{AQ} = 8\sqrt{2}$

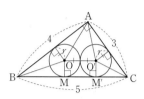

37 $\angle ABF = \angle AEF$

$= \angle EAF$ (원주각)이므로

$\triangle ABE \backsim \triangle FEA$

이때, $\overline{FA} = \overline{FE}$이므로

$\overline{BE} : \overline{AE} = \overline{AE} : \overline{FE}$에서

$\overline{AE}^2 = \overline{BE} \cdot \overline{FE}$

$\qquad = (\overline{BF} + \overline{FE}) \cdot \overline{FE}$ ...... ㉠

$\square BCDF$는 평행사변형이므로

$\overline{BF} = \overline{CD} = \overline{AE}$ ...... ㉡

㉠, ㉡에서 $\overline{BF}^2 = \overline{BF} \cdot \overline{FE} + \overline{FE}^2$, 즉

$\overline{FE}^2 + \overline{BF} \cdot \overline{FE} - \overline{BF}^2 = 0$ ...... ㉢

㉢의 양변을 $\overline{BF}^2$으로 나누면

$$\left(\frac{\overline{FE}}{\overline{BF}}\right)^2 + \frac{\overline{FE}}{\overline{BF}} - 1 = 0$$ 이고 $\dfrac{\overline{FE}}{\overline{BF}} > 0$ 이므로

$$\frac{\overline{FE}}{\overline{BF}} = \frac{\sqrt{5}-1}{2}$$

38 $\angle CAO = \angle CBO = \dfrac{1}{2} \times (180° - 40°) = 70°$ 이고

$\overline{OA} = \overline{OD} = \overline{OB} = \overline{OE}$ 이므로 $\triangle OAD$와 $\triangle OBE$는
이등변삼각형이다.

즉, $\angle AOD = \angle BOE = 180° - 70° \times 2 = 40°$

따라서, $\angle DOE = 180° - 40° \times 2 = 100°$ 이므로

부채꼴 DOE의 넓이는 $\pi \times 9^2 \times \dfrac{100°}{360°} = \dfrac{45}{2}\pi(\mathbf{cm}^2)$

> 참고
>
> 점 D와 점 B를 이으면 $\angle ADB = \angle CDB = 90°$ 이므로
> $\angle DBE = 180° - (40° + 90°) = 50°$
> 따라서, $\angle DOE = 2\angle DBE = 50° \times 2 = 100°$

39 $\overline{QA} \cdot \overline{QB} = \overline{QC} \cdot \overline{QT}$ 이므로

$\overline{QA} \cdot 4 = 6 \cdot 2$ 에서 $\overline{QA} = 3$ cm

또한, $\overline{PT}^2 = \overline{PA} \cdot \overline{PB}$ 이므로 $\overline{PA} = x$ 라 하면

$(2\sqrt{15})^2 = x(x+7)$, 즉 $x^2 + 7x - 60 = 0$ 에서

$(x+12)(x-5) = 0$

이때 $x > 0$ 이므로 $x = \mathbf{5cm}$

40 원의 반지름의 길이를 r 라 하
면 직각삼각형 TPO에서
$(r+2)^2 = r^2 + 6^2$ 이므로
$4r = 32$, $r = 8$
점 T에서 지름 AB에 내린
수선의 발을 H라 하면
$\triangle TPO = \dfrac{1}{2} \times 10 \times \overline{TH} = \dfrac{1}{2} \times 6 \times 8$

따라서, $\overline{TH} = \dfrac{24}{5}$

41 원 O의 반지름의 길이를 r 라 하면 $\triangle OBE$에서

$r^2 = (r-2)^2 + 4^2$ 이므로 $4r = 20$, $r = 5$

$\overset{\frown}{BC} = \overset{\frown}{CD}$ 이므로 $\angle BOC = \angle COD$ 이고

$\angle DAB = \dfrac{1}{2}\angle DOB = \angle BOC$,

$\angle ADB = \angle OEB = 90°$

따라서, $\triangle ABD \backsim \triangle OBE$ (AA닮음)

$\overline{AD} : \overline{OE} = \overline{AB} : \overline{OB}$ 이므로

$\overline{AD} : 3 = 10 : 5$ 에서

$\overline{AD} = \mathbf{6}$

42 $\angle A$는 평각에 대한 원주각으로
직각이므로 $\triangle ABC$는 직각삼각
형이다.
$\overline{BE} = \overline{BF} = a$ 라 하면
$\overline{AB} = a+1$
이때, $\overline{CD} = \overline{CF} = 6-a$ 이므로
$\overline{CA} = \overline{CD} + \overline{DA} = (6-a) + 1 = 7-a$
$\overline{AB}^2 + \overline{CA}^2 = \overline{BC}^2$ 이므로
$(a+1)^2 + (7-a)^2 = 6^2$ 에서
$a^2 - 6a + 7 = 0$, $a = 3 \pm \sqrt{2}$
이때, $0 < a < 3$ 이므로
$a = 3 - \sqrt{2}$
$\overline{AB} = 4 - \sqrt{2}$, $\overline{CA} = 4 + \sqrt{2}$ 이므로
$\triangle ABC = \dfrac{1}{2} \times (4+\sqrt{2})(4-\sqrt{2}) = \mathbf{7}$

43 두 원 O, O′의 반지름의 길이의 비가 $3 : 2$ 이므로 두 원
의 반지름의 길이를 각각 $3x$, $2x$ $(x \neq 0)$ 라 하면
두 직각삼각형 OAB와 O′BA에서
$\overline{AB}^2 = (3+3x)^2 - (3x)^2$,
$\overline{AB}^2 = (4+2x)^2 - (2x)^2$ 이므로
$(3+3x)^2 - (3x)^2 = (4+2x)^2 - (2x)^2$ 에서
$2x = 7$, $x = \dfrac{7}{2}$

따라서, 원 O′의 반지름의 길이는
$2x = \mathbf{7}$ 이다.

44 $\triangle ABC$의 두 꼭짓점 A
와 B에서 대변에 내린 수
선의 교점을 H라 하자.
오른쪽 그림과 같이 삼각
형의 각 꼭짓점을 지나
고, 그 대변에 평행한 세
직선의 교점을 각각 D, E, F 라 하면 $\overline{AH}$는 $\overline{EF}$의 수직
이등분선이고, $\overline{BH}$는 $\overline{DF}$의 수직이등분선이므로 교점 H
는 $\triangle DEF$의 외심이다.
따라서, $\overline{CH} \perp \overline{DE}$ 이므로
$\overset{\leftrightarrow}{CH} \perp \overline{AB}$ 이다.

45 $\triangle ABD$와 $\triangle AEC$에서
$\angle ABD = \angle AEC$ (원주각),
$\angle ADB = \angle ACE = 90°$ 이므로
$\triangle ABD \backsim \triangle AEC$ (AA닮음)
즉, $\overline{AB} : \overline{AE} = \overline{AD} : \overline{AC}$ 이므로
$\overline{AB} \cdot \overline{AC} = \overline{AD} \cdot \overline{AE}$

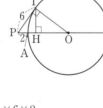

46 오른쪽 그림에서 대각선 BD 위
에 ∠ACD=∠ECB가 되도록
점 E를 잡으면
∠DAC=∠DBC (원주각)
이므로

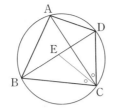

△DAC∽△EBC (AA닮음)
$\overline{AD} : \overline{BE} = \overline{AC} : \overline{BC}$ 이므로
$\overline{AD} \cdot \overline{BC} = \overline{BE} \cdot \overline{AC}$ ······ ㉠
△DCE와 △ACB에서
∠CDE=∠CAB (원주각)이고
∠ACD=∠ECB이므로 ∠DCE=∠ACB
따라서, △DCE∽△ACB (AA닮음)
$\overline{DE} : \overline{AB} = \overline{CD} : \overline{AC}$ 이므로
$\overline{AB} \cdot \overline{CD} = \overline{DE} \cdot \overline{AC}$ ······ ㉡
㉠, ㉡에서
$\overline{AB} \cdot \overline{CD} + \overline{AD} \cdot \overline{BC} = \overline{AC}(\overline{BE} + \overline{DE}) = \overline{AC} \cdot \overline{BD}$

47 $\overline{OA} \cdot \overline{OC} = \overline{OB} \cdot \overline{OD}$ 이므로 □ABCD는 원에 내접하는
사각형이다.
∠BAC=∠BDC (원주각), ∠AOB=∠DOC (맞꼭지각)
이므로 △AOB∽△DOC (AA닮음)
$\overline{AO} : \overline{DO} = \overline{AB} : \overline{DC}$ 이므로
$8 : 6 = 6 : \overline{DC}$ 에서 $\overline{DC} = \dfrac{9}{2}$
같은 방법으로 △AOD∽△BOC (AA닮음)이고
닮음비는
$\overline{AO} : \overline{BO} = 8 : 4 = 2 : 1$ 이므로
$\overline{AD} = x$ 라 하면 $\overline{BC} = \dfrac{1}{2}x$
따라서, 톨레미의 정리에 의해서
$\overline{AB} \cdot \overline{CD} + \overline{AD} \cdot \overline{BC} = \overline{AC} \cdot \overline{BD}$ 이므로
$6 \times \dfrac{9}{2} + x \times \dfrac{1}{2}x = 11 \times 10$, $\dfrac{1}{2}x^2 = 83$, $x^2 = 166$
이때, $x > 0$ 이므로 $x = \sqrt{166}$

48 점 B에서 $\overline{BE} \perp \overline{BP}$, $\overline{BE} = \overline{BP}$
가 되도록 점 E를 잡으면
△PBE는 직각이등변삼각형
이고 $\overline{PE} = 5\sqrt{2}$
한편, △ABP≡△CBE
(SAS합동)

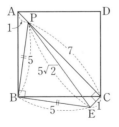

이므로 $\overline{CE} = \overline{AP} = 1$
또한, △PBE에서 $\overline{PE}^2 = 50$ 이고
△PCE에서 $\overline{PC}^2 + \overline{CE}^2 = 7^2 + 1^2 = 50 = \overline{PE}^2$ 이므로
∠PCE=90°
이때, ∠PBE+∠PCE=180° 이므로 네 점 B, E, C, P
는 한 원 위의 점이다.

톨레미의 정리를 이용하면
$\overline{BE} \cdot \overline{PC} + \overline{BP} \cdot \overline{CE} = \overline{PE} \cdot \overline{BC}$ 이므로
$5 \times 7 + 5 \times 1 = 5\sqrt{2} \times \overline{BC}$ 에서
$\overline{BC} = 4\sqrt{2}$

다른풀이
직각이등변삼각형 ABC에서 $\overline{AC} = \sqrt{2} \cdot \overline{BC}$ 이므로
$8 = \sqrt{2} \cdot \overline{BC}$ 따라서, $\overline{BC} = 4\sqrt{2}$

49 △ABD와 △AEC에서
∠BAD=∠EAC, ∠ABD=∠AEC (원주각)이므로
△ABD∽△AEC (AA닮음)
$\overline{AB} : \overline{AE} = \overline{AD} : \overline{AC}$ 이므로
$\overline{AB} \cdot \overline{AC} = \overline{AD} \cdot \overline{AE}$

50 ∠ABD=∠CBD이므로 $\widehat{AD} = \widehat{CD}$
∠ACE=∠BCE이므로 $\widehat{AE} = \widehat{BE}$
$\widehat{BC}$ 에 대한 원주각 ∠BAC=30°이므로 그 중심각의
크기는 60°이다.
원주의 길이가 $2 \times \pi \times 12 = 24\pi$ (cm)이므로
$\widehat{BC} + 2\widehat{AD} + 2\widehat{AE} = 24\pi$ (cm)이고
$\widehat{BC} = 24\pi \times \dfrac{60°}{360°} = 4\pi$ (cm)
즉, $2(\widehat{AD} + \widehat{AE}) = 24\pi - 4\pi = 20\pi$ (cm)에서
$\widehat{AD} + \widehat{AE} = 10\pi$ (cm)
따라서, (호 EAD의 길이)=10π (cm)

51 △ABC는 $\overline{AB} = \overline{AC}$ 인
이등변삼각형이므로
∠ABC=∠ACB
보조선 $\overline{CD}$ 를 그으면
∠CDP=∠ABC
따라서, ∠ACB=∠CDP ······ ㉠

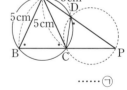

△ACP에서
∠ACB=∠CAP+∠APC ······ ㉡
또한, △ACD에서
∠CDP=∠CAD+∠ACD ······ ㉢
㉠, ㉡, ㉢에서
∠CAP+∠APC=∠CAD+∠ACD이므로
∠APC=∠ACD
따라서, $\overline{AC}$ 는 △DCP의 외접원의 접선이므로
$\overline{AC}^2 = \overline{AD} \cdot \overline{AP}$
즉, $5^2 = 3(3 + \overline{DP})$ 이므로 $3\overline{DP} = 16$ 에서
$\overline{DP} = \dfrac{16}{3}$ (cm)

52 $\overline{PT}^2=\overline{PA}\times\overline{PB}=4\times9=36$에서 $\overline{PT}=6$

△BPD와 △TPC에서 ∠P는 공통,

∠BDP=∠TCP=90°이므로

△BPD∽△TPC (AA닮음)

$\overline{BP}:\overline{TP}=\overline{BD}:\overline{TC}$이므로

$9:6=\overline{BD}:3$에서 $\overline{BD}=\dfrac{9}{2}$

53 지름이 10cm인 원을 O, 원 O에 내접하는 삼각형을
△ABC라 하자.

△ABC의 넓이가 최대가 되려면 밑변이 8cm로 고정되
어 있으므로 높이가 최대가 되어야
한다.

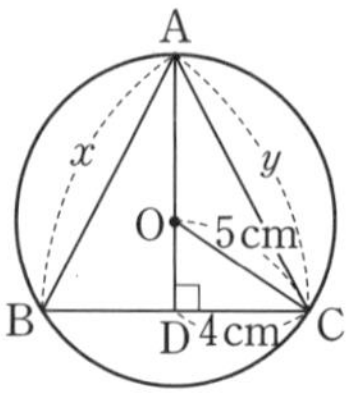

따라서, 오른쪽의 그림과 같이
$\overline{AD}$는 원의 중심을 지나면서
△ABC의 높이가 된다.

따라서, $\overline{BD}=\overline{DC}=4$ cm

직각삼각형 ODC에서

$\overline{OC}=5$ cm, $\overline{OD}=3$ cm이므로

$△ABC=\dfrac{1}{2}\times8\times8=\mathbf{32(cm^2)}$

△ABC의 내접원의 반지름의 길이를 r라 하면

$△ABC=\dfrac{1}{2}\times xr+\dfrac{1}{2}\times yr+\dfrac{1}{2}\times8r$

$=\dfrac{1}{2}\times(x+y+8)r$

그런데 $x^2=8^2+4^2$이고 $x=y$이므로

$x=y=4\sqrt{5}$ cm

따라서, $\dfrac{8+8\sqrt{5}}{2}\times r=32$이므로

$r=\mathbf{2(\sqrt{5}-1)(cm)}$

54 오른쪽 그림과 같이 $\overline{OD}$ 를
그으면

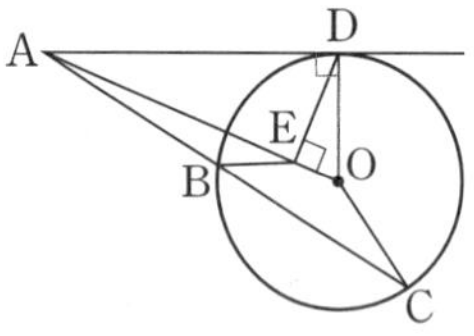

$\overline{AD}\perp\overline{OD}$, $\overline{DE}\perp\overline{AO}$이므로

$\overline{AD}^2=\overline{AE}\cdot\overline{AO}$

또한, $\overline{AD}^2=\overline{AB}\cdot\overline{AC}$이므로

$\overline{AE}\cdot\overline{AO}=\overline{AB}\cdot\overline{AC}$

즉, $\dfrac{\overline{AE}}{\overline{AC}}=\dfrac{\overline{AB}}{\overline{AO}}$이고 ∠EAB=∠CAO이므로

△EAB∽△CAO (SAS닮음)

따라서, ∠AEB=∠ACO

P. 162~163

특목고 구술·면접 대비 문제

> **1** 풀이 참조　　**2** 풀이 참조　　**3** 풀이 참조
> **4** 풀이 참조

1 접선과 할선이 이루는
각에 의하여
C_1의 △PMN에서
∠PMN=∠QPN
C_2의 △QNM에서
∠NMQ=∠PQN

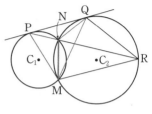

따라서, ∠PMQ=∠PMN+∠NMQ

$=$∠QPN+∠PQN　　……㉠

그런데 △PNQ에서 삼각형의 두 내각의 크기의 합은
그와 이웃하지 않은 외각의 크기의 합과 같으므로

∠QPN+∠PQN=∠QNR　　……㉡

∠QNR=∠QMR ($\overarc{QR}$의 원주각)　　……㉢

㉠, ㉡, ㉢에서 ∠PMQ=∠QMR

따라서, $\overline{MQ}$는 ∠PMR를 이등분한다.

2 먼저 원하는 결과를 오른쪽
그림과 같이 그려 놓고 보면
점 M은 점 N을 점 P에 대
하여 대칭이동시켜 놓은 것
이다.

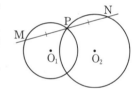

따라서, 점 M은 원 O_1과 원 O_2를 점 P를 중심으로 180°
회전이동해 놓은 원 O_3의 교점이 된다.

작도 과정

① 점 P에서 원 O_2에 접
하고, 원 O_2와 합동인
원을 작도한다.

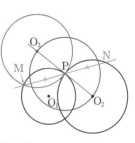

　㉠ 직선 PO_2를 그은
후 점 P를 중심으로
반지름이 $\overline{PO_2}$인 원
을 그리고, 직선
PO_2와의 교점을 O_3이라 한다.

　㉡ 점 O_3을 중심으로 반지름이 $\overline{PO_2}$인 원을 그린다.

② 원 O_3과 원 O_1의 점 P가 아닌 교점을 M이라 하고,
직선 MP를 그은 후 그 직선이 원 O_2와 만나는 점을
N이라 하면 $\overline{MP}=\overline{NP}$이다.

66 정답 및 해설

3

$\angle AEF=90°$이므로

$\angle ADE=\angle AFE$ (원주각)

$\quad\quad\quad=90°-\angle EAF$

$\quad\quad\quad=\angle ACF$

$\angle A$는 공통이므로

$\triangle ADE\backsim\triangle ACB$ (AA닮음)

$\angle DAG=90°-\angle ADE=90°-\angle AFE=\angle EAF$

선분 AB의 수직이등분선이 $\overleftrightarrow{AG}$와 만나는 점을 P라 하면

$\angle PAB=\angle PBA$, $\angle QAE=\angle QEA$

$\triangle ABP\backsim\triangle AEQ$ (AA닮음)

$\overline{AB}:\overline{AE}=\overline{AP}:\overline{AQ}$이고, $\overline{AQ}$가 $\triangle ADE$의 외접원의 반지름이므로 $\overline{AP}$는 $\triangle ABC$의 외접원의 중심이다.

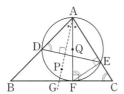

$\triangle QAE\backsim\triangle PAB$, $\triangle AED\backsim\triangle ABC$

$\triangle QAE$에서 $\overline{AQ}$가 $\triangle ADE$의 외접원의 반지름이고 점 Q가 $\triangle ADE$의 외접원의 중심이다.

같은 방법으로 $\triangle PAB$에서 $\overline{AP}$가 $\triangle ABC$의 외접원의 반지름이고 점 P가 $\triangle ABC$의 외접원의 중심이다.

4 오른쪽 그림의 원은 중심이 O이고 반지름의 길이가 c인 원이다.

$\overline{AP}=a$, $\overline{BP}=b(a<b)$가 되도록 $\overline{AB}$를 잡으면

$2c>a+b$이므로 $\overline{AB}$는 원의 중심 O를 지나지 않는다.

$\overline{OP}=x(x>0)$라 하면

$ab=(c-x)(c+x)=c^2-x^2$이므로

$c^2>ab$, $x=\sqrt{c^2-ab}$

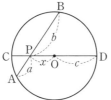

또한, $\triangle OPB$에서 $b<c+x=c+\sqrt{c^2-ab}$이고

$\triangle OPA$에서 $c<a+x=a+\sqrt{c^2-ab}$이므로

$a>c-\sqrt{c^2-ab}$

따라서, $c^2>ab$, $c-\sqrt{c^2-ab}<a<c+\sqrt{c^2-ab}$

시·도 경시 대비 문제 P. 164~169

1 풀이 참조	2 풀이 참조	3 5
4 풀이 참조	5 풀이 참조	6 풀이 참조
7 풀이 참조	8 풀이 참조	9 풀이 참조
10 풀이 참조	11 $\sqrt5-1$	12 풀이 참조
13 풀이 참조	14 $3\sqrt3$, $2\sqrt3$, 4	15 $\dfrac{21}{5}$
16 $\dfrac{2\sqrt7}{7}$	17 풀이 참조	18 풀이 참조

1 $\square AEBP$에서

$\angle AEB=90°$,

$\angle APB=90°$, 즉

$\angle AEB+\angle APB=180°$

이므로 네 점 A, E, B, P는 한 원 위에 있다.

그런데 $\overline{AP}=\overline{BP}$이므로 그 원주각도 서로 같으므로

$\angle AEP=\angle BEP$

따라서, $\overline{EP}$는 $\angle AEB$의 이등분선이다.

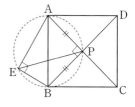

2 5개의 점 A, B, P_1, P_2, P_3 중에서 두 점 A, B를 나머지 세 점이 직선 AB의 같은 쪽에 위치하도록 선택하자.

문제의 조건에서 어떤 네 점도 한 원 위에 있지 않으므로 세 각 $\angle AP_1B=\alpha$, $\angle AP_2B=\beta$, $\angle AP_3B=\gamma$의 크기는 모두 다르다. 즉, 원주각의 크기가 모두 다르다.

$\alpha<\beta<\gamma$라 하면 세 점 A, B, P_2를 지나는 원을 작도할 때 P_1은 원의 외부에, P_3은 원의 내부에 존재하게 된다.

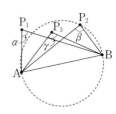

3 $\angle ADP=\angle BHP$(내대각)이므로 $\square BHPD$는 한 원에 내접하는 사각형이다. 따라서,

$\overline{AD}\cdot\overline{AB}=\overline{AP}\cdot\overline{AH}$ ......㉠

또한, $\angle AEP=\angle CHP$ (내대각)이므로 $\square CEPH$는 한 원에 내접하는 사각형이다. 따라서, $\overline{AE}\cdot\overline{AC}=\overline{AP}\cdot\overline{AH}$ ......㉡

㉠, ㉡에서 $\overline{AD}\cdot\overline{AB}=\overline{AE}\cdot\overline{AC}$이므로 $\overline{AE}=x$라 하면

$4\times10=x(x+3)$, $x^2+3x-40=0$,

$(x+8)(x-5)=0$

이때, $x>0$이므로 $x=\mathbf{5}$

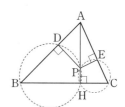

4 정사각형 ABCD의 한 변의 길이를 a라고 하면 원의 내접사각형 ABCP에서 톨레미의 정리에 의하여

$\overline{PA}\cdot\overline{BC}+\overline{PC}\cdot\overline{AB}=\overline{PB}\cdot\overline{AC}$이므로

$\overline{PA}\cdot a+\overline{PC}\cdot a=\overline{PB}\cdot\sqrt2 a$

즉, $\dfrac{\overline{PA}+\overline{PC}}{\overline{PB}}=\sqrt2$ ......㉠

같은 방법으로 원의 내접사각형 ABPD에서

$\overline{PB}\cdot\overline{AD}+\overline{PD}\cdot\overline{AB}=\overline{PA}\cdot\overline{BD}$이므로

$\overline{PB}\cdot a+\overline{PD}\cdot a=\overline{PA}\cdot\sqrt2 a$

즉, $\dfrac{\overline{PB}+\overline{PD}}{\overline{PA}}=\sqrt2$ ......㉡

⊙, ⊙에서 $\dfrac{\overline{PA}+\overline{PC}}{\overline{PB}}=\dfrac{\overline{PB}+\overline{PD}}{\overline{PA}}$

따라서, $(\overline{PB}+\overline{PD}):(\overline{PA}+\overline{PC})=\overline{PA}:\overline{PB}$

5 △FAB에서 ∠ACB=90°,
∠ADB=90°이므로 점 E는
△FAB의 수심이다.
따라서, ∠FHB=90°이다.
∠BEH=∠FED (맞꼭지각)
이므로 ∠HBE=∠DFE이고
∠BEH=∠FAH이다.
따라서, △HEB∽△HAF (AA닮음)
$\overline{HE}:\overline{HA}=\overline{HB}:\overline{HF}$이므로
$\overline{HE}\cdot\overline{HF}=\overline{HA}\cdot\overline{HB}=\overline{HG}^2$
이때, $\overline{GH}=2\overline{HE}$이므로 $\dfrac{\overline{HE}}{\overline{HG}}=\dfrac{\overline{HG}}{\overline{HF}}=\dfrac{1}{2}$
즉, 점 G는 $\overline{FH}$의 중점이다.

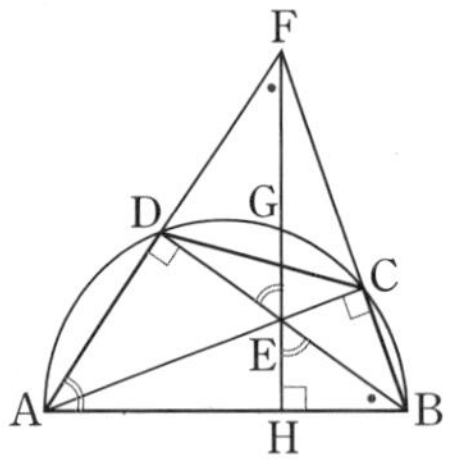

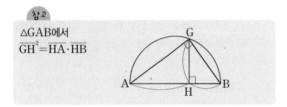

참고

△GAB에서
$\overline{GH}^2=\overline{HA}\cdot\overline{HB}$

6 오른쪽 그림에서
∠APB=90°이므로
∠RPB=90°
또한, ∠BQR=90°이므
로 □RPBQ는 대각의 크
기의 합이 180°이다.
즉, □RPBQ는 한 원 위에 있으므로
∠RBQ=∠RPQ (원주각)=∠CPA (맞꼭지각)
$=\dfrac{1}{2}\angle COA$ (중심각의 $\dfrac{1}{2}$)$=45°$
따라서, △RBQ는 직각이등변삼각형이므로
$\overline{BQ}=\overline{RQ}$

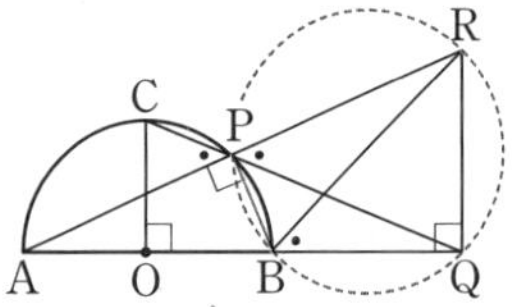

7 오른쪽 그림의 원 O_1에서
$\overline{PC}\cdot\overline{PD}=\overline{PA}\cdot\overline{PB}$
원 O_2에서
$\overline{PE}\cdot\overline{PF}=\overline{PA}\cdot\overline{PB}$
이므로
$\overline{PC}\cdot\overline{PD}=\overline{PE}\cdot\overline{PF}$ ······⊙
또한, △O_1DC는 이등변삼각형이고, $\overline{PO_1}\perp\overline{CD}$이므로
$\overline{CP}=\overline{DP}$ ······⊙
마찬가지로 $\overline{EP}=\overline{FP}$ ······⊙

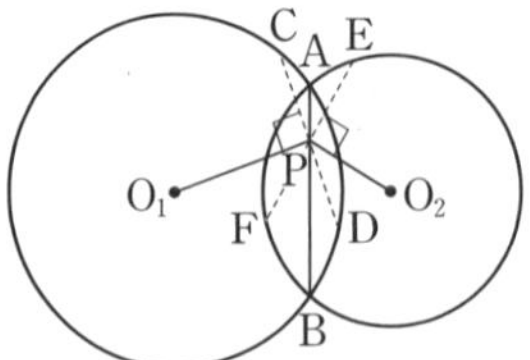

⊙, ⊙, ⊙에서 □CFDE의 두 대각선의 길이가 같고,
서로 다른 것을 이등분하므로 □CFDE는 직사각형이다.

참고

$\overline{PC}\cdot\overline{PD}=\overline{PE}\cdot\overline{PF}$의 조건으로 □CFDE에서 두 대각선의
길이가 같은 이유
$\overline{PC}=\overline{PD}$, $\overline{PE}=\overline{PF}$이므로
$\overline{PC}^2=\overline{PE}^2$이 되어
$\overline{PC}=\overline{PE}$
따라서, $\overline{PC}=\overline{PF}=\overline{PD}=\overline{PE}$이므로 $\overline{CD}=\overline{EF}$

8 원 C_1에서 $\overline{XP}\cdot\overline{XA}=\overline{XY}\cdot\overline{XQ}$ ······⊙
원 C_2에서 $\overline{XP}\cdot\overline{XB}=\overline{XZ}\cdot\overline{XQ}$ ······⊙
그런데 $\overline{AB}$의 중점이 X이므로 $\overline{XA}=\overline{XB}$
⊙, ⊙에서 $\overline{XY}\cdot\overline{XQ}=\overline{XZ}\cdot\overline{XQ}$
따라서, $\overline{XY}=\overline{XZ}$

9 △PAC에서
∠NPQ=∠PAC+∠PCA ······⊙
그런데 ∠PAC=∠CNB (접선과 현이 이루는 각)이고
∠PCA=∠NCQ (주어진 조건)
△QCN에서
∠NQP=∠CNB+∠NCQ ······⊙
⊙, ⊙에서 ∠NPQ=∠NQP이므로 △NPQ는 이등변
삼각형이다.
따라서, $\overline{PN}=\overline{QN}$

10 오른쪽 그림에서 $\overleftrightarrow{PD}$는 두
원의 공통접선이다.
이때, $\overline{DA}=\overline{DP}=\overline{DB}$이
므로 점 D는 지름이 $\overline{AB}$인
반원 APB의 중심이다. 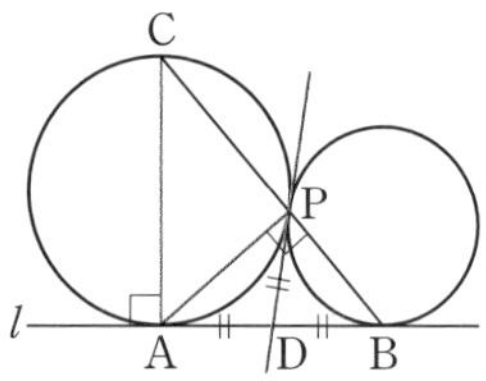
따라서, $\angle APB=\dfrac{1}{2}\times180°=90°$
즉, ∠APC=90°이므로 $\overline{AC}$는 원의 중심을 지난다.
따라서, $\overline{AC}$는 직선 l에 수직이다.

11 직각삼각형 $O_1O_2O_3$에서 $\overline{O_1O_2}=1$, $\overline{O_1O_3}=2$에서
$\overline{O_2O_3}=\sqrt{1^2+2^2}=\sqrt{5}$이므로 $\overline{O_3P}=\sqrt{5}-1$
△O_1QO_3에서 $\overline{O_1Q}=\overline{O_1O_3}$이므로
∠O_1QO_3=∠O_1O_3Q
△O_3QS에서 $\overline{O_3Q}=\overline{O_3S}$이므로
∠O_3QS=∠O_3SQ
따라서, △O_1QO_3과 △O_3QS에서
∠Q는 공통, ∠O_1O_3Q=∠O_3SQ이므로
△O_1QO_3∽△O_3QS (AA닮음)

$\overline{O_1Q} : \overline{O_3Q} = \overline{QO_3} : \overline{QS}$이므로
$2 : (\sqrt{5}-1) = (\sqrt{5}-1) : \overline{QS}$에서
$\overline{QS} = 3 - \sqrt{5}$
따라서, $\overline{O_1S} = \overline{O_1Q} - \overline{QS} = 2 - (3-\sqrt{5}) = \boldsymbol{\sqrt{5}-1}$

12 오른쪽 그림에서
$\angle BOC = 2\angle A = 60°$이므로
$\triangle BOC$는 정삼각형이다.

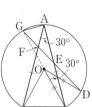

$\angle ACO = \angle ACB - \angle OCB$
$\qquad = \dfrac{1}{2} \times (180° - 30°) - 60°$
$\qquad = 15°$
$\angle AGF = \angle ACD$ (원주각)
$\qquad = \angle OCD - \angle ACO$
$\qquad = \dfrac{1}{2} \times (180° - 30°) - 15° = 60°$
$\overline{DG} = \overline{AC}$이므로
$\angle GOD = \angle AOC$ (중심각)
$\qquad = 180° - 2 \times 15° = 150°$
따라서, 세 점 G, O, C는 한 직선 위에 있다.
즉, $\overline{GC}$는 원 O의 지름이므로 $\angle GAC = 90°$
즉, $\angle GAF = 90° - 30° = 60°$이므로
$\triangle AGF$는 정삼각형이다.

13 오른쪽 그림에서
$\angle ECA$
$= \angle ECB + \angle ACB$
$= \angle EAB + \angle AEB$ (원주각)
$= 180° - \angle ABE$
$= 180° - \angle AFD$ (내대각)

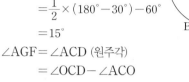

이므로 $\angle ECA + \angle AFD = 180°$
따라서, $\angle GCA + \angle GFA = 180°$이므로 네 점 G, C, A, F는 한 원 위에 있다.

14 □GCAF가 원의 내접사각형이므로
$\overline{DA} \cdot \overline{DC} = \overline{DF} \cdot \overline{DG}$
즉, $6 \cdot 9 = 3\sqrt{3} \cdot (3\sqrt{3} + \overline{FG})$에서
$\overline{FG} = \boldsymbol{3\sqrt{3}}$
또한, $\triangle DFA$와 $\triangle DCG$에서
$\angle DFA = \angle DCG$(내대각), $\angle D$는 공통이므로
$\triangle DFA \backsim \triangle DCG$ (AA닮음)
$\overline{DF} : \overline{DC} = \overline{FA} : \overline{CG}$이므로
$3\sqrt{3} : 9 = 2 : \overline{CG}$에서 $\overline{CG} = \boldsymbol{2\sqrt{3}}$
또한, $\triangle EAC$와 $\triangle EGF$에서
$\angle EAC = \angle EGF$(내대각), $\angle E$는 공통이므로
$\triangle EAC \backsim \triangle EGF$ (AA닮음)

$\overline{AE} : \overline{GE} = \overline{AC} : \overline{GF}$에서
$\overline{AE} : (2\sqrt{3} + \overline{CE}) = 3 : 3\sqrt{3}$ $\qquad$ ……㉠
□GCAF는 원의 내접사각형이므로
$\overline{EA} \cdot \overline{EF} = \overline{EC} \cdot \overline{EG}$ $\qquad$ ……㉡
㉠, ㉡에서 $\overline{AE} = x$, $\overline{CE} = y$라 하면
$\begin{cases} x : (2\sqrt{3}+y) = 3 : 3\sqrt{3} & \cdots\cdots ㉢ \\ x \cdot (x+2) = y \cdot (y+2\sqrt{3}) & \cdots\cdots ㉣ \end{cases}$
㉢에서 $y = \sqrt{3}x - 2\sqrt{3}$ $\qquad$ ……㉤
㉤을 ㉣에 대입하면
$2x^2 - 8x = 0$, $2x(x-4) = 0$
이때, $x > 0$이므로 $x = \boldsymbol{4}$

15 오른쪽 그림에서 □ABCD는
대각의 크기의 합이 $180°$이므로
원에 내접하고, 현 BD에 대한
원주각의 크기가 $90°$이므로 $\overline{BD}$
는 외접원의 지름이다.

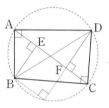

$\overline{DF}$의 연장선이 원과 만나는 점을
G라 하면 $\angle DGB = 90°$이므로 □BGFE는 직사각형
이 되어 $\overline{BE} = \overline{GF}$
$\overline{AF} \cdot \overline{CF} = \overline{GF} \cdot \overline{DF}$이므로
$7 \cdot 3 = \overline{GF} \cdot 5$
따라서, $\overline{GF} = \overline{BE} = \boldsymbol{\dfrac{21}{5}}$

16 $\angle OAD = \angle OCD$이므로
네 점 A, O, D, C는 한 원
위에 있다.
또한,

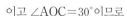

$\overline{OA} : \overline{OC}$
$= \dfrac{\sqrt{3}}{2} : 1 = \sqrt{3} : 2$
이고 $\angle AOC = 30°$이므로
$\triangle AOC$는 직각삼각형이다.
따라서, $\angle OAC = 90°$
□AODC가 원에 내접하는 사각형이므로 $\angle ODC = 90°$
$\triangle AOB$와 $\triangle CDO$에서
$\angle AOB = \angle CDO = 90°$, $\angle OAB = \angle DCO$이므로
$\triangle AOB \backsim \triangle CDO$ (AA닮음)
$\overline{AB} : \overline{CO} = \overline{BO} : \overline{OD}$이므로 $\overline{OD} = x$라 하면
$\sqrt{\left(\dfrac{\sqrt{3}}{2}\right)^2 + 1^2} : 1 = 1 : x$에서
$\dfrac{\sqrt{7}}{2}x = 1$
따라서, $x = \boldsymbol{\dfrac{2\sqrt{7}}{7}}$

17 점 E와 점 C를 이으면 ∠ECD=90°이므로
△ECD에서
$$\angle EDC = 90° - \angle DEC = 90° - \angle DBC \text{ (원주각)}$$
$$= 90° - \angle TBC$$
$$= \angle TCB \text{ (△TBC에서 ∠T=90°이므로)}$$
$$= \angle ACB$$
$$= \angle ADB \text{ (원주각)}$$
즉, ∠EDC=∠ADB이므로
∠BDC=∠ADE (∠BDE는 공통이므로)
따라서, 한 원에서 원주각의 크기가 같은 두 현의 길이는
같으므로 $\overline{BC}=\overline{AE}$이다.

18 오른쪽 그림에서 △ABC는
이등변삼각형이므로
∠ABC=∠ACB
△ACE와 △ADC에서
∠EAC=∠CAD,
∠ACE=∠ABC=∠ADC
($\widehat{AC}$의 원주각)이므로
△ACE∽△ADC(AA닮음)
따라서, $\overline{AE} : \overline{AC} = \overline{AC} : \overline{AD}$이므로
$\overline{AE} \cdot \overline{AD} = \overline{AC}^2$ (일정)

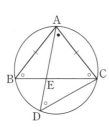

P. 170~171

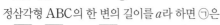
---

1 풀이 참조	**2** 풀이 참조	**3** $\dfrac{t}{1-t}$
4 풀이 참조		

---

1 두 원 O, O′의 접점을 D라
하면 □ABCD에서 톨레미
의 정리에 의하여
$$\overline{AB} \cdot \overline{CD} + \overline{AD} \cdot \overline{BC}$$
$$= \overline{AC} \cdot \overline{BD} \quad \cdots\cdots \text{㉠}$$
정삼각형 ABC의 한 변의 길이를 a라 하면 ㉠은
$$a \cdot \overline{CD} + \overline{AD} \cdot a = a \cdot \overline{BD}$$
따라서, $\overline{CD} + \overline{AD} = \overline{BD}$ $\quad \cdots\cdots \text{㉡}$
$\overline{AD}$의 연장선이 원 O′와 만나는 점을 A″라 하면
△OAD와 △O′A″D는 모두 이등변삼각형이고
∠ADO=∠A″DO′ (맞꼭지각)이므로
△OAD∽△O′A″D (AA닮음)

두 원 O, O′의 반지름의 길이를 각각 r, $r′$라 하면
$\overline{AD} : \overline{A″D} = \overline{DO} : \overline{DO′} = r : r′$이므로
$r \cdot \overline{A″D} = r′ \cdot \overline{AD}$에서 $\overline{A″D} = \dfrac{r′}{r} \overline{AD}$
또한, 접선과 할선의 관계에서
$$\overline{AA′}^2 = \overline{AD} \cdot \overline{AA″} = \overline{AD} (\overline{AD} + \overline{A″D})$$
$$= \overline{AD}\left(\overline{AD} + \frac{r′}{r}\overline{AD}\right) = \overline{AD}^2\left(1 + \frac{r′}{r}\right)$$
이때, $1 + \dfrac{r′}{r}$는 일정한 값이므로 $1 + \dfrac{r′}{r} = k$라 하면
$$\overline{AA′}^2 = k \overline{AD}^2$$
따라서, $\overline{AD} = \dfrac{\overline{AA′}}{\sqrt{k}}$ $\quad \cdots\cdots \text{㉢}$
같은 방법으로 $\overline{BB′}^2 = k\overline{BD}^2$, $\overline{CC′}^2 = k\overline{CD}^2$이므로
$\overline{BD} = \dfrac{\overline{BB′}}{\sqrt{k}}$, $\overline{CD} = \dfrac{\overline{CC′}}{\sqrt{k}}$ $\quad \cdots\cdots \text{㉣}$
㉢, ㉣을 ㉡에 대입하면
$$\frac{\overline{CC′}}{\sqrt{k}} + \frac{\overline{AA′}}{\sqrt{k}} = \frac{\overline{BB′}}{\sqrt{k}}$$
따라서, $\overline{AA′} + \overline{CC′} = \overline{BB′}$

2 점 D와 점 Y를 잇고 점 X에서
$\overline{DY}$에 내린 수선의 발을 H라
하고, $\overline{YO}$의 연장선이 원과 만
나는 점을 W라 하면
$$\angle XDH = \angle ZDY$$
$$= \angle ZWY \text{ (원주각)}$$
이고 ∠XHD=∠YZW=90°
이므로 ∠DXH=∠WYZ, 즉 ∠DXH=∠CYX
또한, ∠XHD=∠YXC=90°이므로
△XDH∽△YCX (AA닮음)
따라서, $\dfrac{\overline{XH}}{\overline{DX}} = \dfrac{\overline{YX}}{\overline{CY}}$
그런데 $\overline{XH} \le \overline{YX}$이므로 $\overline{XH} = \dfrac{\overline{YX}}{\overline{CY}} \cdot \overline{DX} \le \overline{YX}$
따라서, $\overline{DX} \le \overline{CY}$

3 △CEG와 △BMD에서
(i) ∠ECG=∠DCA
$$= \angle DBA \text{ ($\widehat{AD}$의 원주각)}$$
$$= \angle DBM$$
(ii) ∠CEG=∠CEA+∠AEG
$$= \angle MED + \angle MEF \text{ (맞꼭지각)}$$
$$= \angle MED + \angle MDE$$
$$\text{ (접선과 현이 이루는 각)}$$
$$= \angle DMB \text{ (△EMD에서의 외각)}$$
(i), (ii)에서 △CEG∽△BMD (AA닮음) $\quad \cdots\cdots \text{㉠}$

또한, △CEF와 △AMD에서
(iii) ∠CEF = ∠GED (맞꼭지각)
     = ∠EMD (접선과 현이 이루는 각)
     = ∠AMD
(iv) ∠ECF = ∠DCB = ∠DAB ($\overset{\frown}{BD}$의 원주각)
     = ∠MAD
(iii), (iv)에서 △CEF ∽ △AMD (AA닮음) ······ ㉡

㉠에서 $\dfrac{\overline{EG}}{\overline{MD}} = \dfrac{\overline{CE}}{\overline{BM}}$ 이므로 $\overline{EG} = \dfrac{\overline{CE} \cdot \overline{MD}}{\overline{BM}}$

㉡에서 $\dfrac{\overline{EF}}{\overline{MD}} = \dfrac{\overline{CE}}{\overline{AM}}$ 이므로 $\overline{EF} = \dfrac{\overline{CE} \cdot \overline{MD}}{\overline{AM}}$

따라서, $\dfrac{\overline{EG}}{\overline{EF}} = \dfrac{\overline{AM}}{\overline{BM}} = \dfrac{t}{1-t}$

참고

$t = \dfrac{\overline{AM}}{\overline{AB}}$ 에서 $\overline{AB}=1$이면 $\overline{AM}=t$, $\overline{BM}=1-t$이므로

$\dfrac{\overline{AM}}{\overline{BM}} = \dfrac{t}{1-t}$

4 ∠GEB = ∠BAD (□CEBA에서 내대각)
    = ∠BFD ($\overset{\frown}{BD}$의 원주각)
따라서, □GEBF에서 ∠GEB = ∠BFD (내대각)이므로
네 점 G, E, B, F는 한 원 위에 있다.
∠GDB = ∠BAE (□FDBA에서 내대각)
    = ∠BCE ($\overset{\frown}{BE}$의 원주각)
따라서, □GDBC에서 ∠GDB = ∠BCE (내대각)이므로
네 점 G, D, B, C는 한 원 위에 있다.

VIII 삼각비

P. 176~189

특목고 대비 문제

---

1 $\dfrac{181}{65}$ **2** $\dfrac{9}{25}$ **3** ①   **4** $\dfrac{8}{5}$

5 $\dfrac{a+1}{a^2+1}\sqrt{a^2+1}+a$ **6** $\dfrac{3}{4}+\sqrt{7}$

7 $\sqrt{3}$ **8** 137   **9** $2\sqrt{19}$ **10** $3\sqrt{2}$ **11** $2-\sqrt{3}$

12 $\sqrt{2-2\cos x}$ **13** $\cos x < \sin x < \tan x$

14 $3\sqrt{3}$ **15** $\dfrac{3}{4}$ **16** ③   **17** $1+\sqrt{2}$ **18** 92

19 0   **20** $\left(\dfrac{34}{3}\pi + 8\sqrt{3}\right)$cm   **21** $\cos\theta$

22 $4+\sqrt{2}$ **23** ∠C=90°인 직각삼각형

24 $\dfrac{3}{13}\sqrt{13}$ **25** $3-2\sqrt{2}$ **26** $\dfrac{3+\sqrt{5}}{2}$

27 $\dfrac{3\sqrt{5}}{5}$ **28** 114m   **29** $6+6\sqrt{3}$

30 $3(\sqrt{3}+1)$cm   **31** 5   **32** $\dfrac{\sqrt{2}}{3}$ **33** $\dfrac{\sqrt{3}}{3}a$

34 $2\sqrt{3}+6\sqrt{2}$ **35** $\sqrt{6}, \sqrt{2}$ **36** $3-\sqrt{3}$

37 $27\sqrt{3}$ **38** ②   **39** $(12+4\sqrt{3})$cm²   **40** $\dfrac{7}{5}$

41 13cm   **42** 0.36

---

1 피타고라스 정리에 의하여
$\overline{AC} = \sqrt{12^2 + 5^2} = 13$(cm)

$\sin A = \dfrac{5}{13}$, $\cos B = \cos 90° = 0$, $\tan C = \dfrac{12}{5}$

따라서, $\sin A + \cos B + \tan C = \dfrac{5}{13} + \dfrac{12}{5} = \dfrac{181}{65}$

2 $\overline{AB} : \overline{AC} = 4 : 5$이므로
$\overline{AB} = 4a$, $\overline{AC} = 5a(a>0$인 상수)라 하면
피타고라스 정리에 의하여
$\overline{BC} = \sqrt{(5a)^2 - (4a)^2} = 3a$

$\sin A = \dfrac{3a}{5a} = \dfrac{3}{5}$,

$\cos A = \dfrac{4a}{5a} = \dfrac{4}{5}$,

$\tan A = \dfrac{3a}{4a} = \dfrac{3}{4}$

따라서, $\sin A \times \cos A \times \tan A = \dfrac{3}{5} \times \dfrac{4}{5} \times \dfrac{3}{4} = \dfrac{9}{25}$

3 $\sin A = \dfrac{2}{3}$이므로 오른쪽 그림과 같이 $\overline{AC}=3k$, $\overline{BC}=2k(k>0$인 상수)라 하면 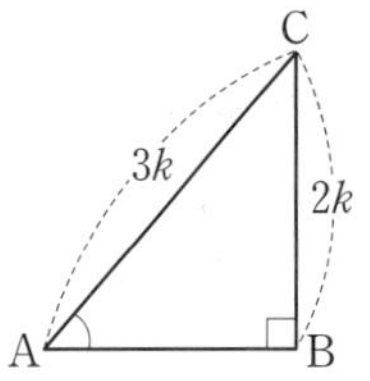
$\overline{AB}=\sqrt{(3k)^2-(2k)^2}=\sqrt{5}k$
$\cos A=\dfrac{\sqrt{5}k}{3k}=\dfrac{\sqrt{5}}{3}$,
$\tan C=\dfrac{\sqrt{5}k}{2k}=\dfrac{\sqrt{5}}{2}$이므로
$\cos^2 A+\tan^2 C=\dfrac{5}{9}+\dfrac{5}{4}=\mathbf{\dfrac{65}{36}}$

4 $\overline{BC}=\sqrt{4^2+3^2}=5$
$\triangle ABC$와 $\triangle EBD$에서
$\angle B$는 공통, $\angle BAC=\angle BED=90°$이므로
$\triangle ABC \backsim \triangle EBD$ (AA 닮음)
따라서, $\angle x=\angle C$이므로
$\sin x=\sin C=\dfrac{4}{5}$
$\triangle ABC$와 $\triangle GFC$에서
$\angle C$는 공통, $\angle BAC=\angle FGC=90°$이므로
$\triangle ABC \backsim \triangle GFC$ (AA 닮음)
따라서, $\angle y=\angle B$이므로
$\cos y=\cos B=\dfrac{4}{5}$
따라서, $\sin x+\cos y=\dfrac{4}{5}+\dfrac{4}{5}=\mathbf{\dfrac{8}{5}}$

5 $y=ax+b$에서 기울기 a는
$a=\dfrac{(y\text{의 값의 증가량})}{(x\text{의 값의 증가량})}$이므로 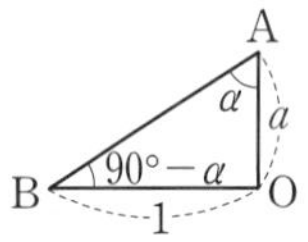
오른쪽 그림과 같이 $\overline{BO}=1$이라 할 때, $\overline{AO}=a$라 할 수 있다.
$\overline{AB}=\sqrt{a^2+1}$이므로 $\sin\alpha=\dfrac{1}{\sqrt{a^2+1}}$,
$\cos\alpha=\dfrac{a}{\sqrt{a^2+1}}$, $\tan(90°-\alpha)=a$
따라서, (주어진 식)$=\dfrac{1}{\sqrt{a^2+1}}+\dfrac{a}{\sqrt{a^2+1}}+a$
$=\mathbf{\dfrac{a+1}{a^2+1}\sqrt{a^2+1}+a}$

6 $\overline{AB}:\overline{AC}=\overline{BD}:\overline{DC}$이므로
$\overline{AB}:6=4:3$에서 $\overline{AB}=8$
피타고라스 정리에 의하여
$\overline{BC}=\sqrt{8^2-6^2}=\sqrt{28}=2\sqrt{7}$
$\overline{DC}=2\sqrt{7}\times\dfrac{3}{7}=\dfrac{6\sqrt{7}}{7}$

따라서, $\sin B+\tan D=\dfrac{6}{8}+\dfrac{6}{\dfrac{6\sqrt{7}}{7}}=\mathbf{\dfrac{3}{4}+\sqrt{7}}$

7 $0°\leq x\leq30°$에서 $10°\leq2x+10°\leq70°$
$\sin30°=\dfrac{1}{2}$이므로 $2x+10°=30°$에서
$4x=40°$
$0°\leq y\leq20°$에서 $10°\leq3y+10°\leq70°$
$\cos30°=\dfrac{\sqrt{3}}{2}$이므로 $3y+10°=30°$에서
$3y=20°$
따라서, $\tan(4x+3y)=\tan60°=\mathbf{\sqrt{3}}$

8 $y=\sin x$의 그래프와 $y=\cos x$의 그래프가 $a°$에서
만나므로 $a°=45°$에서 $a=45$이다. 또한
$\sin45°=\dfrac{\sqrt{2}}{2}$이므로 $c=\dfrac{\sqrt{2}}{2}$
$\cos b°=0$이므로 $b°=90°$에서 $b=90$
$\sin b°=\sin90°=d$이므로 $d=1$
따라서, $a+b+2c^2+d=45+90+1+1=\mathbf{137}$

9 오른쪽 그림과 같이 꼭지점 A에서 변 BC에 내린 수선의 발을 H, 꼭짓점 D에서 변 BC의 연장선에 내린 수선의 발을 H′라 하면 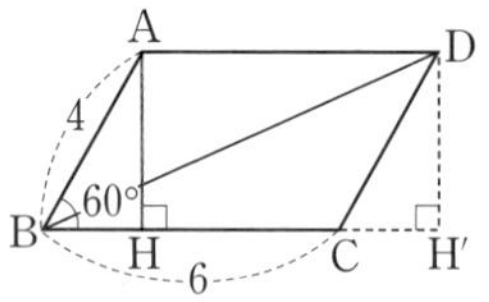
$\triangle ABH$에서 $\angle B=60°$이므로
$\overline{BH}=4\cos60°=2=\overline{CH'}$,
$\overline{AH}=4\sin60°=2\sqrt{3}=\overline{DH'}$
$\triangle DBH'$에서
$\overline{BD}=\sqrt{\overline{BH'}^2+\overline{DH'}^2}=\sqrt{8^2+(2\sqrt{3})^2}=\mathbf{2\sqrt{19}}$

10 직각삼각형 ABC에서
$\dfrac{\overline{BC}}{\overline{AB}}=\tan60°=\sqrt{3}$이므로 $\overline{BC}=3$
또한, 직각삼각형 BCD에서
$\sin45°=\dfrac{\overline{BC}}{\overline{BD}}=\dfrac{\sqrt{2}}{2}$
$\sqrt{2}\times\overline{BD}=2\overline{BC}$
따라서, $\overline{BD}=\sqrt{2}\times\overline{BC}=\mathbf{3\sqrt{2}}$

11 $\angle CAB=60°$이므로 $\angle ACB=30°$
$\triangle ACD$는 이등변삼각형이므로
$\angle CDA=\dfrac{1}{2}\times30°=15°$

△ABC에서

$\overline{AB}=\overline{AC}\cos 60°=2\times\frac{1}{2}=1$이고,

$\overline{BC}=\overline{AC}\sin 60°=2\times\frac{\sqrt 3}{2}=\sqrt 3$이므로

$\tan 15°=\tan D=\frac{1}{2+\sqrt 3}=\mathbf{2-\sqrt 3}$

12 $\overline{AB}=\sin x$, $\overline{OB}=\cos x$이므로 $\overline{BD}=1-\cos x$
△ABD에서 $\overline{AD}^2=\overline{AB}^2+\overline{BD}^2$이므로
$\overline{AD}^2=\sin^2 x+(1-\cos x)^2$
$=\sin^2 x+1-2\cos x+\cos^2 x$
$=(\sin^2 x+\cos^2 x)+1-2\cos x$
$=2-2\cos x$
이때, $\overline{AD}>0$이므로 $\overline{AD}=\mathbf{\sqrt{2-2\cos x}}$

13 오른쪽 그림과 같은 사분원에서
$\sin 55°=\overline{AB}>\overline{A'B'}$
$=\sin 45°=\cos 45°$
$=\overline{A'C'}>\overline{AC}=\cos 55°$
$\tan 55°=\overline{CD}>\overline{AB}=\sin 55°$
따라서, $\mathbf{\cos x<\sin x<\tan x}$

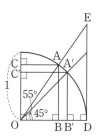

14 점 C와 점 B를 이으면
△ABC에서 $\angle A=30°$,
$\angle ACB=90°$이므로
$\tan 30°=\frac{\overline{BC}}{3}=\frac{\sqrt 3}{3}$에서
$\overline{BC}=\sqrt 3$
$\cos 30°=\frac{3}{\overline{AB}}=\frac{\sqrt 3}{2}$에서
$\overline{AB}=2\sqrt 3$
또한, $\overline{CD}$는 원 O의 접선이므로 접선과 현이 이루는
각에 의하여 $\angle BCD=\angle A=30°$
$\angle ABC=60°$이므로 $\angle D=30°$
즉, △BDC는 $\overline{BC}=\overline{BD}$인 이등변삼각형이다.
따라서, $\overline{AD}=\overline{AB}+\overline{BD}=\overline{AB}+\overline{BC}$
$=2\sqrt 3+\sqrt 3=\mathbf{3\sqrt 3}$

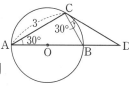

15 오른쪽 그림과 같이 점 T와
점 O'을 이으면 △TOO'에서
$\angle T=90°$이고
$\sin\alpha=\frac{3}{5}$이므로
$\overline{OO'}=5k$, $\overline{TO'}=3k$ $(k\neq 0)$로 놓을 수 있다.
$\overline{O'A}=\overline{O'B}=\overline{O'T}=3k$이므로 $\overline{OA}=2k$

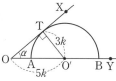

따라서, $\frac{\overline{AB}}{\overline{OB}}=\frac{6k}{8k}=\frac{3}{4}$

다른풀이

$\frac{\overline{AB}}{\overline{OB}}=\frac{2\overline{AO'}}{\overline{OO'}+\overline{O'B}}=\frac{2\cdot\frac{\overline{AO'}}{\overline{OO'}}}{1+\frac{\overline{O'B}}{\overline{OO'}}}=\frac{2\cdot\frac{\overline{TO'}}{\overline{OO'}}}{1+\frac{\overline{TO'}}{\overline{OO'}}}$

$=\frac{2\sin\alpha}{1+\sin\alpha}=\frac{2\cdot\frac{3}{5}}{1+\frac{3}{5}}=\frac{6}{8}=\frac{3}{4}$

16 $\angle C=90°$이므로 $\angle A+\angle B=90°$
즉, $90°-\angle A=\angle B$
① $\sin^2 A+\cos^2 A=1$, $\sin^2 B+\cos^2 B=1$
② $\cos A=\sin(90°-A)$
③ $\tan(90°-A)=\tan B$
④ $\sin(A+B)\neq\sin A+\sin B$
⑤ $\tan A=\frac{\sin A}{\cos A}$

참고

$\angle A+\angle B=90°$일 때
① $\sin A=\cos B$
② $\tan A=\frac{1}{\tan B}$
③ $\frac{\sin A}{\cos A}=\frac{\cos B}{\sin B}$
④ $\sin A\sin B=\cos A\cos B$

17 $\overline{DC}=a$ $(a>0)$라 하면 $\angle C'=90°$이므로 △C'ED는
직각이등변삼각형이다.
$\overline{C'E}=a$, $\overline{ED}=\sqrt 2 a$
$\angle ADB=\angle CBD$ (엇각), $\angle CBD=\angle C'BD$ (접은 각)
따라서, △EBD는 $\overline{EB}=\overline{ED}$인 이등변삼각형이다.
$\angle EBD+\angle EDB=45°$이므로 $\angle EDB=22.5°$
직각삼각형 C'BD에서
$\angle C'DB=\angle C'DE+\angle EDB=45°+22.5°=67.5°$
따라서, $\tan 67.5°=\tan(\angle C'DB)$
$=\frac{\overline{BC'}}{\overline{DC'}}=\frac{\overline{EC'}+\overline{BE}}{a}$
$=\frac{a+\sqrt 2 a}{a}=\mathbf{1+\sqrt 2}$

18 $\sin 1°+\sin 2°+\cdots+\sin 45°-\cos 46°-\cos 47°$
$-\cdots-\cos 90°$
$=(\sin 1°-\cos 89°)+(\sin 2°-\cos 88°)+\cdots$
$+(\sin 44°-\cos 46°)+\sin 45°-\cos 90°$

$$= (\sin 1° - \sin 1°) + (\sin 2° - \sin 2°) + \cdots$$
$$+ (\sin 44° - \sin 44°) + \frac{\sqrt{2}}{2} - 0$$
$$= \frac{\sqrt{2}}{2} = a$$
$$\sin^2 1° + \sin^2 2° + \sin^2 3° + \cdots + \sin^2 90°$$
$$= (\sin^2 1° + \sin^2 89°) + (\sin^2 2° + \sin^2 88°) + \cdots$$
$$+ (\sin^2 44° + \sin^2 46°) + \sin^2 45° + \sin^2 90°$$
$$= (\sin^2 1° + \cos^2 1°) + (\sin^2 2° + \cos^2 2°) + \cdots$$
$$+ (\sin^2 44° + \cos^2 44°) + \left(\frac{\sqrt{2}}{2}\right)^2 + 1^2$$
$$= 1 \times 44 + \frac{1}{2} + 1 = \frac{91}{2} = b$$
따라서, $2a^2 + 2b = 1 + 91 = \textbf{92}$

19 $\sin x + \cos x = \sqrt{2}$ 의 양변을 제곱하면
$$\sin^2 x + 2\sin x \cos x + \cos^2 x = 2$$
$$1 + 2\sin x \cos x = 2$$
따라서, $\sin x \cos x = \frac{1}{2}$
$$(\sin x - \cos x)^2 = (\sin x + \cos x)^2 - 4\sin x \cos x$$
$$= 2 - 4 \cdot \frac{1}{2} = 0$$
따라서, $\sin x - \cos x = \textbf{0}$

20 점 B에서 $\overline{PA}$에 내린 수선의 발을 H라 하면 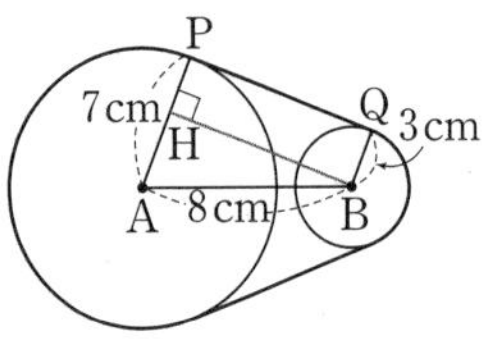
$\overline{AH} = 4$ cm이므로
$$\overline{PQ} = \overline{HB}$$
$$= \sqrt{8^2 - 4^2}$$
$$= 4\sqrt{3} \text{ (cm)}$$
$\triangle ABH$에서 $\overline{AB} : \overline{HB} : \overline{HA} = 2 : \sqrt{3} : 1$이므로
$\angle HAB = \angle PAB = 60°$, $\angle ABQ = 120°$
따라서, 필요한 벨트의 길이는
$$2 \times \pi \times 7 \times \frac{240°}{360°} + 2 \times \pi \times 3 \times \frac{120°}{360°} + 2 \times \overline{PQ}$$
$$= \frac{28}{3}\pi + \frac{6}{3}\pi + 2 \times 4\sqrt{3}$$
$$= \frac{34}{3}\pi + 8\sqrt{3} \text{ (cm)}$$

21 오른쪽 그림에서 점 P를 지나고 변 BC에 평행한 직선이 변 CD와 만나는 점을 S라 하면 △PSR는 $\angle PSR = 90°$, $\angle RPS = \theta$인 직각삼각형이다. 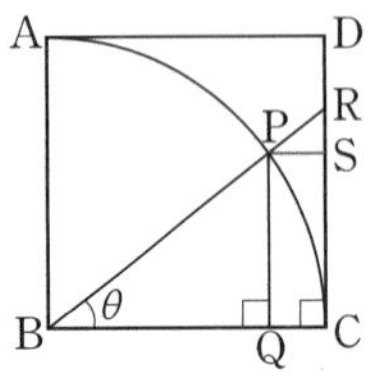
따라서, $\dfrac{\overline{QC}}{\overline{PR}} = \dfrac{\overline{PS}}{\overline{PR}} = \textbf{cos } \theta$

22 오른쪽 그림과 같이 꼭짓점 A에서 변 BC에 내린 수선의 발을 H라 하고, $\overline{BH} = a$, $\overline{HC} = 7 - a$라 하면 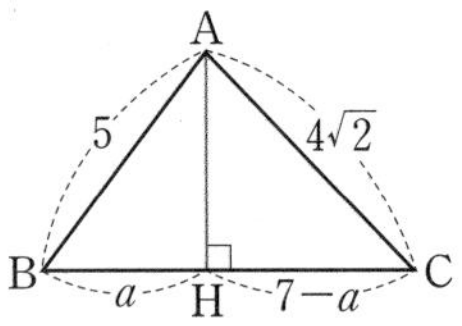
$$\overline{AH} = \sqrt{5^2 - a^2}$$
$$= \sqrt{(4\sqrt{2})^2 - (7-a)^2}$$
$$25 - a^2 = 32 - 49 + 14a - a^2$$
$14a = 42$이므로 $a = 3$
따라서, $\overline{AH} = 4$이다.
$\sin B = \dfrac{4}{5}$, $\cos C = \dfrac{\sqrt{2}}{2}$이므로
$5\sin B + 2\sin C = \textbf{4} + \sqrt{\textbf{2}}$

23 $\sin^2 A = 1 - \cos^2 A$이므로
$2\sin^2 A + 5\cos A - 4 = 0$에서
$$2(1 - \cos^2 A) + 5\cos A - 4 = 0$$
$$2\cos^2 A - 5\cos A + 2 = 0$$
$$(2\cos A - 1)(\cos A - 2) = 0$$
$\cos A = \dfrac{1}{2}$ 또는 $\cos A = 2$
그런데 $0 \le \cos A \le 1$이므로
$\cos A = \dfrac{1}{2}$
따라서, $\angle A = 60°$이다.
$\cos^2 B = 1 - \sin^2 B$이므로
$2\cos^2 B - 5\sin B + 1 = 0$에서
$$2(1 - \sin^2 B) - 5\sin B + 1 = 0$$
$$2\sin^2 B + 5\sin B - 3 = 0$$
$$(\sin B + 3)(2\sin B - 1) = 0$$
$\sin B = -3$ 또는 $\sin B = \dfrac{1}{2}$
그런데 $0 \le \sin B \le 1$이므로
$\sin B = \dfrac{1}{2}$
따라서, $\angle B = 30°$이다.
이때, $\angle A + \angle B + \angle C = 180°$이므로 $\angle C = 90°$
따라서, $\triangle ABC$는 $\angle \textbf{C} = \textbf{90}°$인 **직각삼각형**이다.

24 오른쪽 그림에서 직선이 x축의 양의 방향과 이루는 각을 θ라 하고, 오른쪽 그림과 같이 직각삼각형 ABC를 만들면 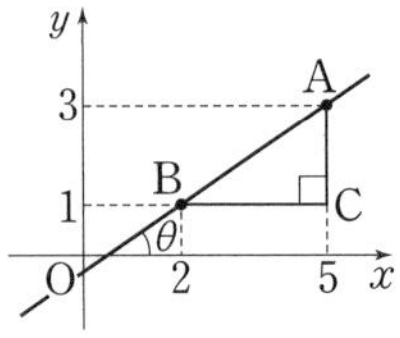
$\overline{AB} = \sqrt{9 + 4} = \sqrt{13}$이고
$\angle ABC = \theta$이므로 $\angle CAB = 90° - \theta$
따라서, $\sin(90° - \theta) = \dfrac{\overline{BC}}{\overline{AB}} = \dfrac{3}{\sqrt{13}} = \dfrac{3}{13}\sqrt{13}$

다른풀이

$(기울기)=\tan\theta=\dfrac{3-1}{5-2}=\dfrac{2}{3}$

이므로 오른쪽 그림에서
$\overline{BC}=3k$, $\overline{AC}=2k$ $(k\neq 0)$
라 하면
$\overline{AB}=\sqrt{(3k)^2+(2k)^2}=\sqrt{13}k$

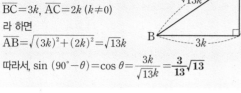

따라서, $\sin(90°-\theta)=\cos\theta=\dfrac{3k}{\sqrt{13}k}=\dfrac{3}{13}\sqrt{13}$

25 O_2의 반지름의 길이를 r라 하면
오른쪽 그림에서 $\overline{O_1O_2}=1+r$,
$\overline{O_1A}=1-r$, $\overline{O_2A}=1-r$이므로
$\cos 45°=\dfrac{1-r}{1+r}=\dfrac{\sqrt{2}}{2}$에서

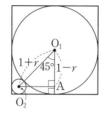

$\sqrt{2}(1+r)=2(1-r)$
$(2+\sqrt{2})r=2-\sqrt{2}$
따라서, $r=\dfrac{2-\sqrt{2}}{2+\sqrt{2}}=\mathbf{3-2\sqrt{2}}$

다른풀이

직각삼각형 O_1O_2A에서
$\overline{O_1O_2}^2=\overline{O_1A}^2+\overline{O_2A}^2$
$(1+r)^2=(1-r)^2+(1-r)^2$
$1+2r+r^2=2-4r+2r^2$
$r^2-6r+1=0$
이때, $0<r<1$이므로
$r=\mathbf{3-2\sqrt{2}}$

26 점 A는 접점이므로
$\angle PAR=90°$이고
$\angle P+\angle R=90°$
점 Q와 점 B를 이으면
$\overline{AB}$는 지름이므로
$\angle AQB=90°$이고
$\angle AQP+\angle BQR=90°$이다.
$\overline{AP}=\overline{AQ}$이므로 $\angle APQ=\angle AQP=\alpha$
따라서, △APR에서 $90°+\alpha+\angle PRA=180°$
$\angle PRA=\angle BRQ=90°-\alpha$ ······㉠
또한, $\overline{PR}$에서 $\angle PQA+\angle AQB+\angle BQR=180°$이므로
$\alpha+90°+\angle BQR=180°$
따라서, $\angle BQR=90°-\alpha$ ······㉡
㉠, ㉡에서 $\angle BQR=\angle BRQ$
따라서, △BRQ는 $\overline{BR}=\overline{BQ}$인 이등변삼각형이다.
직각삼각형 ABQ에서 $\overline{AQ}=4$, $\overline{AB}=6$이므로
$\overline{BQ}=\sqrt{6^2-4^2}=2\sqrt{5}=\overline{BR}$

따라서, $\tan\alpha=\tan P=\dfrac{\overline{AR}}{\overline{AP}}$

$\qquad=\dfrac{6+2\sqrt{5}}{4}=\dfrac{3+\sqrt{5}}{2}$

27 △DIB에서
$a^2+(2c)^2=\sin^2 x$ ······㉠
△EHB에서
$(2a)^2+c^2=\cos^2 x$ ······㉡
㉠+㉡을 하면
$5(a^2+c^2)=\sin^2 x+\cos^2 x=1$
$a^2+c^2=\dfrac{1}{5}$

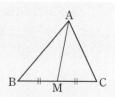

따라서, $\overline{AC}=\sqrt{(3a)^2+(3c)^2}=3\sqrt{a^2+c^2}$

$\qquad=3\times\dfrac{1}{\sqrt{5}}=\dfrac{3\sqrt{5}}{5}$

다른풀이

$\overline{AB}=c$, $\overline{BC}=a$, $\overline{AD}=\overline{DE}=\overline{EC}=b$라 하자.
파포스의 정리를 이용하면
△ABE에서
$c^2+\cos^2 x=2(b^2+\sin^2 x)$ ······㉠
△DBC에서
$\sin^2 x+a^2=2(b^2+\cos^2 x)$ ······㉡
㉠+㉡을 하면
$a^2+c^2+\sin^2 x+\cos^2 x=2(2b^2+\sin^2 x+\cos^2 x)$
$\sin^2 x+\cos^2 x=1$이므로 $a^2+c^2+1=2(2b^2+1)$
$a^2+c^2=4b^2+1$ ······㉢
한편, △ABC는 직각삼각형이므로 피타고라스 정리를 이용하면
$a^2+c^2=(3b)^2$ ······㉣
㉢, ㉣에서 $4b^2+1=(3b)^2$, $5b^2=1$
이때, $b>0$이므로 $b=\dfrac{\sqrt{5}}{5}$
따라서, $\overline{AC}=3b=\dfrac{3\sqrt{5}}{5}$

참고

파포스(Pappos)의 정리
△ABC에서 변 BC의 중점을 M
이라고 하면
$\overline{AB}^2+\overline{AC}^2=2(\overline{AM}^2+\overline{BM}^2)$

28 오른쪽 그림과 같이 꼭짓점
A에서 변 BC에 내린 수선의
발을 H_1이라 하면
$\overline{AH_1}=d_1\sin 74°=70\sin 64°$

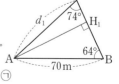

따라서, $d_1=\dfrac{70\sin 64°}{\sin 74°}$ ······㉠

오른쪽 그림과 같이 꼭짓점 B
에서 변 AC에 내린 수선의
발을 H_2라 하면

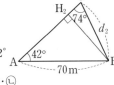

$\overline{BH_2} = d_2 \sin 74° = 70 \sin 42°$

따라서, $d_2 = \dfrac{70 \sin 42°}{\sin 74°}$ ······ ⓛ

㉠, ⓛ에서

$d_1 + d_2 = \dfrac{70\,(\sin 64° + \sin 42°)}{\sin 74°}$

$= \dfrac{70 \times (0.9 + 0.67)}{0.96} = \dfrac{70 \times 1.57}{0.96}$

$= \dfrac{109.9}{0.96} = 114.4\cdots$

따라서, 두 거리 d_1, d_2의 합은 **114m**이다.

29 오른쪽 그림에서 꼭짓점 A에
서 대변 BC에 내린 수선의 발
을 D라 하면

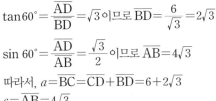

$\angle BAD = 30°$, $\angle CAD = 45°$
이므로 △ADC는 한 각의 크
기가 45°인 직각이등변삼각형이다.
따라서, $\overline{AD} = \overline{CD} = 6\sqrt{2} \cos 45° = 6$
또한, △ABD에서

$\tan 60° = \dfrac{\overline{AD}}{\overline{BD}} = \sqrt{3}$ 이므로 $\overline{BD} = \dfrac{6}{\sqrt{3}} = 2\sqrt{3}$

$\sin 60° = \dfrac{\overline{AD}}{\overline{AB}} = \dfrac{\sqrt{3}}{2}$ 이므로 $\overline{AB} = 4\sqrt{3}$

따라서, $a = \overline{BC} = \overline{CD} + \overline{BD} = 6 + 2\sqrt{3}$
$c = \overline{AB} = 4\sqrt{3}$
따라서, $a + c = \mathbf{6 + 6\sqrt{3}}$

30 점 C와 점 O를 이으면

$\angle AOC = 2\angle ABC = 90°$

$\angle COB = 150° - 90° = 60°$

따라서, $\angle CAB = \dfrac{1}{2} \angle COB = 30°$

오른쪽 그림과 같이 △ABC의
꼭짓점 C에서 $\overline{AB}$에 내린
수선의 발을 H라 하면

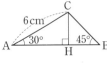

$\overline{AH} = 6 \cos 30°$

$= 6 \times \dfrac{\sqrt{3}}{2} = 3\sqrt{3} \,(\text{cm})$

$\overline{CH} = \overline{BH} = 6 \sin 30° = 6 \times \dfrac{1}{2} = 3 \,(\text{cm})$

따라서, $\overline{AB} = \overline{AH} + \overline{BH} = \mathbf{3(\sqrt{3}+1)\,(\text{cm})}$

31 오른쪽 그림과 같이 $\overline{CO}$의 연장
선이 원 O와 만나는 점을 A′라
하면 $\angle A'BC = 90°$이고, 접선
과 현이 이루는 각의 성질에 의하
여

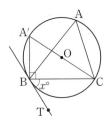

$\angle A' = \angle CBT = x°$
직각삼각형 A′BC에서

$\tan x° = \dfrac{\overline{BC}}{\overline{A'B}} = \dfrac{8}{\overline{A'B}} = \dfrac{4}{3}$에서 $\overline{A'B} = 6$

피타고라스 정리에 의하여 $\overline{A'C} = \sqrt{6^2 + 8^2} = 10$
따라서, 원 O의 반지름의 길이는 **5**이다.

32 오른쪽 그림에서

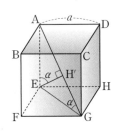

$\overline{EG} = \sqrt{a^2 + a^2} = \sqrt{2}a$

$\overline{AG} = \sqrt{a^2 + a^2 + a^2} = \sqrt{3}a$

직각삼각형 AEG에서

$\angle EGA + \angle EAG$
$= \angle EGA + \angle EAH'$
$= 90°$

직각삼각형 AEH′에서

$\angle a + \angle EAH' = 90°$이므로

$\angle EGA = \angle a$

따라서, △AEG에서

$\sin a = \dfrac{\overline{AE}}{\overline{AG}} = \dfrac{a}{\sqrt{3}a} = \dfrac{\sqrt{3}}{3}$

$\cos a = \dfrac{\overline{EG}}{\overline{AG}} = \dfrac{\sqrt{2}a}{\sqrt{3}a} = \dfrac{\sqrt{6}}{3}$

따라서, $\sin a \times \cos a = \dfrac{\sqrt{3}}{3} \times \dfrac{\sqrt{6}}{3} = \dfrac{\sqrt{2}}{3}$

다른풀이

직각삼각형 AEG의 넓이 S는

$S = \dfrac{1}{2} \times \overline{AE} \times \overline{EG} = \dfrac{1}{2} \times \overline{AG} \times \overline{EH'}$

$a \times \sqrt{2}a = \sqrt{3}a \times \overline{EH'}$

따라서, $\overline{EH'} = \dfrac{\sqrt{2}}{\sqrt{3}}a = \dfrac{\sqrt{6}}{3}a$

△AEH′에서 피타고라스 정리에 의하여

$\overline{AH'} = \sqrt{\overline{AE}^2 - \overline{EH'}^2} = \sqrt{a^2 - \left(\dfrac{\sqrt{6}}{3}a\right)^2} = \dfrac{\sqrt{3}}{3}a$

따라서, △AEH′에서

$\sin a = \dfrac{\overline{AH'}}{\overline{AE}} = \dfrac{\dfrac{\sqrt{3}}{3}a}{a} = \dfrac{\sqrt{3}}{3}$

$\cos a = \dfrac{\overline{EH'}}{\overline{AE}} = \dfrac{\dfrac{\sqrt{6}}{3}a}{a} = \dfrac{\sqrt{6}}{3}$

따라서, $\sin a \times \cos a = \dfrac{\sqrt{2}}{3}$

33 $\overline{EC}=b$라 하면 $\overline{AC}=\overline{BC}=a+b$이고

$\overline{CD}=(a+b)\tan 30°=\dfrac{\sqrt{3}}{3}(a+b)$이다.

$\tan 75°=\dfrac{a+b}{b}=2+\sqrt{3}$에서

$a+b=b(2+\sqrt{3})$ ······㉠

$\overline{AD}=\overline{AC}-\overline{CD}=(a+b)-\dfrac{\sqrt{3}}{3}(a+b)$

$\qquad =(a+b)\Big(1-\dfrac{\sqrt{3}}{3}\Big)=b(2+\sqrt{3})\Big(1-\dfrac{\sqrt{3}}{3}\Big)$

$\qquad =b\Big(1+\dfrac{\sqrt{3}}{3}\Big)$ ······㉡

한편, ㉠에서 $a+b=2b+\sqrt{3}b$, $(\sqrt{3}+1)b=a$이므로

$b=\dfrac{a}{\sqrt{3}+1}$ ······㉢

㉢을 ㉡에 대입하면

$\overline{AD}=\dfrac{a}{\sqrt{3}+1}\times\Big(1+\dfrac{\sqrt{3}}{3}\Big)=\dfrac{a}{\sqrt{3}+1}\times\dfrac{3+\sqrt{3}}{3}$

$\qquad =\dfrac{a}{\sqrt{3}+1}\times\dfrac{\sqrt{3}(\sqrt{3}+1)}{3}=\dfrac{\sqrt{3}}{3}a$

34 꼭짓점 A에서 변 BC에 내린 수선의 발을 H라 하면

$\sin B=\dfrac{\overline{AH}}{\overline{AB}}=\dfrac{\sqrt{3}}{2}$이므로

$\dfrac{\overline{AH}}{4}=\dfrac{\sqrt{3}}{2}$

$\overline{AH}=2\sqrt{3}$

$\overline{BH}=\sqrt{4^2-(2\sqrt{3})^2}=2$

$\sin C=\dfrac{\overline{AH}}{\overline{AC}}=\dfrac{\sqrt{3}}{3}$이므로

$\dfrac{2\sqrt{3}}{\overline{AC}}=\dfrac{\sqrt{3}}{3}$

$\overline{AC}=6$

$\overline{HC}=\sqrt{6^2-(2\sqrt{3})^2}=2\sqrt{6}$

따라서, $\triangle ABC$의 넓이 S는

$S=\dfrac{1}{2}\times\overline{BC}\times\overline{AH}=\dfrac{1}{2}\times(2+2\sqrt{6})\times 2\sqrt{3}$

$\qquad =\boldsymbol{2\sqrt{3}+6\sqrt{2}}$

35 $\triangle ABC$에서 $\angle A$, $\angle B$, $\angle C$의 대변을 각각 a, b, c라 할 때,

$b^2=c^2+a^2-2ca\cos B$

$\quad =(\sqrt{3}+1)^2+2^2-2\cdot(\sqrt{3}+1)\cdot 2\cdot\cos 60°$

$\quad =4+2\sqrt{3}+4-2\sqrt{3}-2=6$

이때, $b>0$이므로 $b=\overline{AC}=\boldsymbol{\sqrt{6}}$

삼각형의 외접원의 중심을 O라 하고, 점 O에서 $\overline{AC}$에 내린 수선의 발을 D라 하면 오른쪽 그림에서

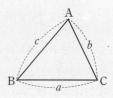

$\angle AOC=2\angle B=120°$이고

$\triangle AOD\equiv\triangle COD$

(SAS합동)이므로

$\angle AOD=\angle COD=60°$

따라서, 외접원의 반지름의 길이 $\overline{AO}$는

$\overline{AO}=\dfrac{\overline{AD}}{\sin 60°}=\dfrac{\frac{1}{2}\overline{AC}}{\frac{\sqrt{3}}{2}}=\dfrac{\frac{\sqrt{6}}{2}}{\frac{\sqrt{3}}{2}}=\boldsymbol{\sqrt{2}}$

> **참고**
>
> **제이코사인법칙**
> 오른쪽 그림의 $\triangle ABC$에서
> $a^2=b^2+c^2-2bc\cos A$
> $b^2=c^2+a^2-2ca\cos B$
> $c^2=a^2+b^2-2ab\cos C$
>
>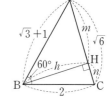

36 오른쪽 그림의 점 B에서 $\overline{AC}$에 내린 수선의 발을 H라 하고, $\overline{BH}=h$, $\overline{AH}=m$, $\overline{CH}=n$ 이라 하면

$\tan A=\dfrac{h}{m}$이므로

$\dfrac{1}{\tan A}=\dfrac{m}{h}$

$\tan C=\dfrac{h}{n}$이므로

$\dfrac{1}{\tan C}=\dfrac{n}{h}$

$\triangle ABC$의 넓이를 S라 하면

$S=\dfrac{1}{2}\times\overline{AB}\times\overline{BC}\times\sin 60°=\dfrac{1}{2}\times\overline{AC}\times\overline{BH}$

$(\sqrt{3}+1)\times 2\times\dfrac{\sqrt{3}}{2}=\sqrt{6}\times h$이므로

$h=\dfrac{\sqrt{3}(\sqrt{3}+1)}{\sqrt{6}}=\dfrac{\sqrt{6}+\sqrt{2}}{2}$

따라서, $\dfrac{1}{\tan A}+\dfrac{1}{\tan C}=\dfrac{m}{h}+\dfrac{n}{h}=\dfrac{m+n}{h}$

$\qquad\qquad\qquad =\dfrac{\sqrt{6}}{\frac{\sqrt{6}+\sqrt{2}}{2}}=\boldsymbol{3-\sqrt{3}}$

37 오른쪽 그림과 같이 점 T와 점 O를 이으면 $\angle PTO = 90°$이므로 $\triangle TPO$는 직각삼각형이다.

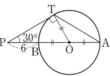

$\overline{PT} = x$, 원 O의 반지름의 길이를 r라 하면

$\overline{TO} = r = x \tan 30° = \dfrac{\sqrt{3}}{3}x$

$\overline{PO} = \dfrac{x}{\cos 30°} = \dfrac{2\sqrt{3}}{3}x$

그런데 $\overline{PO} = \overline{PB} + \overline{BO}$이므로

$\dfrac{2\sqrt{3}}{3}x = 6 + r = 6 + \dfrac{\sqrt{3}}{3}x$

$\dfrac{\sqrt{3}}{3}x = 6$

따라서, $x = 6\sqrt{3}$, $r = 6$

$\triangle TPA$의 넓이 S는

$S = \dfrac{1}{2} \times \overline{TP} \times \overline{PA} \times \sin 30°$

$= \dfrac{1}{2} \times 6\sqrt{3} \times 18 \times \dfrac{1}{2} = \mathbf{27\sqrt{3}}$

38 $\overline{AB} = c$, $\overline{BC} = a$, $\overline{CA} = b$라 하면

$\triangle ABC = \dfrac{1}{2}ab \sin C = \dfrac{1}{2}bc \sin A = \dfrac{1}{2}ca \sin B$
$= S$

따라서, $ab \sin C = bc \sin A = ca \sin B = 2S$

$\triangle ADF = \dfrac{1}{2} \cdot \dfrac{1}{3}c \cdot \dfrac{3}{5}b \cdot \sin A = \dfrac{1}{10}bc \sin A$
$= \dfrac{1}{10} \cdot 2S = \dfrac{1}{5}S$

$\triangle BED = \dfrac{1}{2} \cdot \dfrac{2}{3}c \cdot \dfrac{1}{4}a \cdot \sin B = \dfrac{1}{12}ca \sin B$
$= \dfrac{1}{12} \cdot 2S = \dfrac{1}{6}S$

$\triangle CFE = \dfrac{1}{2} \cdot \dfrac{3}{4}a \cdot \dfrac{2}{5}b \cdot \sin C = \dfrac{3}{20}ab \sin C$
$= \dfrac{3}{20} \cdot 2S = \dfrac{3}{10}S$

따라서,
$\triangle DEF = \triangle ABC - (\triangle ADF + \triangle BED + \triangle CFE)$
$= S - \left(\dfrac{1}{5}S + \dfrac{1}{6}S + \dfrac{3}{10}S\right)$
$= S - \dfrac{2}{3}S = \dfrac{1}{3}S$

39 $\angle A : \angle B : \angle C = 3 : 4 : 5$이므로
$\angle A = 3k$, $\angle B = 4k$, $\angle C = 5k$
(k는 자연수)라 하면

$3k + 4k + 5k = 180°$, $12k = 180°$

$k = 15°$

따라서,

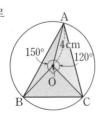

$\angle A = 45°$, $\angle B = 60°$, $\angle C = 75°$

한 원에서 같은 호에 대한 중심각의 크기는 원주각의 크기의 2배이므로

$\angle BOC = 2\angle A = 90°$

$\angle AOC = 2\angle B = 120°$

$\angle AOB = 2\angle C = 150°$

$\triangle BOC = \dfrac{1}{2} \cdot 4 \cdot 4 \cdot \sin 90° = 8\,(cm^2)$

$\triangle AOC = \dfrac{1}{2} \cdot 4 \cdot 4 \cdot \sin(180° - 120°) = 4\sqrt{3}\,(cm^2)$

$\triangle AOB = \dfrac{1}{2} \cdot 4 \cdot 4 \cdot \sin(180° - 150°) = 4\,(cm^2)$

따라서, $\triangle ABC = \triangle BOC + \triangle AOC + \triangle AOB$
$= 8 + 4\sqrt{3} + 4 = \mathbf{12 + 4\sqrt{3}\ (cm^2)}$

40 정사각형 ABCD의 한 변의 길이를 $2a$라 하면
$\overline{BE} = \overline{EC} = \overline{CF} = \overline{FD} = a$

두 직각삼각형 ABE와 AFD에서

$\overline{AE} = \overline{AF} = \sqrt{(2a)^2 + a^2}$
$= \sqrt{5}a$

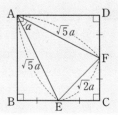

$\triangle AEF$의 넓이를 S라 하면

$S = \dfrac{1}{2} \cdot \sqrt{5}a \cdot \sqrt{5}a \cdot \sin \alpha = \dfrac{5}{2}a^2 \sin \alpha$ ······㉠

또한,

$S = \square ABCD - (2\triangle ABE + \triangle ECF)$

$= (2a)^2 - \left(2 \cdot \dfrac{1}{2} \cdot 2a \cdot a + \dfrac{1}{2} \cdot a \cdot a\right)$

$= 4a^2 - \dfrac{5}{2}a^2 = \dfrac{3}{2}a^2$ ······㉡

㉠, ㉡에서

$\dfrac{5}{2}a^2 \sin \alpha = \dfrac{3}{2}a^2$

$\sin \alpha = \dfrac{3}{5}$

$0° < x < 90°$이므로 $\cos^2 \alpha + \sin^2 \alpha = 1$에서

$\cos \alpha = \sqrt{1 - \sin^2 \alpha} = \sqrt{1 - \dfrac{9}{25}}$

$= \sqrt{\dfrac{16}{25}} = \dfrac{4}{5}$

따라서, $\sin \alpha + \cos \alpha = \dfrac{3}{5} + \dfrac{4}{5} = \mathbf{\dfrac{7}{5}}$

다른풀이

삼각형의 세 변의 길이를 구할 수 있으므로 $\triangle AEF$에서 제이코사인법칙을 이용한다.

$\overline{EF}^2 = \overline{AE}^2 + \overline{AF}^2$
$\quad\quad - 2 \cdot \overline{AE} \cdot \overline{AF} \cdot \cos \alpha$

$(\sqrt{2}a)^2=(\sqrt{5}a)^2+(\sqrt{5}a)^2-2\cdot\sqrt{5}a\cdot\sqrt{5}a\cdot\cos\alpha$

$2a^2=10a^2-10\,a^2\cos\alpha,\ 10a^2\cos\alpha=8a^2$에서

$\cos\alpha=\dfrac{8a^2}{10a^2}=\dfrac{4}{5}$

$0°<\alpha<90°$이므로 $\sin\alpha=\dfrac{3}{5}$

따라서, $\sin\alpha+\cos\alpha=\dfrac{3}{5}+\dfrac{4}{5}=\dfrac{7}{5}$

41 원 모양의 시계의 중심을 O라 하고, 점 O에서 $\overline{AB}$에 내린 수선의 발을 H라 하면

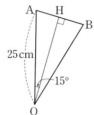

$\angle AOB=\dfrac{360°}{12}=30°$

이등변삼각형 AOB에서

$\angle AOH=15°$

$\triangle AOH$에서

$\sin 15°=\dfrac{\overline{AH}}{\overline{OA}}=\dfrac{\overline{AH}}{25}$

$\overline{AH}=25\sin 15°=25\times 0.26=6.5\,(\text{cm})$

따라서, $\overline{AB}=2\overline{AH}=\mathbf{13\,(cm)}$

42 $\overline{AB}\,/\!/\,\overline{CD}$이므로 $\overline{AC}=\overline{BD}$,

$\angle ACB=\angle BDA=90°$

따라서,

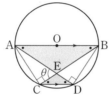

$\triangle ACB\equiv\triangle BDA(\text{RHS합동})$

이므로 $\angle ABC=\angle BAD$

또한, $\angle BAD=\angle BCD$ (원주각),

$\angle BAD=\angle ADC$ (엇각)이므로

$\triangle ABE\varpropto\triangle CDE$ (AA닮음)

$\triangle ABE=\dfrac{1}{2}\cdot\overline{AE}\cdot\overline{EB}\cdot\sin(180°-\theta)$

$\qquad=\dfrac{1}{2}\,\overline{AE}^2\sin(180°-\theta)\quad\cdots\cdots\ ㉠$

$\triangle CDE=\dfrac{1}{2}\cdot\overline{CE}\cdot\overline{ED}\cdot\sin(180°-\theta)$

$\qquad=\dfrac{1}{2}\,\overline{CE}^2\sin(180°-\theta)\quad\cdots\cdots\ ㉡$

㉠, ㉡에서

$\dfrac{\triangle CDE}{\triangle ABE}=\dfrac{\overline{CE}^2}{\overline{AE}^2}=\left(\dfrac{\overline{CE}}{\overline{AE}}\right)^2=\cos^2\theta=(\cos\theta)^2$

$\qquad\qquad=(0.6)^2=\mathbf{0.36}$

1 꼭짓점 A에서 변 BC에 내린 수선의 발

2 $\dfrac{2\sqrt{6}+3\sqrt{2}}{3}c$ **3** 3   **4** 풀이 참조

1 오른쪽 그림과 같이 $0°<\angle A<90°$인 $\triangle ABC$에서 변 BC 위에 임의의 한 점 P를 잡고 변 AB, AC에 대한 점 P의 대칭점 Q, R를 잡는다.

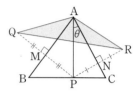

또한, 변 AB와 PQ의 교점을 M, 변 AC와 PR의 교점을 N이라 하고, $\angle PAC=\theta$라 하면

$\triangle ANP$와 $\triangle ANR$에서

$\overline{AN}$은 공통, $\overline{NP}=\overline{NR}$,

$\angle ANP=\angle ANR=90°$이므로

$\triangle ANP\equiv\triangle ANR$ (SAS합동)

따라서, $\angle NAR=\angle CAR=\angle NAP=\theta\quad\cdots\cdots\ ㉠$

마찬가지로 $\triangle AMQ\equiv\triangle AMP$ (SAS합동)

따라서, $\angle BAP=\angle BAQ=\angle BAC-\theta\quad\cdots\cdots\ ㉡$

㉠, ㉡에서 $\angle QAR=2(\angle BAC-\theta)+2\theta=2\angle BAC$

또한, $\triangle ANP\equiv\triangle ANR$에서 $\overline{AP}=\overline{AR}$이고,

$\triangle AMQ\equiv\triangle AMP$에서 $\overline{AQ}=\overline{AP}$이므로

$\overline{AQ}=\overline{AR}=\overline{AP}$

$\triangle AQR=\dfrac{1}{2}\cdot\overline{AQ}\cdot\overline{AR}\cdot\sin(2\angle BAC)$

$\qquad\quad=\dfrac{1}{2}\,\overline{AP}^2\sin(2\angle BAC)$

여기에서 $2\angle A$는 일정하므로 $\overline{AP}$의 길이가 최소일 때 $\triangle AQR$의 넓이가 최소가 된다.

따라서, $\overline{AP}$의 길이가 최소가 되는 점 P는 **꼭짓점 A에서 변 BC에 내린 수선의 발**이다.

2 오른쪽 그림과 같이 점 B에서 $\overline{AF}$에 내린 수선의 발을 H라 하면

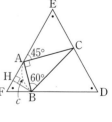

$\angle FAB=180°-(45°+90°)$

$\qquad\quad=45°$

$\angle FBH=180°-(90°+60°)$

$\qquad\quad=30°$

$\overline{AH}=\overline{BH}=\overline{AB}\cos 45°=\dfrac{\sqrt{2}}{2}c$

$\overline{FH}=\overline{BH}\tan 30°=\dfrac{\sqrt{6}}{6}c$

따라서, $\overline{AF}=\overline{AH}+\overline{FH}=\dfrac{3\sqrt{2}+\sqrt{6}}{6}c$

또한, $\triangle AFB$와 $\triangle AEC$에서

$\angle FAB=\angle EAC=45°$, $\angle F=\angle E=60°$이므로

$\triangle AFB\varpropto\triangle AEC$ (AA닮음)

따라서, $\overline{AF}:\overline{AE}=\overline{AB}:\overline{AC}$이고

$\overline{AC}=\overline{AB}\tan 60°=\sqrt{3}c$이므로

$\dfrac{3\sqrt{2}+\sqrt{6}}{6}c:\overline{AE}=c:\sqrt{3}c$

$\overline{AE}\cdot c=\dfrac{3\sqrt{2}+\sqrt{6}}{6}c\cdot\sqrt{3}c$

$\overline{AE}=\dfrac{\sqrt{6}+\sqrt{2}}{2}c$

따라서, $\overline{EF}=\overline{AF}+\overline{AE}=\dfrac{3\sqrt{2}+\sqrt{6}}{6}c+\dfrac{\sqrt{6}+\sqrt{2}}{2}c$

$=\dfrac{4\sqrt{6}+6\sqrt{2}}{6}c=\dfrac{2\sqrt{6}+3\sqrt{2}}{3}\boldsymbol{c}$

3　□PDBE에서

$\angle PDB=\angle PEB=90°$, $\angle B=60°$이므로

$\angle DPE=120°$

같은 방법으로

$\angle EPF=120°$, $\angle DPF=120°$

$\triangle PDE=\dfrac{1}{2}xy\sin(180°-120°)=\dfrac{\sqrt{3}}{4}xy$

$\triangle PEF=\dfrac{1}{2}yz\sin(180°-120°)=\dfrac{\sqrt{3}}{4}yz$

$\triangle PFD=\dfrac{1}{2}zx\sin(180°-120°)=\dfrac{\sqrt{3}}{4}zx$

따라서, $\triangle DEF=\triangle PDE+\triangle PEF+\triangle PFD$

$=\dfrac{\sqrt{3}}{4}(xy+yz+zx)$

$=\dfrac{\sqrt{3}}{4}\cdot 4\sqrt{3}=\boldsymbol{3}$

4　$\angle ADB=\theta$, $\angle ADC=180°-\theta$라 하고

제이코사인법칙을 이용한다.

$\triangle ABD$에서 $c^2=m^2+d^2-2md\cos\theta$이므로

$\cos\theta=\dfrac{m^2+d^2-c^2}{2md}$　　　　……㉠

$\triangle ADC$에서 $b^2=n^2+d^2-2nd\cos(180°-\theta)$이므로

$\cos(180°-\theta)=\dfrac{n^2+d^2-b^2}{2nd}$　　　　……㉡

㉠+㉡을 하면

$\cos\theta+\cos(180°-\theta)=\dfrac{m^2+d^2-c^2}{2md}+\dfrac{n^2+d^2-b^2}{2nd}$

$\dfrac{m^2+d^2-c^2}{2md}+\dfrac{n^2+d^2-b^2}{2nd}=0$

위의 식의 양변에 $2mnd$를 곱하면

$n(m^2+d^2-c^2)+m(n^2+d^2-b^2)=0$

$d^2(m+n)+mn(m+n)-c^2n-b^2m=0$

$(m+n)(d^2+mn)=b^2m+c^2n$

$m+n=a$이므로　$a(d^2+mn)=b^2m+c^2n$

> **참고**
>
> 위의 결과 $a(d^2+mn)=b^2m+c^2n$을 스튜와트(Stewert)의
> 정리라 한다. 이때, $m=n$이면
> $2m(d^2+m^2)=b^2m+c^2m$
> $2(d^2+m^2)=b^2+c^2$
> 이므로 파포스(Pappus)의 정리가 된다.

P. 192~195

시·도 경시 대비 문제

> **1** $\dfrac{-1+\sqrt{5}}{2}$　　**2** $\dfrac{\sqrt{3}}{11}$　　**3** $16(3+\sqrt{3})$
>
> **4** $2\sqrt{2}$　　**5** $\dfrac{15\sqrt{3}}{2}$　　**6** 풀이 참조　　**7** $\sqrt{3}\pi a^3$
>
> **8** 108%　　**9** 20　　**10** $\dfrac{3\sqrt{10}}{10}$　　**11** 풀이 참조
>
> **12** $\dfrac{1}{\tan x}+\dfrac{1}{\tan y}+\dfrac{1}{\tan z}+\dfrac{1}{\tan w}$

1　$x^2+\cos\theta\cdot x+\sin^2\theta=3\cos\theta\cdot x-\sin\theta\cos\theta$

$x^2-2\cos\theta\cdot x+\sin^2\theta+\sin\theta\cos\theta=0$　　……㉠

직선이 이차함수의 그래프에 접하므로 ㉠은 중근을 가져
야 한다.

$\dfrac{D}{4}=\cos^2\theta-\sin^2\theta-\sin\theta\cos\theta=0$

위의 식의 양변을 $\cos^2\theta$로 나누면

$1-\dfrac{\sin^2\theta}{\cos^2\theta}-\dfrac{\sin\theta}{\cos\theta}=0$

이때, $\dfrac{\sin\theta}{\cos\theta}=\tan\theta$이므로

$\tan^2\theta+\tan\theta-1=0$

$\tan\theta=\dfrac{-1\pm\sqrt{5}}{2}$

그런데 $0°<\theta<90°$에서 $\tan\theta>0$이므로

$\tan\theta=\dfrac{-1+\sqrt{5}}{2}$

2 $\overline{AB}=a$라 하면

$\overline{AC}=\dfrac{\overline{AB}}{\cos 60°}=2a$

$\overline{BC}=\overline{AB}\tan 60°=\sqrt{3}\,a$

오른쪽 그림과 같이

$\triangle ABC\backsim\triangle DEC$가 되는 점

E를 잡으면

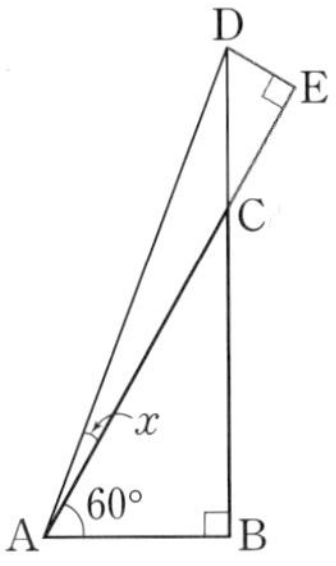

$\overline{CD}=\dfrac{1}{2}\overline{BC}=\dfrac{\sqrt{3}}{2}a$

$\overline{BC}:\overline{EC}=\overline{AC}:\overline{DC}$이므로

$\sqrt{3}\,a:\overline{EC}=2a:\dfrac{\sqrt{3}}{2}a$에서

$\overline{EC}=\dfrac{3}{4}a$

$\overline{AB}:\overline{DE}=\overline{AC}:\overline{DC}$이므로

$a:\overline{DE}=2a:\dfrac{\sqrt{3}}{2}a$에서

$\overline{DE}=\dfrac{\sqrt{3}}{4}a$

따라서, $\tan x=\dfrac{\overline{DE}}{\overline{AE}}=\dfrac{\overline{DE}}{\overline{AC}+\overline{EC}}$

$=\dfrac{\dfrac{\sqrt{3}}{4}a}{2a+\dfrac{3}{4}a}=\boldsymbol{\dfrac{\sqrt{3}}{11}}$

3 호의 길이는 중심각의 크기에 비례
한다.

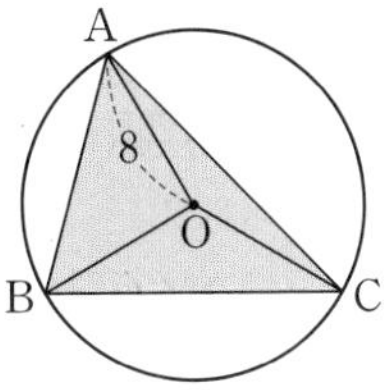

$\angle AOB:\angle BOC:\angle COA$

$=3:4:5$

이므로

$\angle AOB=360°\times\dfrac{3}{12}=90°$

$\angle BOC=360°\times\dfrac{4}{12}=120°$

$\angle COA=360°\times\dfrac{5}{12}=150°$

따라서, 구하는 삼각형의 넓이는

$\triangle ABC=\triangle AOB+\triangle BOC+\triangle COA$

$=\dfrac{1}{2}\cdot 8\cdot 8\sin 90°+\dfrac{1}{2}\cdot 8\cdot 8\sin(180°-120°)$

$+\dfrac{1}{2}\cdot 8\cdot 8\sin(180°-150°)$

$=32+16\sqrt{3}+16$

$=\boldsymbol{16(3+\sqrt{3})}$

4 $\triangle ABM$은 $\angle B=60°$인 직각삼각형이므로

$\overline{AM}=\overline{AB}\sin 60°=2\times\dfrac{\sqrt{3}}{2}=\sqrt{3}$

$\overline{GM}=\dfrac{1}{3}\times\overline{DM}=\dfrac{1}{3}\times\overline{AM}=\dfrac{\sqrt{3}}{3}$

직각삼각형 AMG에서

$\overline{AG}=\sqrt{\overline{AM}^2-\overline{GM}^2}=\sqrt{(\sqrt{3})^2-\left(\dfrac{\sqrt{3}}{3}\right)^2}=\dfrac{2\sqrt{6}}{3}$

따라서, $\tan x=\dfrac{\overline{AG}}{\overline{GM}}=\dfrac{\dfrac{2\sqrt{6}}{3}}{\dfrac{\sqrt{3}}{3}}=\boldsymbol{2\sqrt{2}}$

5 $\triangle AOD$에서 $\angle AOD=180°-120°=60°$이므로

$\triangle AOD=\dfrac{1}{2}\times\overline{AO}\times 2\times\sin 60°=\dfrac{3\sqrt{3}}{2}$

$\dfrac{\sqrt{3}}{2}\overline{AO}=\dfrac{3\sqrt{3}}{2},\ \overline{AO}=3$

따라서, $\overline{AC}=\overline{AO}+\overline{CO}=5$

두 대각선의 길이의 합이 11이므로

$\overline{AC}+\overline{BD}=11,\ 5+\overline{BD}=11,\ \overline{BD}=6$

따라서, $\square ABCD=\dfrac{1}{2}\times 5\times 6\times\sin 60°=\boldsymbol{\dfrac{15\sqrt{3}}{2}}$

6 직각삼각형 ABC에서 $s=\dfrac{a+b+c}{2}$이고,

$a^2+b^2=c^2$이므로

$s(s-a)(s-b)(s-c)$

$=\dfrac{a+b+c}{2}\cdot\dfrac{-a+b+c}{2}\cdot\dfrac{a-b+c}{2}\cdot\dfrac{a+b-c}{2}$

$=\dfrac{(a+b)+c}{2}\cdot\dfrac{(a+b)-c}{2}\cdot\dfrac{c-(a-b)}{2}\cdot\dfrac{c+(a-b)}{2}$

$=\dfrac{(a+b)^2-c^2}{4}\cdot\dfrac{c^2-(a-b)^2}{4}$

$=\dfrac{a^2+b^2-c^2+2ab}{4}\cdot\dfrac{c^2-a^2-b^2+2ab}{4}$

$=\dfrac{c^2-c^2+2ab}{4}\cdot\dfrac{c^2-c^2+2ab}{4}$

$=\dfrac{1}{2}ab\cdot\dfrac{1}{2}ab$

$=\left(\dfrac{1}{2}ab\right)^2$

이때, $a>0,\ b>0$이므로

$S=\sqrt{s(s-a)(s-b)(s-c)}$

$=\sqrt{\left(\dfrac{1}{2}ab\right)^2}=\dfrac{1}{2}ab$

7 $\triangle ABC$에서 $\overline{AB}=a$, $\angle CAB=60°$이므로

$\overline{AC}=\dfrac{a}{\cos 60°}=2a$, $\overline{BC}=a\tan 60°=\sqrt{3}\,a$

$\overline{BE}=x$, $\triangle ABC$의 회전체의 부피를 V_1,

$\square CBED$의 회전체의 부피를 V_2라 하면

$V_1=\dfrac{1}{3}\cdot\pi a^2\cdot\sqrt{3}\,a=\dfrac{\sqrt{3}}{3}\pi a^3$

$$V_2 = \pi \cdot x^2 \cdot \sqrt{3}a = \sqrt{3}\pi ax^2$$

$V_1 = V_2$이므로 $\dfrac{\sqrt{3}}{3}\pi a^3 = \sqrt{3}\pi ax^2$

$$x^2 = \dfrac{1}{3}a^2$$

따라서, 구하는 회전체의 부피를 V_3이라 하면

$$V_3 = \pi \cdot (2x)^2 \cdot \sqrt{3}a - \pi \cdot x^2 \cdot \sqrt{3}a$$
$$= \sqrt{3}\pi a(4x^2 - x^2) = \sqrt{3}\pi a \cdot 3x^2 = \sqrt{3}\pi a \cdot a^2$$
$$= \boldsymbol{\sqrt{3}\pi a^3}$$

8 $\overline{AB} = c$, $\overline{AC} = b$라 하면

$$\triangle ABC = \dfrac{1}{2}bc \sin A$$

$\overline{AD} = 1.2c$, $\overline{AE} = 0.9b$이므로

$$\triangle ADE = \dfrac{1}{2} \times 1.2c \times 0.9b \times \sin A$$
$$= \dfrac{1}{2}bc \sin A \times 1.08$$
$$= \triangle ABC \times 1.08$$

따라서, $\triangle ADE$의 넓이는 $\triangle ABC$의 넓이의 1.08배, 즉 **108%**이다.

9 $\overline{AC} = \overline{MC} = 5$이므로 $\triangle AMC$는 이등변삼각형이다.
꼭짓점 C에서 변 AM에 내린 수선의 발을 H라 하면

$$\overline{CH} = \sqrt{5^2 - (\sqrt{5})^2} = 2\sqrt{5}$$

따라서, $\triangle AMC$의 넓이는

$$\dfrac{1}{2} \times 2\sqrt{5} \times 2\sqrt{5} = \dfrac{1}{2} \times 5 \times 5 \times \sin C$$

$$10 = \dfrac{25}{2} \times \sin C, \quad \sin C = \dfrac{4}{5}$$

따라서, $\triangle ABC$의 넓이는

$$\dfrac{1}{2} \times \overline{AC} \times \overline{BC} \times \sin C = \dfrac{1}{2} \times 5 \times 10 \times \dfrac{4}{5} = \boldsymbol{20}$$

10 $\triangle ABD$와 $\triangle CAE$에서
$\overline{AB} = \overline{CA}$, $\angle ADB = \angle CEA = 90°$ ······ ㉠
또한, $\overline{BD} /\!/ \overline{CE}$이므로 $\angle DBF = \angle ECF = x$라 하면
$\angle ABD = 45° - x$ ······ ㉡
$\triangle CAE$에서
$\angle CAE + 90° + (45° + x) = 180°$
$\angle CAE = 45° - x$ ······ ㉢
㉡, ㉢에서 $\angle ABD = \angle CAE$ ······ ㉣
따라서, ㉠, ㉣에서 $\triangle ABD \equiv \triangle CAE$ (RHA합동)
이므로 $\overline{AD} = 1$이다.
$\overline{DE} = 1$, $\overline{AB} = \sqrt{2^2 + 1^2} = \sqrt{5}$
$\triangle DBF \backsim \triangle ECF$ (AA닮음)이고, 두 삼각형의 닮음비가
$\overline{BD} : \overline{CE} = 2 : 1$이므로 $\overline{EF} = \dfrac{1}{3}\overline{DE} = \dfrac{1}{3}$
$\triangle ECF$에서

$$\overline{CF} = \sqrt{1^2 + \left(\dfrac{1}{3}\right)^2} = \dfrac{\sqrt{10}}{3}$$

따라서, $\cos x = \dfrac{\overline{CE}}{\overline{CF}} = \dfrac{1}{\dfrac{\sqrt{10}}{3}} = \boldsymbol{\dfrac{3\sqrt{10}}{10}}$

11 정삼각형의 한 변의 길이를
a라 하고 그 넓이를 S라 하면

$$S = \dfrac{1}{2} \cdot a \cdot a \cdot \sin 60°$$
$$= \dfrac{\sqrt{3}}{4}a^2$$
$$= \triangle PAB + \triangle PBC + \triangle PCA$$
$$= \dfrac{1}{2} \cdot a \cdot \overline{PQ} + \dfrac{1}{2} \cdot a \cdot \overline{PR} + \dfrac{1}{2} \cdot a \cdot \overline{PS}$$
$$= \dfrac{1}{2}a \cdot (\overline{PQ} + \overline{PR} + \overline{PS})$$

따라서, $\overline{PQ} + \overline{PR} + \overline{PS} = \dfrac{\sqrt{3}}{2}a$로 점 P의 위치에 관계
없이 항상 일정하다.

12 오른쪽 그림에서 내접원의 중심
O와 각 꼭짓점을 이은 선분은
각각 각을 이등분한다.
또한, 각 변과 원의 접점을
P, Q, R, S라 하면
$\overline{AB} \perp \overline{OP}$, $\overline{BC} \perp \overline{OQ}$,
$\overline{CD} \perp \overline{OR}$, $\overline{DA} \perp \overline{OS}$
이므로
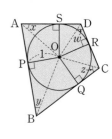

$\square ABCD$
$= \square OSAP + \square OPBQ + \square OQCR + \square ORDS$
$= 2(\triangle OSA + \triangle OPB + \triangle OQC + \triangle ORD)$
$= 2\left(\dfrac{1}{2} \cdot 1 \cdot \overline{AS} + \dfrac{1}{2} \cdot 1 \cdot \overline{PB} + \dfrac{1}{2} \cdot 1 \cdot \overline{QC} + \dfrac{1}{2} \cdot 1 \cdot \overline{RD}\right)$
$= \overline{AS} + \overline{BP} + \overline{CQ} + \overline{DR}$
$= \dfrac{1}{\tan x} + \dfrac{1}{\tan y} + \dfrac{1}{\tan z} + \dfrac{1}{\tan w}$

P. 196~197

올림피아드 **대비 문제**

1 풀이 참조   **2** $4\pi + 2\sqrt{3}$

3 (1) $\dfrac{\sqrt{3}}{2}$ (2) $\sqrt{3}$

4 (1) $\dfrac{37\sqrt{13}}{13}$ (2) $\dfrac{18\sqrt{13}}{13}$ (3) $\dfrac{316\sqrt{13}}{13}$

1 $\angle AJB=\theta_1$, $\angle AIB=\theta_2$, $\angle AGB=\theta_3$, $\angle AEB=\theta_4$ 라 하고, 정사각형의 한 변의 길이를 1이라 하면 다음 그림에서

$\overline{AJ}=\sqrt{8^2+1^2}=\sqrt{65}$, $\overline{AG'}=\sqrt{5^2+1^2}=\sqrt{26}$,
$\overline{G'J}=\sqrt{3^2+2^2}=\sqrt{13}$

△AJG′에서
$\overline{AJ}:\overline{AG'}:\overline{G'J}=\sqrt{65}:\sqrt{26}:\sqrt{13}$
$=\sqrt{5}\cdot\sqrt{13}:\sqrt{2}\cdot\sqrt{13}:\sqrt{13}$
$=\sqrt{5}:\sqrt{2}:1$ ······㉠

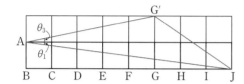

또한, 다음 그림에서
$\overline{AI}=\sqrt{7^2+1^2}=\sqrt{50}$, $\overline{IE'}=\sqrt{4^2+2^2}=\sqrt{20}$,
$\overline{AE'}=\sqrt{3^2+1^2}=\sqrt{10}$

△AIE′에서
$\overline{AI}:\overline{IE'}:\overline{AE'}=\sqrt{50}:\sqrt{20}:\sqrt{10}$
$=\sqrt{5}\cdot\sqrt{10}:\sqrt{2}\cdot\sqrt{10}:\sqrt{10}$
$=\sqrt{5}:\sqrt{2}:1$ ······㉡

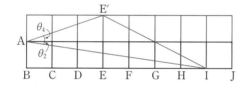

㉠, ㉡에서 △AJG′∽△IAE′ (SSS닮음)
따라서, △AJG′와 △IAE′를 오른쪽 그림과 같이 △PQR로 나타낼 수 있다.
꼭짓점 P에서 $\overline{RQ}$의 연장선에 내린 수선의 발을 H라 하고 $\overline{PH}=a$, $\overline{QH}=b$라 하면

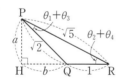

$a^2+b^2=(\sqrt{2})^2$, $a^2+(b+1)^2=(\sqrt{5})^2$
위의 두 식을 연립하여 풀면 $a=1$, $b=1$
따라서, △PHQ는 직각이등변삼각형이므로
$\angle PQH=45°$
그런데 $\angle QPR=\theta_1+\theta_3$, $\angle QRP=\theta_2+\theta_4$이고
$\angle QPR+\angle QRP=\angle PQH$이므로
$\theta_1+\theta_2+\theta_3+\theta_4=45°$

2

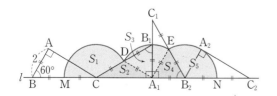

위의 그림에서 △ABC의 점 M은 직각삼각형의 빗변의 중점이므로 외심이다.
따라서, $\overline{AM}=\overline{BM}=\overline{CM}$이다.
그런데 ∠B=60°이므로 $\overline{AM}=\overline{BM}=\overline{CM}=2$이다.
점 M이 지나는 곡선은 위의 그림에서 색선이므로 점 M이 지나는 곡선과 직선 l로 둘러싸인 도형의 넓이를 S라 하면 S는 색칠한 부분의 넓이를 나타낸다.
따라서, $S=S_1+S_2+S_3+S_4+S_5$이다.
S_1, S_3, S_5는 각각 점 C, 점 A_1, 점 B_2가 중심이고, 중심각의 크기가 각각 $\angle MCD=150°$, $\angle DA_1E=90°$, $\angle EB_2N=120°$이고, 반지름의 길이가 모두 2인 부채꼴이다.
또한, $S_2+S_4=$△ABC이다. 이때,

$S_1+S_3+S_5=\pi\times2^2\times\left(\dfrac{150°}{360°}+\dfrac{90°}{360°}+\dfrac{120°}{360°}\right)$
$\qquad\qquad=4\pi$
$S_2+S_4=\dfrac{1}{2}\times2\times4\times\sin60°=2\sqrt{3}$

따라서, $S=\mathbf{4\pi+2\sqrt{3}}$이다.

3 (1) 오른쪽 그림과 같이 $\overline{CO}$의 연장선과 원 O가 만나는 점을 E라 하고 점 E와 점 A를 이으면

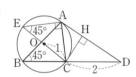

$\angle AEC=\angle ABC=45°$ (원주각)
$\angle A=90°$이므로 △ECA는 직각이등변삼각형이다.
따라서, $\overline{AC}=\overline{EC}\cdot\cos45°=2\cos45°=\sqrt{2}$
꼭짓점 C에서 접선 AD에 내린 수선의 발을 H라 하면 $\overline{HA}$와 $\overline{HC}$는 한 점 H에서 원 O에 그은 접선이므로 $\overline{HA}=\overline{HC}$이다.
따라서, △ACH는 직각이등변삼각형이므로
$\overline{AH}=\overline{CH}=1$
직각삼각형 CDH에서
$\overline{HD}=\sqrt{2^2-1^2}=\sqrt{3}$
따라서, $\cos(\angle ADC)=\dfrac{\overline{HD}}{\overline{CD}}=\dfrac{\sqrt{3}}{2}$

(2) 접선과 할선의 관계에서 $\overline{DA}^2=\overline{DC}\cdot\overline{DB}$이므로
$(\sqrt{3}+1)^2=2(2+\overline{BC})$, $4+2\sqrt{3}=4+2\overline{BC}$
$2\overline{BC}=2\sqrt{3}$
따라서, $\overline{BC}=\sqrt{3}$이다.

4 (1) △ABE에서 제이코사인법칙을 이용하면
$\overline{AE}^2=\overline{AB}^2+\overline{BE}^2-2\cdot\overline{AB}\cdot\overline{BE}\cdot\cos60°$
$\qquad=3^2+4^2-2\cdot3\cdot4\cdot\dfrac{1}{2}=13$
이므로 $\overline{AE}=\sqrt{13}$이다.

또한, $\overline{EA}\cdot\overline{EC}=\overline{EB}\cdot\overline{ED}$이므로

$\sqrt{13}\cdot\overline{EC}=4\cdot6$

$\overline{EC}=\dfrac{24}{\sqrt{13}}=\dfrac{24\sqrt{13}}{13}$

따라서, $\overline{AC}=\overline{AE}+\overline{EC}=\dfrac{37\sqrt{13}}{13}$

(2) 한 원에서 호의 길이가 같으면 원주각의 크기도 같으므로

$\angle ABD=\angle ACD,\ \angle BAC=\angle BDC$

따라서, $\triangle ABE \backsim \triangle DCE$ (AA닮음)이므로

$\overline{BA}:\overline{CD}=\overline{EB}:\overline{EC},\ 3:\overline{CD}=4:\dfrac{24\sqrt{13}}{13}$

$4\overline{CD}=\dfrac{72\sqrt{13}}{13}$

따라서, $\overline{CD}=\dfrac{18\sqrt{13}}{13}$이다.

(3) □ABCD가 원의 내접사각형이므로 톨레미의 정리에 의하여

$\overline{AB}\cdot\overline{CD}+\overline{AD}\cdot\overline{BC}=\overline{AC}\cdot\overline{BD}$

$3\cdot\dfrac{18\sqrt{13}}{13}+\overline{AD}\cdot\overline{BC}=\dfrac{37\sqrt{13}}{13}\cdot10$

따라서, $\overline{AD}\cdot\overline{BC}=\dfrac{370\sqrt{13}}{13}-\dfrac{54\sqrt{13}}{13}=\dfrac{316\sqrt{13}}{13}$

IX 교과서 외의 경시

P. 202~206

특목고 대비 문제

1 풀이 참조	**2** 20	**3** 풀이 참조
4 풀이 참조	**5** 풀이 참조	**6** 풀이 참조
7 2	**8** 5	**9** 풀이 참조
10 28	**11** 풀이 참조	**12** 풀이 참조
13 풀이 참조	**14** 풀이 참조	**15** 풀이 참조
16 풀이 참조		

1 $(ax+by)-(ay+bx)=ax+by-ay-bx$
$$=a(x-y)-b(x-y)$$
$$=(a-b)(x-y)$$
$a<b$이므로 $a-b<0$이고, $x<y$이므로 $x-y<0$
따라서, $(a-b)(x-y)>0$이므로 $ax+by>ay+bx$

2 $m>0,\ n>0$이므로 산술평균, 기하평균에 의하여
$9=m+n\geq2\sqrt{mn}$에서
$\sqrt{mn}\leq\dfrac{9}{2}$ ⋯⋯㉠
㉠의 양변을 제곱하면
$mn\leq\dfrac{81}{4}=20.25$ (단, 등호는 $m=n=\dfrac{9}{2}$일 때 성립)
즉, $[mn]\leq[20.25]=20$
따라서, $[mn]$의 최댓값은 **20**이다.

3 (1) $(a+b+c)\left(\dfrac{1}{a}+\dfrac{1}{b}+\dfrac{1}{c}\right)$
$$=1+\dfrac{a}{b}+\dfrac{a}{c}+\dfrac{b}{a}+1+\dfrac{b}{c}+\dfrac{c}{a}+\dfrac{c}{b}+1$$
$$=3+\left(\dfrac{b}{a}+\dfrac{a}{b}\right)+\left(\dfrac{c}{b}+\dfrac{b}{c}\right)+\left(\dfrac{a}{c}+\dfrac{c}{a}\right)$$
$$\geq3+2\sqrt{\dfrac{b}{a}\cdot\dfrac{a}{b}}+2\sqrt{\dfrac{c}{b}\cdot\dfrac{b}{c}}+2\sqrt{\dfrac{a}{c}\cdot\dfrac{c}{a}}$$
$$=3+2+2+2=9$$
이므로
$(a+b+c)\left(\dfrac{1}{a}+\dfrac{1}{b}+\dfrac{1}{c}\right)\geq9$
(단, 등호는 $a=b=c$일 때 성립)

(2) $\dfrac{a}{b}+\dfrac{b}{a}\geq2\sqrt{\dfrac{a}{b}\cdot\dfrac{b}{a}}=2$ ⋯⋯㉠

$\dfrac{b}{c}+\dfrac{c}{b}\geq2\sqrt{\dfrac{b}{c}\cdot\dfrac{c}{b}}=2$ ⋯⋯㉡

$$\frac{c}{a}+\frac{a}{c}\ge 2\sqrt{\frac{c}{a}\cdot\frac{a}{c}}=2 \qquad \cdots\cdots \boxdot$$

따라서, ㉠, ㉡, ㉢에서
$$\left(\frac{a}{b}+\frac{b}{a}\right)\left(\frac{b}{c}+\frac{c}{b}\right)\left(\frac{c}{a}+\frac{a}{c}\right)\ge 2\cdot 2\cdot 2=8$$
(단, 등호는 $a=b=c$일 때 성립)

4 코시-슈바르츠의 부등식에서
$$(a^2+b^2+c^2)^2$$
$$=(a^2+b^2+c^2)(b^2+c^2+a^2)\ge(ab+bc+ca)^2=1$$
이므로 $a^2+b^2+c^2\ge 1 \qquad\cdots\cdots\boxtimes$
$$a^2+b^2+c^2=(a+b+c)^2-2(ab+bc+ca)$$
$$=(a+b+c)^2-2 \qquad\cdots\cdots\boxtimes$$
㉠, ㉡에서 $(a+b+c)^2-2\ge 1$, $(a+b+c)^2\ge 3$
이때, $a+b+c>0$이므로
$a+b+c\ge\sqrt{3}$

다른풀이
$ab+bc+ca=1$이므로
$$(a+b+c)^2-(\sqrt{3})^2$$
$$=a^2+b^2+c^2+2(ab+bc+ca)-3$$
$$=a^2+b^2+c^2-1$$
$$=a^2+b^2+c^2-(ab+bc+ca)$$
$$=\frac{1}{2}(2a^2+2b^2+2c^2-2ab-2bc-2ca)$$
$$=\frac{1}{2}\{(a^2-2ab+b^2)+(b^2-2bc+c^2)+(c^2-2ca+a^2)\}$$
$$=\frac{1}{2}\{(a-b)^2+(b-c)^2+(c-a)^2\}\ge 0$$
이므로 $(a+b+c)^2\ge(\sqrt{3})^2$
이때, $a+b+c>0$이므로
$a+b+c\ge\sqrt{3}$(단, 등호는 $a=b=c$일 때 성립)

5 $\sqrt{c+1}-\sqrt{c}=\sqrt{c}-\sqrt{c-1}$이라 가정하면
$\sqrt{c+1}=2\sqrt{c}-\sqrt{c-1} \qquad\cdots\cdots\boxtimes$
㉠의 양변을 제곱하면
$$c+1=4c-4\sqrt{c(c-1)}+(c-1)$$
$$2\sqrt{c(c-1)}=2c-1 \qquad\cdots\cdots\boxtimes$$
㉡의 양변을 제곱하여 정리하면 $4c^2-4c=4c^2-4c+1$
에서 $0=1$이므로 모순이 된다.
따라서, $\sqrt{c+1}-\sqrt{c}$와 $\sqrt{c}-\sqrt{c-1}$은 같지 않으므로 두
식 중 어느 한 쪽이 항상 다른 쪽보다 크다.

6 직각삼각형의 빗변의 길이가 c이므로 $a^2+b^2=c^2$
$(a-b)^2=a^2+b^2-2ab\ge 0$이므로 $a^2+b^2=c^2\ge 2ab$
$c^2+c^2\ge a^2+b^2+2ab$이므로 $2c^2\ge(a+b)^2$
$a>0$, $b>0$, $c>0$이므로 $\sqrt{2}c\ge a+b$

다른풀이
$a^2+b^2=c^2$에서 $a^2>0$, $b^2>0$이므로
산술평균, 기하평균에 의하여
$$a^2+b^2\ge 2\sqrt{a^2b^2}=2ab$$
즉, $a^2+b^2=c^2$이므로 $c^2\ge 2ab$
$c^2+c^2\ge a^2+b^2+2ab$, $2c^2\ge(a+b)^2$
$a>0$, $b>0$, $c>0$이므로 $\sqrt{2}c\ge a+b$

7
$$\frac{x^2+2}{\sqrt{x^2+1}}=\frac{x^2+1}{\sqrt{x^2+1}}+\frac{1}{\sqrt{x^2+1}}=\sqrt{x^2+1}+\frac{1}{\sqrt{x^2+1}}$$
$$\ge 2\sqrt{\sqrt{x^2+1}\cdot\frac{1}{\sqrt{x^2+1}}}=2$$

따라서, $\dfrac{x^2+2}{\sqrt{x^2+1}}$ 의 최솟값은 **2**이다.

8 $x>5$이므로 $x-2>0$, $x-5>0$
$$x-2+\frac{1}{x-5}=x-5+\frac{1}{x-5}+3$$
$$\ge 2\sqrt{(x-5)\cdot\frac{1}{x-5}}+3=2+3=5$$

따라서, $x-2+\dfrac{1}{x-5}$ 의 최솟값은 **5**이다.

9 $a\ge b\ge c\ge d>0$이라 가정하자.
$a^4+b^4+c^4+d^4\ge a^3b+b^3c+c^3d+d^3a$에서 우변의 항을
모두 좌변으로 이항하면
$$a^3(a-b)+b^3(b-c)+c^3(c-d)+d^3(d-a)\ge 0$$
즉, $a^3(a-b)+b^3(b-c)+c^3(c-d)\ge d^3(a-d)$임을
보이면 된다.
$a\ge c$, $b\ge c$이므로
$$a^3(a-b)+b^3(b-c)+c^3(c-d)$$
$$\ge c^3(a-b)+c^3(b-c)+c^3(c-d)$$
$$=c^3(a-b+b-c+c-d)$$
$$=c^3(a-d)$$
그런데 $c\ge d$이므로 $c^3(a-d)\ge d^3(a-d)$
따라서, $a^4+b^4+c^4+d^4\ge a^3b+b^3c+c^3d+d^3a$

참고
a, b, c, d 네 자연수를 $a\ge b\ge c\ge d>0$이라 가정해도 일반성
을 잃지 않는다.
즉, $a\ge b\ge d\ge c>0$, $a\ge c\ge b\ge d>0$, $\cdots$, $d\ge a\ge b\ge c>0$
등 a, b, c, d의 순서가 바뀌어도 문제를 풀거나 어떤 명제를 증
명하는 데는 아무 이상이 없다.

10 둔각삼각형이 될 조건은
$a+b>c$, $a^2+b^2<c^2$

$a<b$이므로 $2a^2<c^2=400$

$a^2<200$

$a<\sqrt{200}=14.142\cdots$

(i) $a=14$일 때,

$14^2+b^2<20^2$, $b^2<204$

$b<\sqrt{204}=14.282\cdots$

이것은 $a<b$라는 조건에 모순이다.

(ii) $a=13$일 때,

$13^2+b^2<20^2$, $b^2<231$

$b<\sqrt{231}=15.198\cdots$

이것은 $a<b$라는 조건에 맞으므로

$b=14$ 또는 $b=15$이다.

(i), (ii)에서 a의 최댓값은 13이고 그때의 b의 최댓값은 15이다.

따라서, 구하는 값은 $13+15=28$이다.

11 $b+c-a=s$ ……㉠

$c+a-b=t$ ……㉡

$a+b-c=u$ ……㉢

라 하면 a, b, c가 삼각형의 변의 길이이므로 s, t, u는 양수이다.

㉠, ㉡, ㉢을 연립하여 정리하면

㉠+㉡+㉢에서 $a+b+c=s+t+u$ ……㉣

㉣에 $b+c=a+s$를 대입하면

$2a+s=s+t+u$

$a=\dfrac{t+u}{2}$

㉣에 $c+a=b+t$를 대입하면

$2b+t=s+t+u$

$b=\dfrac{u+s}{2}$

㉣에 $a+b=c+u$를 대입하면

$2c+u=s+t+u$

$c=\dfrac{s+t}{2}$

따라서,

$\dfrac{a}{b+c-a}+\dfrac{b}{c+a-b}+\dfrac{c}{a+b-c}$

$=\dfrac{t+u}{2s}+\dfrac{u+s}{2t}+\dfrac{s+t}{2u}$

$=\dfrac{1}{2}\left(\dfrac{t}{s}+\dfrac{u}{s}+\dfrac{u}{t}+\dfrac{s}{t}+\dfrac{s}{u}+\dfrac{t}{u}\right)$

$=\dfrac{1}{2}\left\{\left(\dfrac{t}{s}+\dfrac{s}{t}\right)+\left(\dfrac{u}{s}+\dfrac{s}{u}\right)+\left(\dfrac{u}{t}+\dfrac{t}{u}\right)\right\}$

$\geq\dfrac{1}{2}\left(2\sqrt{\dfrac{t}{s}\cdot\dfrac{s}{t}}+2\sqrt{\dfrac{u}{s}\cdot\dfrac{s}{u}}+2\sqrt{\dfrac{u}{t}\cdot\dfrac{t}{u}}\right)=3$

12 (1) 좌변을 우변으로 이항하면

$\dfrac{b+m}{a+m}-\dfrac{b}{a}=\dfrac{a(b+m)-b(a+m)}{a(a+m)}$

$=\dfrac{am-bm}{a(a+m)}=\dfrac{m(a-b)}{a(a+m)}>0$

따라서, $a>b>0$, $m>0$일 때, $\dfrac{b}{a}<\dfrac{b+m}{a+m}$

(2) x, y, z가 삼각형의 세 변의 길이이므로

$x+y>z$에서 $z-x<y$ ……㉠

$y+z>x$에서 $x-y<z$ ……㉡

$z+x>y$에서 $y-z<x$ ……㉢

따라서, ㉠, ㉡, ㉢에 의하여

$\left|\dfrac{x-y}{x+y}+\dfrac{y-z}{y+z}+\dfrac{z-x}{z+x}\right|$

$<\left|\dfrac{z}{x+y}+\dfrac{x}{y+z}+\dfrac{y}{z+x}\right|$

$<\left|\dfrac{z+z}{x+y+z}+\dfrac{x+x}{x+y+z}+\dfrac{y+y}{x+y+z}\right|$

$=\left|\dfrac{2(x+y+z)}{x+y+z}\right|=2$

13 $abc>0$이므로 주어진 식의 양변에 abc를 곱하여 $a^4+b^4+c^4\geq abc(a+b+c)$임을 증명하면 된다.

$a^4+b^4+c^4=\dfrac{a^4+b^4}{2}+\dfrac{b^4+c^4}{2}+\dfrac{c^4+a^4}{2}$

$\geq\sqrt{a^4\cdot b^4}+\sqrt{b^4\cdot c^4}+\sqrt{c^4\cdot a^4}$

$=a^2b^2+b^2c^2+c^2a^2$

$=a^2\left(\dfrac{b^2+c^2}{2}\right)+b^2\left(\dfrac{c^2+a^2}{2}\right)+c^2\left(\dfrac{a^2+b^2}{2}\right)$

$\geq a^2\sqrt{b^2\cdot c^2}+b^2\sqrt{c^2\cdot a^2}+c^2\sqrt{a^2\cdot b^2}$

$=a^2bc+b^2ca+c^2ab$

$=abc(a+b+c)$

(단, 등호는 $a=b=c$일 때 성립)

14 코시-슈바르츠의 부등식을 이용한다.

$3(x^2+y^2+z^2)\geq(x+y+z)^2$ ……㉠

$(x^2+y^2+z^2)^2\geq3(x^2y^2+y^2z^2+z^2x^2)$ ……㉡

$(x^2+y^2+z^2)(x^2y^2+y^2z^2+z^2x^2)$

$\geq(x^2y+y^2z+z^2x)^2$ ……㉢

㉠, ㉡, ㉢을 변변끼리 곱하여 정리하면

$(x^2+y^2+z^2)^4\geq(x^2y+y^2z+z^2x)^2(x+y+z)^2$

따라서,

$(x^2+y^2+z^2)^2\geq(x^2y+y^2z+z^2x)(x+y+z)$

(단, 등호는 $x=y=z$일 때 성립)

참고

$\bigcirc$: $(1^2+1^2+1^2)(x^2+y^2+z^2) \geq (1\cdot x + 1\cdot y + 1\cdot z)^2$ 이므로

$\qquad 3(x^2+y^2+z^2) \geq (x+y+z)^2$

$\bigcirc$: $(x^2+y^2+z^2)^2$

$\qquad = (x^2)^2 + (y^2)^2 + (z^2)^2 + 2(x^2y^2+y^2z^2+z^2x^2)$

$\qquad \geq x^2y^2+y^2z^2+z^2x^2 + 2(x^2y^2+y^2z^2+z^2x^2)$

$\qquad = 3(x^2y^2+y^2z^2+z^2x^2)$

$\bigcirc$: $(x^2+y^2+z^2)\{(xy)^2+(yz)^2+(zx)^2\}$

$\qquad \geq (x\cdot xy + y\cdot yz + z\cdot zx)^2$ 이므로

$\qquad (x^2+y^2+z^2)(x^2y^2+y^2z^2+z^2x^2)$

$\qquad \geq (x^2y+y^2z+z^2x)^2$

15 $a \geq b > 0$ 이라 가정해도 일반성을 잃지 않는다.

주어진 부등식을 증명하려면 $\dfrac{a^ab^b}{a^bb^a} \geq 1$ 임을 보이면 된다.

$\dfrac{a^ab^b}{a^bb^a} = a^{a-b}b^{b-a} = a^{a-b}\cdot\dfrac{1}{b^{a-b}}$

$\qquad = \left(\dfrac{a}{b}\right)^{a-b} \geq 1 \qquad\qquad \cdots\cdots\ \bigcirc$

$\dfrac{a}{b} \geq 1$ 이고, $a-b \geq 0$ 이므로 $\bigcirc$ 은 성립한다.

따라서, $a^ab^b \geq a^bb^a$ (단, 등호는 $a=b$ 일 때 성립)

16 먼저 임의의 양의 실수 a, b 에 대하여

$a^ab^b \geq (ab)^{\frac{a+b}{2}} \qquad\qquad\qquad \cdots\cdots\ \bigcirc$

이 성립함을 보인다.

$a \geq b > 0$ 이라 가정해도 일반성을 잃지 않으므로

$\bigcirc$ 의 양변을 제곱하면 $a^{2a}b^{2b} \geq (ab)^{a+b}$

따라서, $\dfrac{a^{2a}b^{2b}}{(ab)^{a+b}} \geq 1$ 임을 보이면 $\bigcirc$ 이 성립하는 것을

보이는 것이다.

$\dfrac{a^{2a}b^{2b}}{a^{a+b}b^{a+b}} = \dfrac{a^{a-b}}{b^{a-b}} = \left(\dfrac{a}{b}\right)^{a-b} \geq 1 \qquad \cdots\cdots\ \bigcirc'$

$\dfrac{a}{b} \geq 1$ 이고 $a-b \geq 0$ 이므로 $\bigcirc'$ 는 성립한다.

따라서, $a \geq b \geq c > 0$ 이라고 가정하면 다음과 같은 식을

나타낼 수 있다.

$a^ab^b \geq (ab)^{\frac{a+b}{2}} \qquad\qquad\qquad \cdots\cdots\ \bigcirc$

$b^bc^c \geq (bc)^{\frac{b+c}{2}} \qquad\qquad\qquad \cdots\cdots\ \bigcirc$

$c^ca^a \geq (ca)^{\frac{c+a}{2}} \qquad\qquad\qquad \cdots\cdots\ \bigcirc$

$\bigcirc$, $\bigcirc$, $\bigcirc$ 을 변변끼리 곱하면

$(a^ab^bc^c)^2 \geq a^{\frac{2a+b+c}{2}}b^{\frac{a+2b+c}{2}}c^{\frac{a+b+2c}{2}}$

$\qquad\qquad = (abc)^{\frac{a+b+c}{2}} a^{\frac{a}{2}}b^{\frac{b}{2}}c^{\frac{c}{2}}$

$\qquad\qquad = (abc)^{\frac{a+b+c}{2}} (a^ab^bc^c)^{\frac{1}{2}}$

위의 식의 양변을 $(a^ab^bc^c)^{\frac{1}{2}}$ 으로 나누면

$(a^ab^bc^c)^{\frac{3}{2}} \geq (abc)^{\frac{a+b+c}{2}} \qquad\qquad \cdots\cdots\ \bigcirc$

$\bigcirc$ 의 양변을 $\dfrac{2}{3}$ 제곱하면

$a^ab^bc^c \geq (abc)^{\frac{a+b+c}{3}}$

P. 207

특목고 구술·면접 대비 문제

1 풀이 참조	**2** 풀이 참조

1 큰 정사각형의 넓이를 A, 네 직사각형의 넓이의 합을 B, 색칠한 정사각형의 넓이를 C 라 하면

$A = (a+b)^2$, $B = 4ab$, $C = (a-b)^2$

또한, $A-B=C$ 이므로

$(a+b)^2 - 4ab = (a-b)^2 \geq 0$

따라서, $(a+b)^2 - 4ab \geq 0$ 이므로

$(a+b)^2 \geq 4ab$, $\dfrac{(a+b)^2}{4} \geq ab$

$\left(\dfrac{a+b}{2}\right)^2 \geq ab$

$a > 0$, $b > 0$ 이므로 $\dfrac{a+b}{2} \geq \sqrt{ab}$

2 기울기를 생각해 보자.

오른쪽 그림에서 $\dfrac{a}{b}$ 는 왼쪽 아래

의 직각삼각형의 기울기이므로 $\bigcirc$,

$\dfrac{c}{d}$ 는 오른쪽 위의 직각삼각형의

기울기이므로 $\bigcirc$, $\dfrac{a+c}{b+d}$ 는 큰 직

각삼각형의 기울기이므로 $\bigcirc$ 이다.

큰 직각삼각형의 기울기 $\bigcirc$ 은 왼쪽 아래의 직각삼각형의

기울기 $\bigcirc$ 과 오른쪽 위의 직각삼각형의 기울기 $\bigcirc$ 사이

에 있음을 알 수 있다.

따라서, $\bigcirc < \bigcirc < \bigcirc$ 이므로

$\dfrac{a}{b} < \dfrac{c}{d}$ 이면 $\dfrac{a}{b} < \dfrac{a+c}{b+d} < \dfrac{c}{d}$

다른풀이 1

오른쪽 그림과 같이

$\angle ABC=\theta_1$, $\angle CBF=\theta_2$,

$\angle ACE=\theta_3$이라 하면

$\theta_2<\theta_1+\theta_2<\theta_3$이므로

$\tan\theta_2<\tan(\theta_1+\theta_2)<\tan\theta_3$ ······㉠

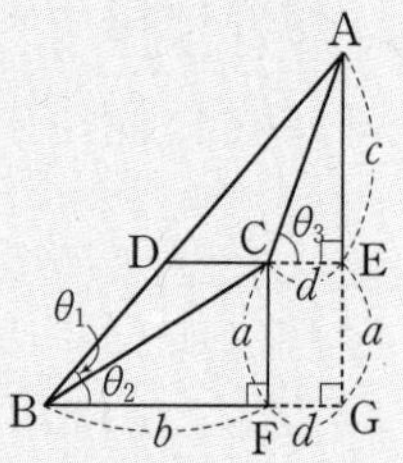

$\triangle ABG$에서 $\angle ABG=\theta_1+\theta_2$이므로

$\tan(\theta_1+\theta_2)=\frac{a+c}{b+d}$

$\triangle CBF$에서 $\tan\theta_2=\frac{a}{b}$

$\triangle ACE$에서 $\tan\theta_3=\frac{c}{d}$

따라서, ㉠에 의하여 $\frac{a}{b}<\frac{a+c}{b+d}<\frac{c}{d}$

다른풀이 2

a, b, c, d는 변의 길이이므로

$a>0, b>0, c>0, d>0$

조건에서 $\frac{a}{b}<\frac{c}{d}$의 양변에 bd를 곱하면

$ad<bc$에서 $ad-bc<0$ ······㉠

(i) $\frac{a+c}{b+d}-\frac{a}{b}=\frac{b(a+c)-a(b+d)}{b(b+d)}$

$=\frac{ab+bc-ab-ad}{b(b+d)}$

$=\frac{bc-ad}{b(b+d)}$

$=-\frac{ad-bc}{b(b+d)}>0$ (㉠에 의하여)

따라서, $\frac{a}{b}<\frac{a+c}{b+d}$

(ii) $\frac{a+c}{b+d}-\frac{c}{d}=\frac{d(a+c)-c(b+d)}{d(b+d)}$

$=\frac{ad+cd-bc-cd}{d(b+d)}$

$=\frac{ad-bc}{d(b+d)}<0$ (㉠에 의하여)

따라서, $\frac{a+c}{b+d}<\frac{c}{d}$

(i), (ii)에서 $\frac{a}{b}<\frac{a+c}{b+d}<\frac{c}{d}$